Automobiltechnische Bibliothek Band XIII

Die elektrische Ausrüstung des Kraftfahrzeuges

Teil I

Zweite völlig neubearbeitete Auflage

Automobiltechnische Bibliothek

Die Automobiltechnik in Einzeldarstellungen

Band XIII

Die elektrische Ausrüstung des Kraftfahrzeuges

In drei Teilen

I. Teil: Zündung

II. Teil: Lichtmaschine und Batterie

III. Teil: Stromverbraucher

Unter Mitwirkung von

Ewald Kassler, Dr. Walter Lippart

Alfred Mattes

Herausgegeben von

Erich Klaiber, Franz Kratz und Dr. Friedrich Trautmann

M. Krayn, Verlagsbuchhandlung, Berlin W

Die elektrische Ausrüstung des Kraftfahrzeuges

Teil I

ZÜNDUNG

von

Erich Klaiber und Dr. Walter Lippart

Zweite, unter Mitwirkung von

Dr. Ernst Heinrich

völlig neubearbeitete Auflage

Mit 213 Abbildungen

1935

Verlag von M. Krayn, Berlin W 35

Printed in Germany.

Vorwort zur ersten Auflage

Dem Ersuchen des Verlages, im Rahmen der Automobiltechnischen Bibliothek die elektrische Ausrüstung des Kraftfahrzeuges zu besprechen, sind wir gern nachgekommen. Hat doch dieses Sondergebiet der Elektrotechnik einerseits und des Kraftfahrzeugbaus andererseits in den letzten 20 Jahren aus bescheidenen Anfängen eine stürmische Entwicklung zu dem überall unentbehrlichen Hilfsmittel heutigen Verkehrs mitgemacht, eine Entwicklung, die sogar dem Fachmann einen unbehinderten Überblick über den jeweiligen Stand der Technik sehr erschwerte. Bei der Wichtigkeit des elektrischen Zubehörs für Bau und Betrieb des Kraftfahrzeuges ist eine eingehende Darstellung zweifellos in weiten Kreisen erwünscht.

Unsere Arbeit soll helfen, alle, die sich mit dem Bau von Verbrennungsmotoren befassen, besonders klar erkennen zu lassen, welch grundlegende Bedeutung der elektrischen Ausrüstung für Wirtschaftlichkeit und Betriebssicherheit des Kraftfahrzeugs zukommt und wie notwendig es ist, die elektrische Ausrüstung schon bei dem Entwurf des Motors richtig zu berücksichtigen; sie soll jedem, der mit Kraftwagen oder deren Zubehör umzugehen hat, sei es in der Fabrik, der Reparaturwerkstätte oder beim Kraftfahrzeugbetrieb, die Möglichkeit geben, die elektrische Ausrüstung des Wagens und ihre Bedeutung kennen zu lernen, und soll ihm praktische Winke vermitteln für das Erkennen und Beleben von Anständen sowie für die zweckmäßige Wahl des Zubehörs, sie soll endlich helfen, allen, die sich mit der Herstellung der elektrischen Ausrüstung befassen, einen Überblick über Entwicklung und heutigen Stand der Technik auf diesem Gebiete als Unterlage für die Weiterentwicklung zu geben.

Sollte unsere Arbeit diese Aufgabe erfüllen, so durften wir uns nicht damit begnügen, aus der bis heute vorliegenden Literatur alles Wesentliche herauszuziehen und zusammenzustellen, vielmehr mußte das Buch entstehen in enger Zusammenarbeit mit der Praxis, mit der die elektrische Ausrüstung herstellenden Industrie. Dabei waren in erster Linie deutsche Verhältnisse zu berücksichtigen und die ausländischen heranzuziehen, insoweit sie von den deutschen wesentlich abweichen. Die einzelnen Teile des vielverzweigten Gebiets waren von Fachleuten zu bearbeiten, die über ihre Abschnitte besondere Erfahrungen aus ihrer Tätigkeit gesammelt hatten. Die Bearbeiter der einzelnen Abschnitte sind sämtlich Ingenieure der Firma Robert Bosch A.-G. in Stuttgart.

Vielen Firmen, die elektrische Ausrüstungen für Kraftfahrzeuge oder Kraftfahrzeuge selbst herstellen und die uns in uneigennütziger Weise Unterlagen über die elektrische Ausrüstung, ihre Herstellung und ihren Einbau überlassen haben, schulden wir aufrichtigen Dank. Sie sind am Schluß des Buches einzeln aufgeführt. Unser Dank gilt endlich all den Herren des In- und Auslandes, die uns ihren Rat und ihre Unterstützung bei unserer Arbeit zuteil werden ließen.

Alle an diesem Buche arbeitenden Herren haben sich bemüht, aus ihrer Erfahrung und aus den genannten Unterlagen herauszunehmen und zu verarbeiten, was immer den Wert des Buches für den Leser erhöhen kann. Freilich mußten wir uns von Anfang an darüber klar sein, daß es nicht möglich ist, jede Einzelheit in dem uns zur Verfügung stehenden Rahmen zu berücksichtigen. Vor allem widersprach es dem Zweck des Buches, für irgendeine Bauart in einer über die rein sachliche Darstellung ihrer Vorzüge und Nachteile hinausgehenden Weise einzutreten, und wir haben uns bemüht, jede Reklame von vornherein auszuschalten. Wir glaubten auch, ähnliche Bauarten verschiedener Firmen nur einmal besprechen zu sollen, und haben in diesem Falle d i e Ausführungsform zugrunde gelegt, die uns entweder besonders beachtenswert erschien, oder wenn in dieser Beziehung ein Urteil nicht zu fällen war, d i e Ausführungsform, die als erste an die Öffentlichkeit gekommen war. Wir stehen nicht an, die Möglichkeit zuzugeben, daß bei diesem ersten Versuch einer eingehenden Darstellung eines umfangreichen, zersplitterten Gebiets Fehler oder Vernachlässigungen unterlaufen sind, und werden späterhin berechtigte sachliche Einwände dankbar berücksichtigen.

Nicht zuletzt gebührt unser besonderer Dank dem Verlag, dessen großes Entgegenkommen es uns ermöglicht hat, das umfangreiche Gebiet ausführlich zu behandeln und insbesondere sehr viele Zeichnungen und Bilder zu bringen.

Wir glauben, daß es vorteilhaft ist, wenn wir den umfangreichen Stoff in drei Bände unterteilen. Der erste Band behandelt den wichtigsten Teil der elektrischen Ausrüstung des Kraftfahrzeugs: die Zündung; der zweite und dritte Band werden sich mit der übrigen elektrischen Ausrüstung befassen und in kurzem dem ersten Band folgen. Wir geben die Arbeit hinaus: Sie möge ein Beitrag sein zur Höherentwicklung der Technik.

DIE HERAUSGEBER.

Vorwort zur zweiten Auflage

In den Jahren seit dem Erscheinen der ersten Auflage hat nicht nur der Kraftfahrzeugbau wesentliche Fortschritte gemacht, auch in der elektrischen Ausrüstung des Kraftfahrzeugs, vor allem auf dem Gebiet der Zündung, sind erhebliche Neuerungen und Verbesserungen zu verzeichnen. Der heutige Fahrbetrieb und der neuzeitliche Motorenbau an sich haben die Anforderungen an das Zubehör um ein Vielfaches verschärft, die Ausbildung von Sonderbauarten für die einzelnen Verwendungszwecke schritt fort, und schließlich hat der Preisdruck vielfach dazu gezwungen, billigere und trotzdem leistungsfähige Baustoffe, Bauformen und Herstellungsverfahren zu finden.

Es mußte daher das gesamte Werk neu bearbeitet werden. Beibehalten wurden jedoch der bewährte Aufbau und das Bestreben, möglichst vorurteilsfrei die Vor- und Nachteile der einzelnen Ausführungsformen gegeneinander abzuwägen. Der heutigen Verbreitung der Batteriezündung entsprechend wurde diese wesentlich eingehender behandelt, als es früher notwendig gewesen war. Das gleiche gilt auch auf dem Gebiet der Flugzeugzündung; neu aufgenommen wurde das wichtige Gebiet der Entstörung.

An manchen Stellen wird der Leser Hinweise und Wiederholungen finden; diese werden allen denen, die nicht das ganze Werk auf einmal durcharbeiten, sondern auf eine bestimmte Frage Antwort suchen, das Verständnis einzelner Abschnitte erleichtern. Aus dem gleichen Grunde ist auch dem Sachverzeichnis wiederum besondere Aufmerksamkeit zugewandt worden.

Allen Firmen und Fachgenossen im In- und Ausland, die uns bei unserer Arbeit unterstützten und uns Unterlagen lieferten, sagen wir wiederum unseren Dank, ebenso dem Verlag für die verständnisvolle Mitarbeit, die insbesondere die Wiedergabe einer sehr großen Anzahl neuer Abbildungen ermöglichte.

DIE HERAUSGEBER.

Inhaltsverzeichnis:

I. Zündung und Verbrennungsmotor

1. Geschichtliches

Die Zündung: der Herzschlag des Verbrennungsmotors! — In der Tat: Das Arbeiten des Verbrennungsmotors ist nicht denkbar ohne die rechtzeitige Entflammung des Gasgemisches, sei es, daß der rechtzeitig eingespritzte Brennstoffnebel sich selbst an der hoch verdichteten und erhitzten Luftfüllung des Zylinders entzündet — Dieselprinzip —, sei es, daß eine explosible Zylinderfüllung durch irgendeine Zündvorrichtung rechtzeitig entflammt wird — Verpuffungsmotor.

In den letzten Jahren hat sich der Dieselmotor vor allem bei Lastwagen in wachsendem Maße eingeführt. Die Entscheidung des wirtschaftlichen Kampfes zwischen Dieselmotor und Verpuffungsmotor läßt sich heute noch nicht überblicken und wird stark von der Entwicklung der Kraftstoffpreise abhängen; auf jeden Fall wird aber der Verpuffungsmotor noch auf lange Zeit hinaus eine bedeutende Rolle spielen.

Die geschichtliche **Entwicklung** der Zündung[1]) ist grundlegend für die Entwicklung des Kraftfahrzeugmotors überhaupt geworden. Ihre Marksteine sollen hier kurz verzeichnet sein. Der französische Mechaniker Lenoir schuf den ersten brauchbaren Verbrennungsmotor, betrieben mit Steinkohlengas, und machte mit ihm die ersten Kraftfahrversuche auf der Straße Paris—Joinville—Le Pont im Jahre 1860. Es ist bemerkenswert, daß schon bei diesem ersten Verbrennungsmotor, der zugleich der erste Kraftfahrzeugmotor genannt werden darf, der elektrische Funke zur Zündung benutzt wurde. Der Funke wurde erzeugt von dem damals schon bekannten Ruhmkorffschen Funkeninduktor mit Hilfe einer Batterie galvanischer Elemente und sprang im Zylinderinnern an der sogenannten Zündkerze über. Schon der erste Verbrennungsmotor arbeitete also mit Hochspannungszündung. Die heute weit verbreitete Batteriezündung unterscheidet sich grundsätzlich in keiner Weise von der Zündung dieses Lenoirschen Gasmotors.

---

[1]) Ausführlicher dargestellt in: G. Lieckfeld, Die Petroleum- und Benzinmotoren, 4. Aufl., München und Berlin 1913; Baudry de Saunier, L'Allumage dans les Moteurs à Explosions, Paris 1905; M. Sainturat, Allumage électrique des moteurs, Paris 1910; G. Yseboodt, L'Allumage des Moteurs à Explosions, Paris und Brüssel 1909.

Freilich stellte damals die Notwendigkeit, galvanische Elemente mitzuführen und instandzuhalten, eine recht erhebliche Schwierigkeit dar, wogegen heute in Lichtmaschine und Akkumulatoren-Batterie jedem Kraftfahrzeug recht zuverlässige Stromquellen zur Verfügung stehen. So kam es, daß diese Zündungsart sich in jener Zeit nicht allgemein durchsetzte, und daß die erste wirklich wirtschaftlich arbeitende Gaskraftmaschine von Otto (1867) nicht mit elektrischer Zündung ausgerüstet war. Beim Ottoschen Gasmotor wurde dem Gemisch durch einen vom Motor gesteuerten Schieber Zutritt zu einer Zündflamme gestattet und dadurch die Verbrennung eingeleitet.

Die Zündflamme hatte mancherlei Nachteile; vor allem gestattete sie nicht die Verwendung höheren Verdichtungsdrucks, da sie hierbei leicht ausgeblasen wurde. So kam man in den 80er Jahren des letzten Jahrhunderts zu dem durch Daimler eingeführten Glührohr, einem hohlen Metall- oder Porzellankörper, der den Zylindermantel durchsetzt und von außen her durch eine Flamme ständig glühend gehalten wird. Das Glührohr ist gegen das Zylinderinnere offen, am entgegengesetzten Ende geschlossen. Das Gemisch wird beim Verdichtungshub in das Glührohr gepreßt und entflammt sich dort, sobald es bis zur glühenden Zone des Glührohrs vorgedrungen ist. Der Zündzeitpunkt kann dabei einigermaßen durch Vor- oder Zurückverlegen der Glühzone eingestellt werden, ist aber doch sehr abhängig von den Eigenschaften des Gemisches und recht unzuverlässig. Dazu kommt ein weiterer Nachteil dieser Zündungsart: Die geringe Betriebssicherheit des Glührohres selbst.

In späteren Jahren hat man auch elektrisch durch Batterien geheizte Glühkörper verwendet. Diese elektrische Glühzündung konnte sich jedoch auf die Dauer ebenso wenig wie das Glührohr halten.

Eine Abart des Glührohrs findet sich allerdings heute noch in den nach dem Halbdieselprinzip arbeitenden Motoren (hauptsächlich landwirtschaftliche Motoren und Bootsmotoren). Es ist der Glühkopf, ein nicht gekühlter, eiserner Hohlkörper im Zylinderdeckel, der bei Inbetriebnahme des Motors von außen mit einer Lötlampe solange erhitzt wird, bis er den eingespritzten Brennstoff zu zünden vermag. Bei weiterem Betrieb des Motors wird der Glühkopf von selbst auf Rotwärme erhalten. Der Zündzeitpunkt ist bei diesen Motoren wie bei allen Dieselmotoren durch den Zeitpunkt der Brennstoffeinspritzung gegeben.

Schon vor Einführung des Glührohrs waren aber noch andere Wege zur Lösung des Zündungsproblems beschritten worden. Der Erbauer des ersten Benzinkraftwagens (1864), Siegfried Markus, ein in Wien lebender Mecklenburger, erfand auch die erste magnetelektrische Zündvorrichtung und verwendete sie im Jahre 1875 zum Betrieb eines Fahrzeugs. Der elektrische Strom wird dabei durch die Bewegung einer Kupferdrahtwicklung im Feld permanenter Magnete erzeugt, durch den Zylindermantel geleitet und innerhalb des Zylinders durch eine mechanische Vorrichtung, die sogenannte Abreißvorrichtung, unterbrochen. Der hierbei auftretende Öffnungsfunke zündet das Gemisch. Die Bewegung der Wicklung und die des Unterbrechungsorgans im Zylinder werden vom Motor selbst gesteuert, so daß der Strom rechtzeitig auftritt und rechtzeitig unterbrochen wird. Markus machte sich durch diese Vorrichtung frei von den Nachteilen der galvanischen Elemente, der Zündflamme und des Glührohrs.

Freilich hat diese sogenannte Niederspannungs- oder Abreißzündung erst eine Reihe von Jahren später Verbreitung gefunden. Im Jahre 1880 begann die Gasmotorenfabrik Deutz Versuche mit Niederspannungsmagnetzündern zu machen — auch Siemens & Halske lieferte solche Apparate —, hauptsächlich aber griff Robert Bosch in Stuttgart im Jahre 1887 die Herstellung von Niederspannungsmagnetzündern in etwas abgeänderter Form auf und eröffnete damit die Entwicklung einer selbständigen Zünderindustrie, die dann schon um die Jahrhundertwende Tausende von Niederspannungszündern gebaut hatte.

Eine der verschiedenen Bauarten des **Niederspannungsmagnetzünders** zeigt schematisch Bild 1. Zwischen dem Bügelmagneten und den Polschuhen befindet sich der doppel-T-förmige Anker aus weichem Eisen, der die — in der Abbildung nicht eingezeichnete — Wicklung trägt. Der Anker wird durch die Rückzugfedern in einer bestimmten Stellung, der Ruhelage, gehalten und durch den auf der Steuerwelle des Motors sitzenden Steuerdaumen ein Stück aus dieser Ruhelage verdreht, bis er wieder in die Ruhelage zurückschnappt. Durch diese rasche Schnappbewegung wechselt der magnetische Fluß, der den Anker durchsetzt, rasch seine Richtung und erzeugt so in der Wicklung eine elektrische Spannung, die einen kräftigen Stromstoß durch Zündstift und Zündhebel des Zündflansches schickt. Die Zuleitung zum Zündflansch zeigt in Bild 1 die strichpunktierte Linie, die Rückleitung des Stromes erfolgt durch die Motormasse. Die Abreißvorrichtung ist so eingestellt, daß ihre Kontakte (am Zündhebel und Zündstift) gerade in dem Augenblick geöffnet werden, in dem der Strom seinen höchsten Wert besitzt, so daß ein kräftiger Abreißfunke

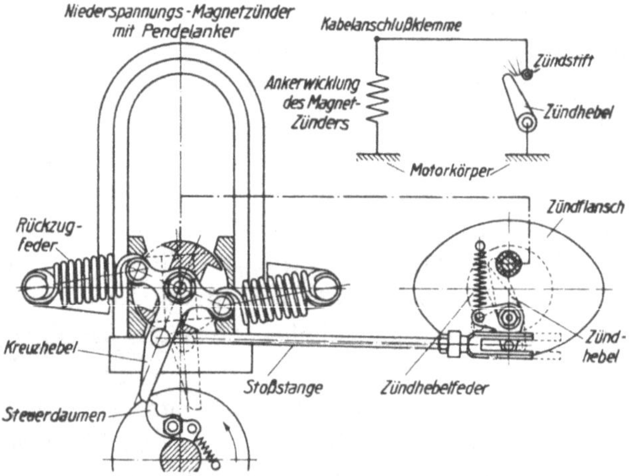

Bild 1. Abreißzündung, Pendeltyp

entsteht. Bild 2 zeigt den Zündflansch deutlicher. Der Zündstift muß isoliert durch den Flansch geführt werden, der Zündhebel beweglich im Zündflansch gelagert sein.

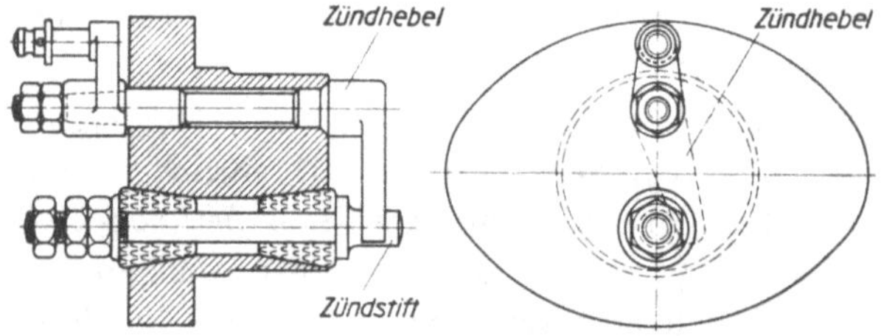

Bild 2. Abreißzündung, Zündflansch

Die Massewirkung des pendelnden Systems stand einer Steigerung der Motordrehzahlen lästig entgegen. Die Firma Bosch stellte deshalb im Jahre 1896 Versuche mit Influenz-Maschinen an, die vom Motor betrieben wurden und Funken an Hochspannungs-Zündkerzen überschlagen ließen. Da aber diese Maschinen zu sehr von den Witterungsverhältnissen abhängig waren, kehrte Bosch nochmals zur Niederspannungs-Zündung zurück und verwandte an

Stelle des pendelnden Ankers eine mit Fenstern versehene eiserne Hülse (s. auch Abschnitt IV), die zwischen dem feststehenden Anker und den Polschuhen des Magnets drehbar gelagert war. Die Schnappbewegungen dieser Hülse erzeugten im Anker einen ähnlichen Flußwechsel wie die Schnappbewegungen des Ankers, die Hülse wies aber wesentlich geringere Maße als der Anker auf. Bald ging dann Bosch von dem Schnappsystem zu dem oszillierenden System über, bei dem sich der Anker oder die Hülse, durch einen Exzenter vom Motor angetrieben, gleichmäßig hin- und herbewegte. In dieser Ausführung erlangte der Niederspannungsmagnetzünder weite Verbreitung, bis endlich der umlaufende Anker und die umlaufende Hülse aufkamen, wobei die Unterbrechungsorgane mit einem besonderen Abreißgestänge gesteuert wurden. Lästig blieb noch immer dieses Abreißgestänge und hauptsächlich die Durchführung des Zündhebels durch den Zündflansch, die die Abdichtung des Zylinders bei hohen Verdichtungsdrücken sehr erschwerte. Man versuchte später diese Mängel dadurch zu beseitigen, daß man die Abreißorgane elektromagnetisch steuerte. Eine brauchbare Vorrichtung dieser Art, die sogenannte Magnetkerze, wurde aber erst im Jahre 1907 geschaffen und kam nicht mehr zu großer Verbreitung, da inzwischen die Niederspannungszündung beim Kraftfahrzeugmotor durch die Hochspannungszündung verdrängt worden war.

Die Niederspannungszündung ist heute noch bei langsam laufenden ortsfesten Motoren vielfach im Gebrauch, teilweise als Pendeltyp, teilweise auch mit umlaufendem Anker; als Zündvorrichtung des Kraftfahrzeugmotors gehört sie aber der Geschichte an. Man erkannte bald, daß der Zylinder eines schnellaufenden Verpuffungsmotors frei sein muß von jeder mechanisch betätigten Zündvorrichtung, und wurde dadurch veranlaßt, zur Hochspannungszündung, zur Entflammung des Gemisches mit dem elektrischen Überschlagfunken zurückzukehren. Es galt, die Vorteile der Hochspannungszündung: genauer Zündzeitpunkt und Entstehung des Zündfunkens im Zylinder an nicht bewegten Teilen, auszunützen, ohne den Nachteil einer galvanischen Batterie in Kauf zu nehmen.

Schon im Jahre 1882 benutzte Karl Benz erstmals an Stelle von galvanischen Batterien Dynamomaschinen zur Speisung des die Hochspannung erzeugenden Induktors und machte sich damit unabhängig von der Batterie. Nun erregen sich aber selbsterregende

Dynamomaschinen bekanntlich erst bei verhältnismäßig hoher Drehzahl, wodurch für die Zündung beim Anwerfen und bei niederer Motordrehzahl Schwierigkeiten entstehen. Benz half sich durch eine große Übersetzung zwischen Kurbelwelle und Dynamomaschine, mußte aber, um die Dynamomaschine nicht zu hoch zu beanspruchen, bei höheren Drehzahlen auf eine geringere Übersetzung umschalten.

Es wird später gezeigt werden, daß die Zweckmäßigkeit derartiger Anordnungen von Dynamomaschine und Spule unter dem Schlagwort: „batterielose Dynamozündung" heute erneut wieder in Erwägung gezogen wird, daß aber heute wie damals dieser Zündungsart grundsätzlich der Nachteil ungenügender Leistung bei geringer Drehzahl anhaften muß. — Über „batterielose Dynamozündung" beim Kraftrad siehe Seite 81.

Auch Benz behielt, um das Kraftfahrzeug nicht zu kompliziert zu gestalten, für den Kraftfahrzeugmotor die Batteriezündung bei. Die Zündspule arbeitete mit einem Neefschen Hammer und wurde von einem vom Motor betriebenen Steurer sekundärseitig bis zum Zündungszeitpunkt kurzgeschlossen. Infolge des hohen Stromverbrauchs dieser Zündung mußten für größere Fahrten — als solche galten in damaliger Zeit Fahrten über 10 km — mehrere Batterien mitgenommen werden, damit bei Erschöpfung einer Batterie auf eine zweite umgeschaltet werden konnte.

Den Nachteil der Dynamozündung: ungenügende Leistung bei niederer Drehzahl, hatte bis zu einem gewissen Grad die Niederspannungszündung dadurch vermieden, daß sie nicht Elektromagnete, sondern permanente Magnete zur Erzeugung des Erregerfeldes benutzte, daß also der Anker sich auch bei kleinster Geschwindigkeit in dem Erregerfeld voller Stärke bewegte. Erst um die Jahrhundertwende aber kam man auf den Gedanken, die Dynamomaschine durch einen Niederspannungsmagnetzünder zu ersetzen, d. h. eine niedere Spannung im Niederspannungsmagnetzünder zu erzeugen und sie in einem Transformator, der von der Batteriezündung bekannten Zündspule, in Hochspannung zu verwandeln, die dann im Zylinder an der Zündkerze zum Überschlag führt. Hauptsächlich die Firmen Bosch und Eisemann brachten solche Anordnungen heraus.

Bei der Firma Bosch wurden aber bald grundsätzlich neue Wege eingeschlagen: Gottlob Honold schuf im Jahre 1901 die Zünderform, die es in ein und demselben mit zwei Wicklungen versehenen Anker ermöglicht, Niederspannung zu erzeugen und in Hochspannung umzuformen[2]). Diese Anordnung, der **Hochspannungsmagnetzünder,** setzte sich rasch durch und förderte die Entwicklung des schnellaufenden Kraftfahrzeugmotors wesentlich. Zuerst wurde der neue Gedanke beim Zünder mit umlaufender Hülse durchgeführt; schon im Jahre 1902 wandte man ihn auch beim umlaufenden Anker an. Noch im selben Jahre ging die Firma Bosch dazu über, die Wicklungen, den Kondensator und den noch zu besprechenden Unterbrecher zu einer Einheit, dem umlaufenden Hochspannungszündanker, zusammenzubauen, ein Schritt, der den neuen Zünder lebensfähig machte.

Später stellte sich heraus, daß der Grundgedanke des Hochspannungsmagnetzünders schon vor Honold von Paul Winand in Deutz angegeben wurde. Winand ließ als Erster die Erzeugung der Hochspannung in einer Spule schützen, deren Primär- und Sekundär-Wicklung vom Fluß des permanenten Magneten durchsetzt werden[3]). Auffallenderweise wurde dieser Erfindung damals nicht die genügende Beachtung geschenkt, so daß das Patent in Vergessenheit geraten war.

Ehe der Hochspannungsmagnetzünder näher betrachtet wird, muß ein Wort über Verteiler und Unterbrecher nachgetragen werden. Als man um die Jahrhundertwende mit dem Bau von Mehrzylindermotoren begann, hatte man bei der Batteriezündung eine Summer-Zündspule für jeden Zylinder vorgesehen und diesen Zündspulen den Primärstrom durch einen Niederspannungsverteiler abwechslungsweise zugeführt. Der Schleifkontakt dieses Verteilers bewegte sich (siehe Bild 3) mit der Geschwindigkeit der Steuerwelle auf den an die Zündspule angeschlossenen Segmenten. Das Auflaufen des Schleifkontaktes auf ein Segment bestimmte gleichzeitig den Zündzeitpunkt. Das Schaltbild einer derartigen Vierzylinder-Batteriezündung zeigt Bild 3.

Bald führte man an Stelle des Neefschen Hammers den schon lange bekannten Unterbrecher ein. Ein solcher Unterbrecher ist im Grunde genommen dasselbe wie die Abreißvorrichtung des Niederspannungszünders. Der Strom wird durch zwei mittels Federkraft aneinander gedrückte, im übrigen aber elektrisch isolierte Körper geleitet, deren einer durch einen von der Motorwelle be-

[2]) Lichtbogenzündung. DRP. 156 117 vom 7. 1. 1902.

[3]) DRP. 45 161 vom 17. 4. 1887.

wegten Nocken von dem anderen kurzzeitig abgehoben wird. Dadurch wird jedesmal, wenn der Nocken den Unterbrecher berührt, der Primärstromkreis unterbrochen. Ebenso wie dem Neefschen Hammer jedes Funkeninduktors muß dem Unterbrecher ein Kondensator parallel geschaltet werden, damit an der Öffnungsstelle kein Lichtbogen entsteht, da der bei der Abreißzündung erwünschte Lichtbogen bei der Hochspannungszündung dem Hochspannungsfunken die Energie wegnehmen würde.

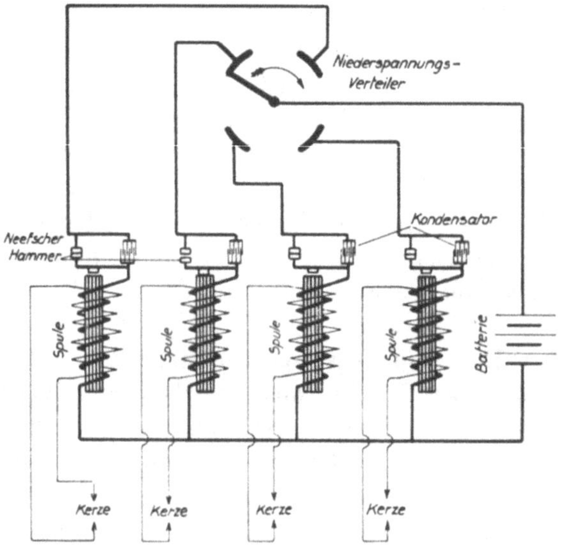

Bild 3. Schaltbild der Mehrzylinder-Batteriezündung mit Niederspannungsverteiler und Neefschem Hammer

Der Unterbrecher erzeugt für jede Zündung einen Einzelfunken an Stelle der vom Neefschen Hammer gelieferten Funkenreihe, von der in der Regel nur der erste Funke für die Zündung in Frage kommt. Der Zeitpunkt, in dem dieser Einzelfunke entsteht, ist durch den Öffnungsaugenblick des Unterbrechers genau bestimmt. Die Schleifbahn des Verteilers ist nicht mehr der schädlichen Funkenbildung ausgesetzt, die beim Schließen und Öffnen des Stromkreises durch den Verteilerarm vorhanden war, und eine bisher nicht gekannte Genauigkeit des Zündzeitpunktes ist erreichbar.

Einen weiteren Schritt vorwärts brachte die Anwendung des Hochspannungsverteilers. Die in der Zündspule oder der Ankerwicklung erzeugte Hochspannung wird auf die einzelnen Zylinder in ähnlicher Weise wie zuvor der Primärstrom auf die Zündspulen verteilt. Dabei erübrigt sich die Anwendung mehrerer Spulen und im Primärstromkreis ist nur noch e i n e der mit Rücksicht auf die Betriebssicherheit so gefürchteten Kontaktstellen, nämlich der

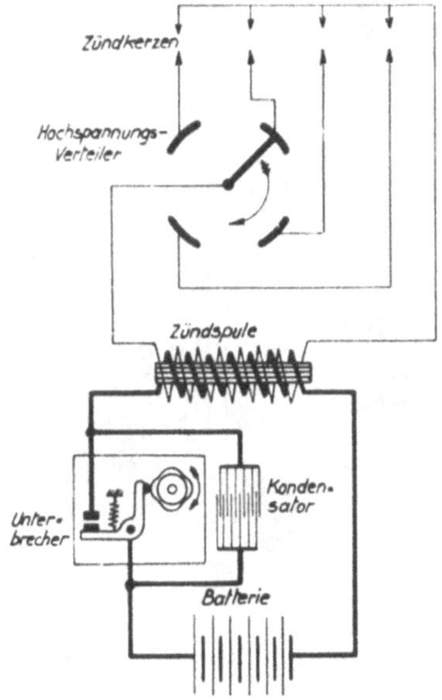

Bild 4. Schaltbild der Mehrzylinder-Batteriezündung mit Hochspannungsverteiler und Unterbrecher

Unterbrecher, vorhanden. Das Schaltbild einer Batteriezündung mit Hochspannungsverteiler zeigt Bild 4. Entsprechend erfolgt die Verteilung auch beim Hochspannungsmagnetzünder.

An Hand der schematischen Darstellungen in Bild 5 und 6 soll kurz der G r u n d g e d a n k e d e s H o c h s p a n n u n g s m a g n e t - z ü n d e r s in allgemein verständlicher Form gezeigt werden. Auf die Gesetze des Hochspannungszünders wird dagegen in Abschnitt II, auf die Konstruktionsteile in Abschnitt III näher eingegangen.

Der Hochspannungsmagnetzünder besteht in seiner ursprünglichen Gestalt aus dem vom Niederspannungsmagnetzünder bekannten Magneten mit Polschuhen, dem umlaufenden Anker — das Pendelsystem eignet sich für hohe Drehzahlen nicht —, endlich dem von der Batteriezündung bekannten Unterbrecher, der bei umlaufender Wicklung ebenfalls umläuft, und dem soeben erwähnten Hochspannungsverteiler.

Der Ankersteg trägt eine Primärwicklung mit wenig Windungen und eine Sekundärwicklung mit vielen tausend Windungen. Der den Ankersteg durchsetzende Magnetfluß wechselt bei jeder Anker-

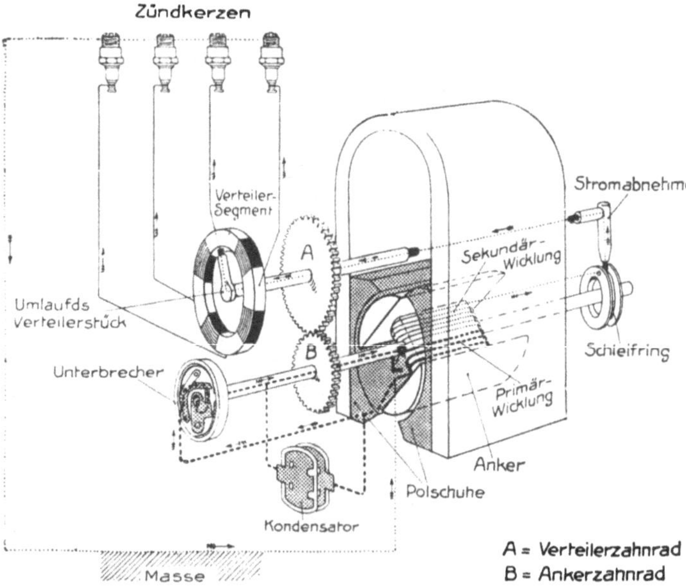

Bild 5. Hochspannungs-Magnetzünder, schematisch

umdrehung seine Richtung zweimal. Die Primärwicklung wird durch den Unterbrecher immer in dem Augenblick kurzgeschlossen, in dem der Fluß des Magneten den Ankersteg voll durchsetzt (Bild 6 links),

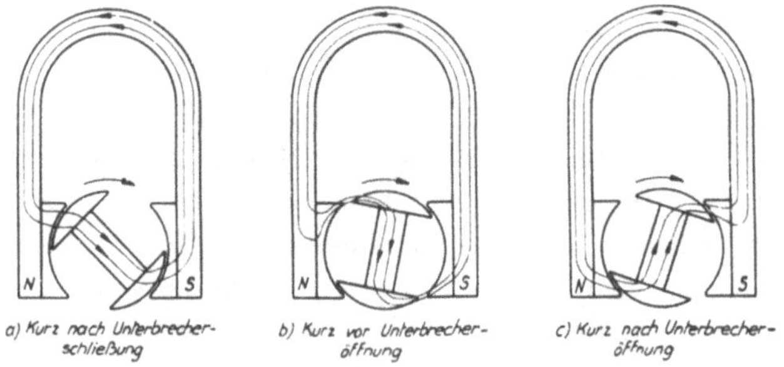

Bild 6. Flußverzerrung durch die kurzgeschlossene Wicklung

und erst geöffnet bei der Ankerstellung, bei der der Fluß den Ankersteg schon wieder in umgekehrter Richtung durchsetzen sollte (Bild 6 Mitte). Die kurzgeschlossene Wicklung hat die Eigenschaft, jeder Änderung des Flusses im Ankersteg entgegenzuwirken, und hält den Fluß dementsprechend bis zum Öffnungsmoment fest. Bild 6 Mitte zeigt den ungefähren Flußverlauf vor der Unterbrechung, Bild 6 rechts den Flußverlauf nach der Unterbrechung. Im Augenblick der Öffnung erfolgt so ein außerordentlich rascher Flußwechsel im Ankersteg; dieser Flußwechsel erzeugt in der vieldrähtigen Sekundärwicklung einen Hochspannungsstoß, der vom Anker abgenommen und über den Verteiler der Zündkerze zugeführt wird. Wie aus Bild 5 deutlich ersichtlich ist, wird nur das eine Ende der Sekundärwicklung isoliert zur Zündkerze geführt; die Rückleitung erfolgt — ähnlich wie es beim Niederspannungsmagnetzünder bereits gezeigt wurde — durch den Motor- und Magnetzünderkörper, die sogenannte „Masse".

Der hier in seiner Grundform dargestellte Magnetzünder wird von deutschen und seit der Kriegszeit auch von ausländischen Spezialfirmen gebaut, und zwar in verschiedenen Ausführungen: mit feststehendem Magneten und umlaufendem Anker, mit feststehendem Anker und umlaufendem Magneten, oder schließlich mit feststehendem Anker und Magneten und umlaufenden Kraftlinienleitstücken. (Nähere Einzelheiten darüber enthält der IV. Abschnitt.) Der Hochspannungsmagnetzünder hat über zwei Jahrzehnte lang den europäischen Markt fast ausschließlich beherrscht, ist aber in den letzten Jahren auf Sondergebiete zurückgedrängt worden (Omnibusse, Traktoren, Flugzeuge, Rennwagen usw.); erst lange Zeit nach dem Aufkommen des Hochspannungsmagnetzünders ließ die Verbesserung der Akkumulatorenbatterien und die Einführung der elektrischen Kraftfahrzeug-Beleuchtung die Batteriezündung in der in Bild 4 dargestellten Form erneut aufleben und zunächst in Amerika weite Verbreitung finden, bis sie dann, vor allem aus Preisgründen, auch den europäischen Personenwagen weitgehend eroberte.

Gerade in den letzten Jahren wurden beim Motorenbau hauptsächlich in Europa Drehzahlen und Verdichtungsdrücke immer höher getrieben und demzufolge an die Hochspannungszündung von Jahr zu Jahr neue, höhere Ansprüche in bezug auf Leistung und mechanische und elektrische Haltbarkeit gestellt. Diesen Ansprüchen in wirtschaftlichem Rahmen gerecht zu werden, war keine einfache Aufgabe für die Zünderindustrie, zumal außer der reinen Leistungssteigerung eine außerordentliche konstruktive Vielseitigkeit verlangt wurde, die eine Massenherstellung erschwerte.

2. Zündzeitpunkt

Im folgenden soll zunächst über die Vorrichtungen gesprochen werden, die die Hochspannung rechtzeitig erzeugen und auf die Zylinder verteilen. Wir wollen sie kurz Zünder nennen, und zwar je nach der Energiequelle Magnetzünder oder Batteriezünder. Die Vorrichtung, die die Hochspannung durch den Zylindermantel führt und an der der Überschlag entsteht, die sogenannte Zündkerze, bedarf besonderer Beachtung und wird in Abschnitt VI ausführlich besprochen.

Vor allem ist die Frage zu erörtern: Welche *Anforderungen* stellt der moderne *Kraftfahrzeugmotor* an den *Zünder* hinsichtlich Leistung, Drehzahl und Einstellung des Zündzeitpunktes?

Wir dürfen die Wirkungsweise des Vier- und Zweitaktmotors als bekannt voraussetzen, weisen jedoch hier besonders auf die Wichtigkeit des *richtigen Zeitpunkts für die Entflammung* des Gemisches hin. Erfolgt die völlige Entflammung zu früh, das heißt vor dem Totpunkt, so erhält der Kolben eine rücktreibende Kraft, der Motor arbeitet stoßweise und überhitzt sich, die Leistung sinkt und beim Anwerfen erfolgen Rückschläge. Erfolgt die völlige Entflammung zu spät, das heißt nach dem Totpunkt, so ist die Verdichtung ungenügend, häufig sogar die Verbrennung unvollständig; der Motor wird ebenfalls überhitzt, der Maximaldruck und die Leistung sinken und der Motor arbeitet unwirtschaftlich. Bild 7

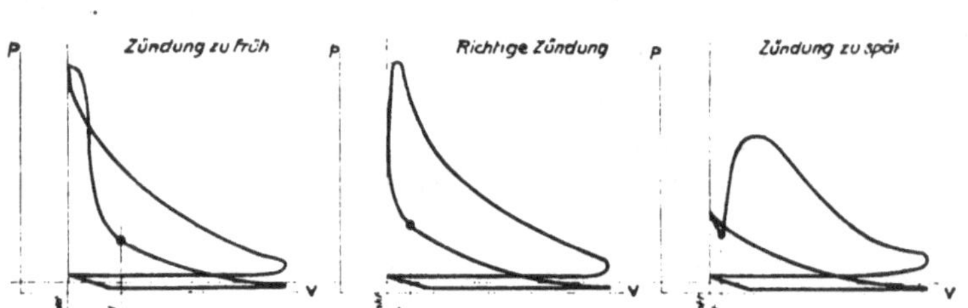

Bild 7. Druckdiagramme des Verpuffungsmotors bei verschiedenen Zündzeitpunkten

zeigt die Indikatordiagramme eines Verpuffungsmotors mit zu früher, rechtzeitiger und zu später Gemischzündung. Die Zündung soll so erfolgen, daß der Maximaldruck unmittelbar nach der Totpunktstellung des Kolbens auftritt.

Die Gesetze, nach denen die Entflammung und Verbrennung eines Gasgemisches vor sich gehen, sind heute noch nicht restlos erforscht. Immerhin gibt eine Reihe wichtiger Untersuchungen aus neuerer Zeit Aufschluß über die Probleme der Zündgeschwindigkeit, der Vollständigkeit der Verbrennung, des sogenannten Klopfens, der Selbstzündungsgrenze und Anhaltspunkte über zweckmäßige Wahl von Zylinderform, Ventilanordnung, Zündkerzensitz, Verdichtung und Gemischzusammensetzung. Ein näheres Eingehen auf diese interessanten und auch für die Zündung sehr wichtigen Fragen fällt aus dem Rahmen unserer Betrachtungen heraus; wer sich näher damit befassen will, sei hingewiesen auf die umfangreichen Versuche von Ricardo und die klare Untersuchung dieser Fragen durch ihn, hauptsächlich auf die sehr gute deutsche Bearbeitung des Ricardoschen Werkes durch Werner und Friedmann[4]), endlich auf den hierher gehörigen Inhalt der übrigen Literatur und der Fachzeitschriften[5]).

Rechtzeitige Entflammung des Gemisches erfordert rechtzeitiges Auftreten des Zündfunkens in bezug auf die Kolbenstellung. Daher ist nötig:

1. ein ganz bestimmtes, unveränderliches Übersetzungsverhältnis zwischen Motorachse und umlaufendem Teil des Zünders — also Antrieb durch unmittelbare Kupplung, Zahnrad oder Kette, nicht durch Riemen!

2. beim Einbau genaue Einstellung des Zünders zur Kolbenstellung des Motors;

---

[4]) H. R. Ricardo: Schnellaufende Verbrennungsmaschinen, übersetzt und bearbeitet von Werner und Friedmann, 2. Aufl., Berlin, Springer 1932.

[5]) Zum Beispiel: Professor Dr. E. Wirth: Die Verbrennungsvorgänge im Explosionsmotor. Automobil-Rundschau 1920, Heft 7—14 (zusammenfassende Darstellung).

Dr.-Ing. O. Enoch: Die Wertung der Ricardoschen Versuche. Motorwagen, 1923, Heft 18 und 19.

Dr.-Ing. Ludwig Richter: Das Klopfen der Zündungsmotoren. Motorwagen, 1925, Heft 32.

W. A. Whatmough: Detonation, The Automobile Engineer, 1927, Bd. XVII, Heft 225—233, 235, 236.

Dr.-Ing. W. Lindner: Entzündung und Verbrennung von Gas- und Brennstoffgemischen. Berlin, VDI.-Verlag 1931.

K. Schnaufer: Verbrennungsgeschwindigkeiten von Benzin- und Benzol-Luftgemischen in raschlaufenden Zündermotoren. Diss. T. H., Berlin 1931.

3. beim Zünder unbedingte Genauigkeit des Zündzeitpunktes in bezug auf die Stellung der umlaufenden Teile und Unveränderlichkeit des Zündzeitpunktes während langer Betriebszeit; endlich

4. die Möglichkeit, den Zündzeitpunkt während des Betriebes zu verändern, um ihn den wechselnden Drehzahlen anzupassen.

Auf die Frage des **Antriebs** und des Einbaus von Zündern (Forderung 1 und 2) muß gegen Ende unserer Betrachtungen ohnedies näher eingegangen werden. Hier sei nur darauf hingewiesen, daß bekanntlich beim Einzylinder-Viertaktmotor eine Zündung bei jeder Steuerwellenumdrehung, also bei jeder zweiten Kurbelwellenumdrehung zu erfolgen hat. Bei Mehrzylindermotoren erhöht sich die Zahl der auf eine Kurbelwellenumdrehung erforderlichen Zündungen proportional der Zylinderzahl, wie aus den ersten vier Spalten der Tafel, Bild 8, einfach zu entnehmen ist. Die Tafel zeigt gleichzeitig die Antriebsdrehzahl, die für Magnetzünder und Batteriezünder, von Sonderfällen abgesehen, gewählt werden muß, und zwar gesondert für den sogenannten Zweiabrißtyp, bei dem bei einer Umdrehung der Zylinderachse zwei Funken entstehen, und für die Vier-, Sechs-, Acht- und Zwölfabrißtypen, bei denen bei einer Umdrehung der Zünderachse 4, 6, 8 und 12 Funken entstehen (siehe Abschnitt IV). Beim Einzylinder-Magnetzünder erzeugt auch der Zweiabrißtyp nur einen Funken pro Umdrehung. Einen nicht in der Tafel verzeichneten Ausnahmefall bildet der Zweizylinder-Zweitaktmotor mit um 180° versetzter Kurbel und entgegengesetzt liegenden Zylindern. Die Zündung der beiden Zylinder erfolgt gleichzeitig, und zwar durch einen Einzylinder-Zweifunken-Magnetzünder, der mit der Motorwelle anzutreiben ist. Das Wesen des Zweifunken-Magnetzünders wird weiter unten erläutert.

Der Batteriezünder wird, wie ebenfalls aus der Tafel ersichtlich, mit Rücksicht auf die Verteilung der Hochspannung auf die Zylinder fast stets mit Steuerwellendrehzahl angetrieben. Dies ist dadurch möglich, daß man den Unterbrechernocken für jede Zylinderzahl anders ausbildet und die Zahl der Unterbrechungen pro Umdrehung jeweils gleich der Zylinderzahl macht.

Die Verteilung der Funken auf die einzelnen Zylinder geschieht, wie bereits erwähnt wurde, bei der Hochspannungszündung durch den Hochspannungsverteiler. Es ist dies entweder ein mit der Wicklung in Verbindung stehender umlaufender Kontaktgeber, der die mit den Zündkerzen der einzelnen Zylinder in Verbindung stehenden Segmente der Reihe nach berührt (Schleifbahnverteiler),

Zünder-System	Anzahl der Zylinder	Taktzahl des Motors	Erforderliche Zündungs-Anzahl pro Motor-Umlauf	Erzeugte Funkenzahl pro Zünder-Umlauf	Übersetzung Kurbelwelle zu Zünderwelle	Übersetzung Verteilerwelle zu Zünderwelle	Bemerkungen
Magnetzünder	1	2	1	1	1:1	1:1	
	2	2	2	2	1:1	1:1	
	1	4	Alle 2 Umläufe 1 Zündung	1	1:1 od. 2:1	1:1	Normale Typen
	2	4	1	2	2:1	1:1	
	4	4	2	2	1:1	1:2	
	5	4	2,5	2	4:5	2:5	
	6	4	3	2	2:3	1:3	
	7	4	3,5	2	4:7	2:7	
	8	4	4	2	1:2	1:4	
	4	4	2	4	2:1	1:1	
	5	4	2,5	4	8:5	4:5	
	6	4	3	4	4:3	2:3	
	7	4	3,5	4	8:7	4:7	
	8	4	4	4	1:1	1:2	
	9	4	4,5	4	8:9	4:9	
	12	4	6	4	2:3	1:3	
	6	4	3	6	2:1	1:1	Sondertypen
	4	4	2	8	4:1	2:1	
	6	4	3	8	8:3	4:3	
	8	4	4	8	2:1	1:1	
	12	4	6	8	4:3	2:3	
	12	4	6	12	2:1	1:1	
Batteriezünder	1	2	1	1	1:1	1:1	
	2	2	2	2	1:1	1:1	
	1	4	Alle 2 Umläufe 1 Zündung	1	2:1	1:1	Normale Typen
	2	4	1	2	2:1	1:1	
	4	4	2	4	2:1	1:1	
	5	4	2,5	5	2:1	1:1	
	6	4	3	6	2:1	1:1	
	7	4	3,5	7	2:1	1:1	
	8	4	4	8	2:1	1:1	
	9	4	4,5	9	2:1	1:1	
	12	4	6	12	2:1	1:1	

Bild 8. Antrieb des Zünders

oder aber eine umlaufende Schneide, von der die Hochspannung zu den einzelnen Segmenten überspringt (Überschlagverteiler). Dieser

Verteiler muß seinem Zweck entsprechend mit der Drehzahl der Steuerwelle umlaufen, so daß beim normalen Vier- und Mehrzylinder-Magnetzünder eine Zahnradübersetzung zwischen dem Verteiler und den übrigen umlaufenden Teilen nicht zu umgehen ist. Das Übersetzungsverhältnis richtet sich nach der Zylinderzahl und der Antriebsdrehzahl des Magnetzünders und ist in der letzten Spalte der Tafel, Bild 8, eingetragen. Bei dem ohnedies mit Steuerwellendrehzahl angetriebenen Batteriezünder ist eine Zahnradübersetzung nicht notwendig, ebenso wenig beim normalen Ein- und Zweizylinder-Magnetzünder.

Die Empfindlichkeit der Motoren auf genaue Einhaltung des Zündzeitpunktes ist recht verschieden, häufig aber wird die Leistung schon bei Verschiebung des Zündzeitpunktes um wenige Winkelgrade verändert. Besonders bei Sportmodellen ist deshalb die Genauigkeit der Zündzeitpunkt-Einstellung von großer Bedeutung. Auch darauf, daß die Zündzeitpunkte der verschiedenen Zylinder den genau richtigen Abstand voneinander haben (sogenannte Zylinderversetzung, in der Regel am Zweiabriß-Magnetzünder 180°) ist besonders zu achten. Eine Verschiebung des Zeitzündpunktes im Laufe des Betriebes erfolgt durch Abnützung der Unterbrecherteile, hauptsächlich der Unterbrecher-Gleitstücke, Nocken und Kontakte. Gute Zünder sind so gebaut, daß bei geringer Abnützung dieser Teile die Verschiebung des Zündzeitpunktes nicht zu groß ist. Das Nachstellen der Kontakte nach längerer Betriebszeit ist jedoch nicht zu umgehen.

Für die Zündung von besonderer Wichtigkeit ist die Tatsache, daß vom Augenblick des Überschlags des Zündfunkens bis zum Augenblick der völligen Entflammung des Gemisches eine Zeitspanne, die sogenannte Entflammungsdauer, vergeht, die in der Hauptsache abhängig ist von der jedem Gemisch eigenen Entflammungsgeschwindigkeit — sie beträgt für ruhendes Benzindampf-Luft-Gemisch 2....6 m/sek, für durchwirbeltes Gemisch 10.... 20 m/sek, —, von der Zylinderform und von der Wirksamkeit des Zündfunkens. Der Zündfunke muß um die Zeitspanne der Entflammungsdauer dem gewünschten Zeitpunkt der völligen Entflammung vorauseilen.

Da nun mit zunehmender Drehzahl der Motor in derselben Zeit einen immer größeren Winkel an der Kurbelwelle durchläuft, muß der Zündfunke, in Winkelgraden gemessen, mit zunehmender Motordrehzahl in bezug auf die Kurbelwelle immer früher auftreten.

Dies führt zur Forderung 4: Der Zündzeitpunkt muß, wie man sagt, „verstellbar" sein. Diese **Verstellung** des Zündzeitpunktes erfolgt am Zünder selbst, und zwar in der Regel durch Änderung der Lage von Unterbrecher und Unterbrechernocken zueinander, so, daß der Öffnungszeitpunkt des Unterbrechers im Verhältnis zur Stellung der Kurbelwelle sich verändert. Dabei kann grundsätzlich die Verstellung entweder von Hand, und zwar vom Führersitz des Kraftfahrzeuges aus betätigt werden, oder sie erfolgt selbständig abhängig von der Drehzahl durch einen Fliehkraftregler oder eine ähnliche Vorrichtung. (Über die elektrische Verstellung bei Flugzeugzündern s. S. 138.)

Die Verstellvorrichtung ermöglicht die Verstellung des Zündzeitpunktes in gewissen Grenzen, dem sogenannten Verstellbereich. Die Einstellung, die eine möglichst frühzeitige Zündung in bezug auf die Kurbelwelle hervorruft, nennt man „Frühzündung", die Einstellung, die eine möglichst späte Zündung hervorruft, heißt „Spätzündung". Diese Bezeichnungen dürfen nicht verwechselt werden mit den hin und wieder gebrauchten Ausdrücken „Vor- und Nachzündung", die zumeist angeben wollen, wieviel Grad vor oder nach Totpunktstellung des Kolbens ein Motor zu zünden ist.

Bei niederen Drehzahlen und hauptsächlich beim Anwerfen hat die Zündung in der Nähe des Totpunktes zu erfolgen, man stellt deshalb häufig den Zünder zum Motor so ein, daß der Unterbrecher bei Spätzündung dann öffnet, wenn der Kolben sich in der Totpunktlage befindet. Mit zunehmender Motordrehzahl erfolgt dann die Verstellung gegen Frühzündung. Der erforderliche Verstellbereich ist natürlich bei den einzelnen Motortypen sehr verschieden; auch ist die erforderliche Verstellung bei hoher Verdichtung geringer als bei niedriger. Bei neueren Motoren werden etwa 20...40° Verstellung, gemessen an der Kurbelwelle, verlangt. Bei der Batteriezündung hat die Verstellung keinen Einfluß auf die Zündleistung, ebenso nicht bei Magnetzündern, die mit Antriebsverstellung ausgerüstet sind, bei denen also durch die Verstellung die elektrischen Verhältnisse im Zünder nicht beeinflußt werden. Anders bei Magnetzündern mit Abrißverstellung; bei diesen werden Unterbrecher und Nocken gegeneinander verdreht, es ändert sich also mit der Verstellung die Stellung des Ankers im Magnetfelde, bei der der Strom unterbrochen wird. In diesem Falle stellen große Verstellbereiche recht hohe Anforderungen an den Entwurf von Magnetzündern für höhere Zylinderzahlen.

Die Entflammungsdauer und damit der erforderliche Verstellbereich hängt stark von der Zylinderform und der Wirksamkeit des Zündfunkens, hauptsächlich von der Anordnung der Zündkerze im Zylinder ab. Die Zündkerze soll den frischen Gasen leicht zugänglich und nicht zu weit außerhalb der Mitte des Explosionsraumes liegen. Mit Rücksicht auf das noch zu besprechende sogenannte „Klopfen" des Motors wird manchmal geraten, die Zündkerze in der Nähe des Auspuffventils anzubringen. Vom Zündungsstandpunkt aus ist davor zu warnen, da der lange Weg des Gemisches vom Ansaugventil bis zur Kerze das Anwerfen erschwert und die Entflammungsdauer vergrößert. Außerdem ist dann die Erwärmung der Kerze am Auspuffventil und damit die Glühzündungsgefahr besonders groß.

Bei großem oder ungünstig geformtem Explosionsraum und bei hohen Drehzahlen greift man hin und wieder zu einem besonderen Mittel, die Entflammungsdauer herabzusetzen, indem man zwei Zündstellen in einem Zylinder unterbringt; Bild 9 zeigt zwei Beispiele hierfür. Man kann dabei entweder an beiden Zünd-

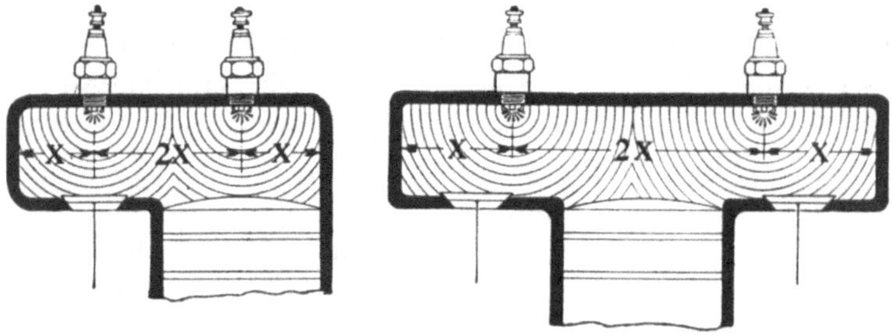

Bild 9. Anordnung von zwei Zündstellen im Zylinder

stellen gleichzeitig Überschläge hervorrufen und hat auch zu diesem Zweck besonders ausgebildete, sogenannte Zweifunken-Magnetzünder geschaffen, oder man kann die Zündstelle, die erfahrungsgemäß ein schlechteres Gemisch zu zünden hat, um einige Winkelgrade früher ansprechen lassen als die andere. In diesem Fall wird die sogenannte Zwillingszündung angewandt, bei der jede der beiden Zündkerzen von einer besonderen Zündvorrichtung gespeist wird. Diese Anordnung bedeutet zugleich eine wesentliche Erhöhung der Betriebssicherheit der Zündung. Es ist Tatsache, daß bei gewissen Motoren derartige Anordnungen nicht nur geeignet sind, den Verstellbereich wesentlich zu verkleinern, sondern auch die Maximalleistung bei jeweils günstigstem Zündzeitpunkt gegenüber der Einfunkenzündung zu erhöhen, offenbar infolge einer vollständigeren Verbrennung des Gemisches.

Bei der Konstruktion selbsttätiger Verstelleinrichtungen ist nicht nur der Verstellbereich, sondern auch die Abhängigkeit der

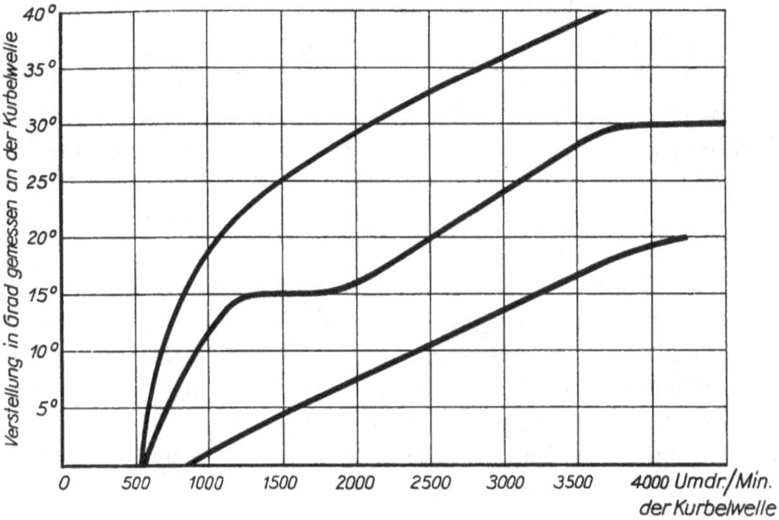

Bild 10. Verstellung des Zündzeitpunkts in Abhängigkeit von der Motordrehzahl

Verstellung von der Motordrehzahl wichtig. Es ist zu beachten, daß die Verstellung bei einer bestimmten Drehzahl einsetzt und bei einer bestimmten Drehzahl, spätestens bei der Motorhöchstdrehzahl, auf volle Frühzündung kommt. Bild 10 zeigt verschiedene Verstellkurven, eine zuerst rasch, später langsam ansteigend, eine andere mehr linear, usw. Die günstigste Form dieser Linie ist bei jedem Motor wieder anders. Ist die Linie zu flach, so beschleunigt sich der Motor schlecht, ist sie zu steil, so tritt leicht das sogenannte „Klopfen" oder „Klingeln" ein[6]).

Bei der Verbrennung des Gemisches werden häufig noch unverbrannte Gemischteile bis zur Selbstzündung verdichtet. Ihre Explosion erzeugt das schlagartige Geräusch des Klopfens, erhitzt auch die verbrannten Teile des Gemisches höher, steigert die Temperatur von

[6]) S. a. Lindner a. a. O. (Dort auch weitere Literaturangaben.)

J. D. Morgan: Some Experiments on gas explosions in closed tubes with particular reference to „pinking" in: Institution of Automobile Engineers, Dezember 1924, Seite 254.

J. D. Morgan: Note on the Vibrational movements which occur during the inflammation of combustible gas, in Philosophical Mag. Bd. III, Seite 1161.

Motor und Zündkerze und führt häufig bis zu Glühzündungen und Störung des Betriebes. Das Klopfen, das natürlich auch von Zündkerzensitz, Zylinderform und Brennstoff stark abhängig ist, bildet im allgemeinen die Grenze des zulässigen maximalen Explosionsdrucks, der, wie Bild 7 zeigt, durch den Zeitpunkt der Entflammung, also der Zündung, stark beeinflußt wird. Je höher der Explosionsdruck ist, desto höher ist die Leistung, und so kommt es, daß in der Regel für jede Motordrehzahl ein ganz bestimmter günstigster Zündzeitpunkt besteht, vor dem das Klopfen beginnt und hinter dem die Leistung sinkt. Bei sehr hohen Drehzahlen verringert sich in der Regel die Gefahr des Klopfens wieder, wahrscheinlich unter dem Einfluß der unvollständigen Füllung des Zylinders.

Erfahrungsgemäß nimmt die Entflammungsgeschwindigkeit eines Gases oder Brennstoffgemisches mit abnehmendem Druck ebenfalls ab. Für die beste Leistung benötigt also ein Motor bei Teilgas mehr Vorzündung als bei Vollgas. In den meisten Fällen ist jedoch die erzielte Brennstoffersparnis im praktischen Fahrbetrieb zu gering, als daß eine besondere Zusatzverstellung gerechtfertigt wäre, die die Druckänderungen berücksichtigt.

Die Einstellung des Zünders zur Kurbelwelle erfolgt, wie erwähnt, häufig — bei Zündern mit selbsttätigen Verstelleinrichtungen stets — in der Spätzündungslage. Häufig aber wird auch nach der Frühzündungslage eingestellt, da die Genauigkeit des Zündzeitpunktes bei mittleren und hohen Drehzahlen, also bei Frühzündung, aus den angegebenen Gründen wichtiger ist als bei Spätzündung. Es ist dann für die Einstellung anzugeben „Zündzeitpunkt bei Frühzündung x mm oder x Grad vor oberem Totpunkt“, wobei sich die Längenangabe auf den Kolbenweg, die Gradangabe auf den Kurbelwinkel bezieht.

Bei langsam laufenden Motoren und bei ganz kleinen Schnellläufern kann unter Umständen die Verstellung des Zündzeitpunktes überhaupt entbehrt werden, bei jenen, da infolge der niederen Drehzahlen der Zündzeitpunkt stets in der Nähe des Totpunktes verbleiben kann, bei diesen, da sie sich so rasch anwerfen lassen, daß die Gefahr der Rückschläge[7]) gering ist, auch wenn die

---

[7]) Die deutschen Unfallverhütungsvorschriften zur Sicherung gegen Kurbelrückschlag verlangen, daß beim Anwerfen die Zündung bei Batterie-Zündung nicht vor O. T., bei Magnetzündern höchstens 15° vor O. T. erfolgen darf; die Vorschriften gelten für Motoren mit einem Inhalt des einzelnen Zylinders von mehr als 375 cm³.

Zündung ständig wesentlich vor dem Totpunkt erfolgt. Ganz gleichmäßiges Arbeiten des Motors bei sehr niederer Drehzahl ist in diesem Fall allerdings schwer zu erreichen.

3. Zündleistung

Nach diesen Betrachtungen über den Zündzeitpunkt zurück zum ersten Teil der uns gestellten Frage: Welche Anforderungen stellt der moderne Kraftfahrzeugmotor an den Zünder hinsichtlich der L e i s t u n g und der D r e h z a h l e n? Die verlangte Leistung ist maßgebend für die Formgebung jedes Krafterzeugers, also auch des Zünders.

Nun ist freilich die von den Zündern bei den verschiedenen Drehzahlen zu fordernde Leistung so außerordentlich von den sehr verschiedenen Betriebsbedingungen der Kraftfahrzeugmotoren abhängig

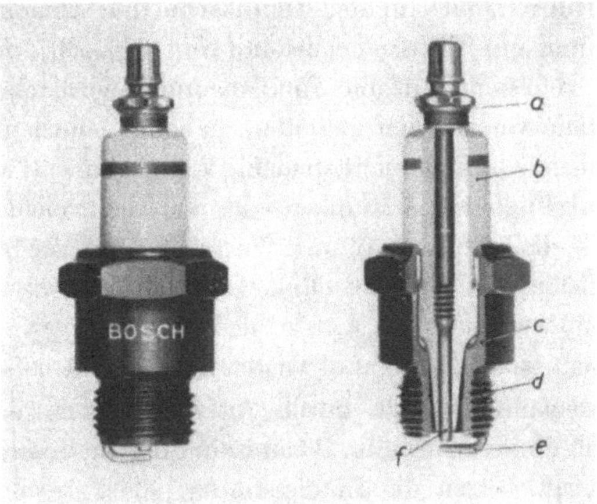

Bild 11. Zündkerze

a = Einführung für den Kabelstecker
b = Isolierkörper
c = Kerzenkörper
d = Einschraubgewinde
e = Masseelektrode
f = Zündstift (Mittelelektrode)

und so viel umstritten, daß es kaum möglich ist, eine Faustregel dafür anzugeben. Zerlegen wir die Leistung, wie dies bei jedem Erzeuger elektrischer Energie möglich ist, in ihre Komponenten Strom und Spannung, so kommen wir dem Ziel wesentlich näher, da die für die Zündung erforderliche **Zündspannung** einfacher zu bestimmen ist.

Bild 11 zeigt die Z ü n d k e r z e mit ihren sogenannten Elektroden, der isolierten Mittelelektrode und den mit dem Kerzen- und

Motorkörper, der sogenannten „Masse“ verbundenen Körperelektroden. Ist die vom Zünder den Elektroden zugeführte Spannung groß genug, so entsteht ein Überschlag an den Elektroden: der bekannte Zündfunke. Die zur Erzeugung des Überschlags erforderliche Spannung heißt Zündspannung und ist abhängig:

1. von der Form der Elektroden,
2. vom Abstand der Elektroden,
3. von der Beschaffenheit der Elektrodenoberfläche,
4. von der Polarität,
5. von der Steilheit des Spannungsanstiegs,
6. von der Beschaffenheit der zwischen den Elektroden vorhandenen Gasschicht.

Über Form und Abstand der Elektroden wird in Abschnitt VI bei Besprechung der Zündkerze des näheren die Rede sein. Hier genügt anzuführen, daß in der Hauptsache die scharfkantige Elektrodenform und ein Elektrodenabstand von 0,5 . . . 0,7 mm gebräuchlich ist. Mit Rücksicht auf die Zündspannung wird der Elektrodenabstand so klein wie möglich gehalten, er kann jedoch mit Rücksicht auf die Betriebssicherheit nicht beliebig klein gemacht werden. Auch auf die Zündfähigkeit des Funkens ist der Elektrodenabstand nicht ohne Einfluß, da naturgemäß mit Vergrößerung des Abstandes die Berührungsfläche von Funken und Gemisch vergrößert wird. Die Elektroden nutzen sich im Laufe des Betriebes ab; ihr Abstand vergrößert sich, so daß hin und wieder nachzustellen ist.

Die Zündspannung wird durch Aufrauhen der Elektroden verringert, durch Polieren erhöht. Verunreinigungen durch Ruß, Eisenoxyd oder dergl. setzen die Zündspannung stark herab; aus diesem Grunde wäre eine Verrußung der Elektroden nicht unerwünscht, wenn dieser Vorteil nicht durch das gleichzeitige Verrußen des Steins mehr als aufgehoben würde.

Wenn bei Batteriezündung der Minus-Pol an der Mittelelektrode liegt, ist die Zündspannung um 1 . . . 2 kV höher, als wenn der Plus-Pol an der Mittelelektrode liegt. Außerdem ist die Zündspannung um so höher, je steiler der Spannungsanstieg ist.

Wesentlich beeinflußt wird die Zündspannung durch die Beschaffenheit der Schicht zwischen den Elektroden, d. h. des Gasgemisches, hauptsächlich durch Zusammensetzung, Temperatur und Verdichtung des Gemisches. Im Gemisch beträgt das Raumverhältnis von Kraftstoff zu Luft etwa 1 : 9000, d. h.

auf 1 Liter Gemisch kommen 0,111 . . . 0,116 cm^3 flüssiger Kraftstoff; ist weniger Kraftstoff im Verhältnis zur Luft vorhanden, so spricht man von armen, ist mehr vorhanden, von reichem Gemisch. Armes Gemisch erfordert im allgemeinen höhere Zündspannungen als reiches Gemisch; dagegen verringert sich mit steigender Temperatur und sinkender Verdichtung die erforderliche Zündspannung, so daß bei mittlerer und hoher Drehzahl, bei der der Motor warm und die Füllung häufig unvollständig ist, oft nur ein Bruchteil der beim Anwerfen des kalten Motors erforderlichen Zündspannung notwendig ist. Der Verdichtungsdruck der Verbrennungsmotoren wurde in den letzten Jahren von den Konstrukteuren ebenso wie die Drehzahlen immer mehr gesteigert und schwankt heute zwischen 3 und 10 Atmosphären.

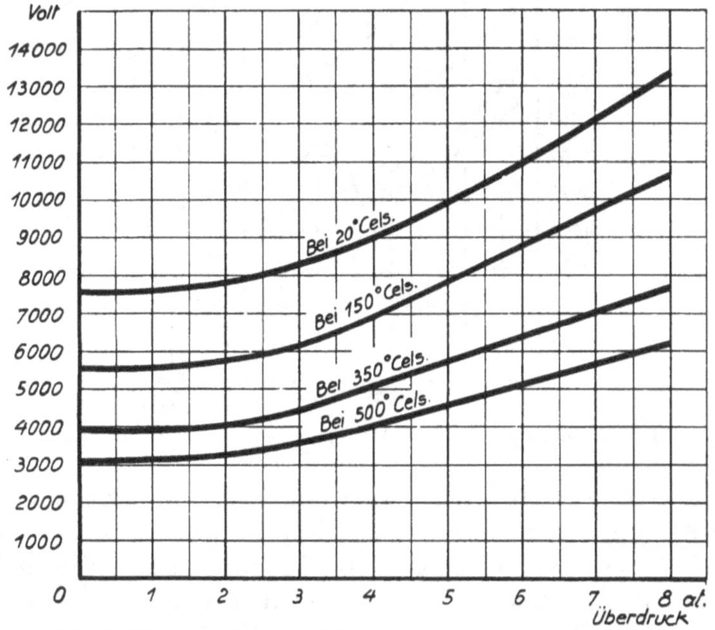

Bild 12. Zündspannung in Abhängigkeit vom Verdichtungsdruck

Aus Bild 12 ist die Abhängigkeit der mittleren Zündspannung vom Verdichtungsdruck und aus Bild 13 die Abhängigkeit der mittleren Zündspannung von der Gemischtemperatur bei Verwendung einer bestimmten Zündkerze zu ersehen[8]). Unter mittlerer Zünd-

[8]) Die Messungen wurden sämtlich an ein und derselben Zündkerze mit 0,5 mm Elektrodenabstand und leicht abgenützten Elektroden in Kohlensäure durchgeführt.

spannung ist dabei die Spitzenspannung eines Zünders zu verstehen, mit der eine normale Zündkerze bestimmter Bauart einigermaßen mit Sicherheit unter den gegebenen Bedingungen anspricht. Sie ist zur Aufnahme der in Bild 12 und 13 gezeichneten Schaulinien mit Hilfe eines statischen Voltmeters unter Zwischenschaltung einer Ventilröhre gemessen worden. Da man aber noch nicht lange

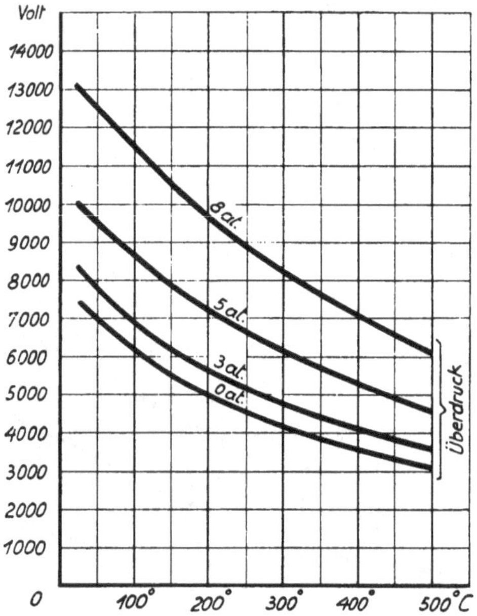

Bild 13. Zündspannung in Abhängigkeit von der Temperatur

eine zuverlässige Meßmethode kennt, um die bei der Zündung auftretenden Spitzenspannungen unmittelbar in Volt zu messen, ohne daß dabei die beim praktischen Betrieb vorliegenden Verhältnisse geändert werden, und da die Methode für Messungen in größerem Umfang sich nicht besonders gut eignet, hat man sich daran gewöhnt, für die Messung der Zündspannungen besonders ausgebildete, i o n i s i e r t e sogenannte F u n k e n z i e h e r zu verwenden.

Die Bauart eines ionisierten Spitzenfunkenziehers ist aus Bild 14 ersichtlich. Die zu messende Spannung wird an die beiden spitzen Hauptelektroden, die Hochspannungs- und die Massespitze gelegt, während die Spitze neben der Hochspannungsspitze frei bleibt und zur Ionisierung der Funkenstrecke dient. Liegt die Hochspannung an den Hauptspitzen, so bildet sich infolge kapazitiver Übertragung zwischen der Ionisierungsspitze und der Hochspannungsspitze eine kleine Funkengarbe, die den Luftzwischenraum zwischen den Hauptspitzen für den Überschlag vorbereitet, ionisiert. Der größte Abstand zwischen den Hauptelektroden, gemessen in Millimetern, bei dem noch ein Funke mit Sicherheit in freier Luft überspringt, bildet das Maß für die Spannung. Eine derartige ionisierte Funkenstrecke ist

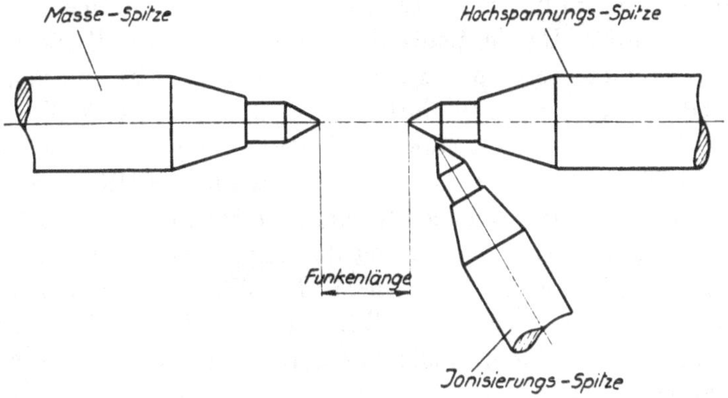

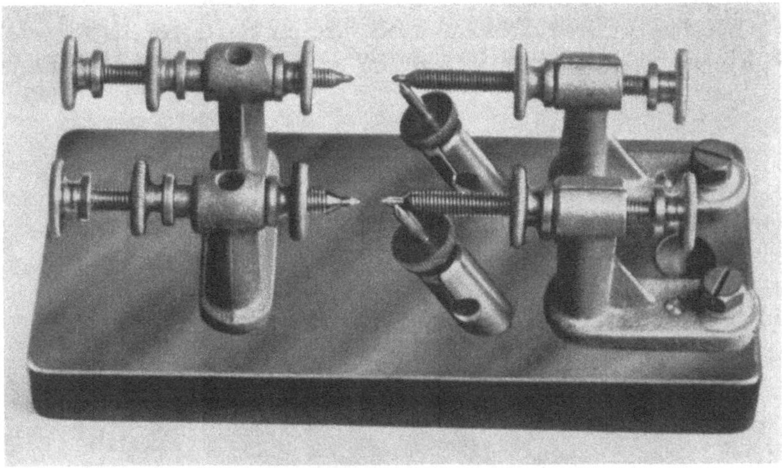

Bild 14. Ionisierter Spitzenfunkenzieher

natürlich kein sehr genaues Meßinstrument, immerhin genügt sie bei vorsichtiger Anwendung zur Prüfung der Brauchbarkeit des Zünders und auch zur Feststellung der wichtigsten Gesetze des Zündungsvorganges, während die nicht ionisierte Funkenstrecke ganz unbrauchbar ist. Dabei ist zu beachten, daß die Anforderungen des praktischen

Betriebes an die Höhe der Spannung infolge der Verschiedenheit von Elektrodenform, Elektrodenabstand und Gemischverhältnis in so weiten Grenzen schwanken, daß Fehler von mehreren Prozent bei der Brauchbarkeitsprüfung nicht ins Gewicht fallen. Empfindlich ist der Spitzenfunkenzieher gegen Luftfeuchtigkeit, Abnutzung der Spitzen, Abstand und Stellung der Ionisierungsspitze; diese Faktoren müssen, um brauchbare Messungen zu erhalten, genau im Auge behalten werden. Der in England viel verwendete Kugelfunkenzieher liefert, im Gegensatz zum Spitzenfunkenzieher, ganz ungenügende Resultate — auch wenn er durch eine Spitze ionisiert ist. Wird dagegen die Kugelfunkenstrecke durch Bestrahlung mit ultravioletten Strahlen ionisiert, so ist sie ein recht brauchbares Meßinstrument. Wo es nicht auf sehr genaue Messungen ankommt, z. B. bei Dauerläufen, wird vielfach auch der von der englischen Firma Lucas entwickelte Ringfunkenzieher verwendet, den Bild 15 zeigt. Bei diesem springt der Funke von einem Stift, der durch eine kreisförmige Öffnung in einem Blech hindurchgeführt ist, auf dieses über. Er hat den Vorteil, daß sich die Elektroden nur sehr wenig abnutzen und daher eine Nachstellung nur äußerst selten erforderlich ist.

Bei den weiteren Betrachtungen wird an Stelle des Maßes „Volt Spannung“ häufig „mm Schlagweite“ gesetzt; darunter ist stets der

Bild 15. Ringfunkenzieher

der Überschlagspannung genau entsprechende Funkenzieherabstand verstanden. Dabei interessiert die Beziehung, die zwischen der Überschlagspannung in Volt und dem Elektrodenabstand des in Bild 14 gezeigten ionisierten Spitzenfunkenziehers besteht; sie ist in Bild 16 dargestellt. Man sieht, daß bei Schlagweiten unter 3 mm der Funkenzieher kein brauchbares Meßinstrument für die Spitzenspannung mehr ist.

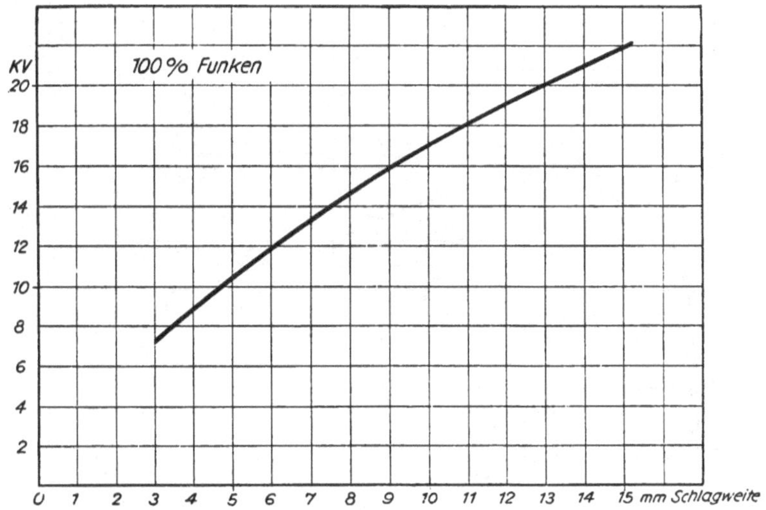

Bild 16. Schlagweite des Funkenziehers und Überschlagspannung

Ein Blick auf Bild 12 zeigt nun, daß man bei normalen Kerzen, einer Verdichtung von 10 bis 12 Atmosphären und kaltem Motor mit Spannungen von 9000 bis 25 000 Volt zu rechnen hat, was einer Schlagweite von etwa 6...10 mm am ionisierten Spitzenfunkenzieher entspricht[9]). Aus diesem Grunde wird heute allgemein von einem guten Zünder 6...10 mm Schlagweite bei niederer Motordrehzahl gefordert. Bei hohen Drehzahlen dagegen kommt man häufig schon mit einer Spannung von 4000 bis 8000 Volt aus, da die Motortemperatur höher (siehe Bild 13), die Füllung unvollständig und damit die Verdichtung geringer ist (siehe Bild 12).

In einzelnen Fällen ist allerdings auch bei hoher Drehzahl eine verhältnismäßig hohe Zündspannung erforderlich, z. B. dann, wenn

[9]) Die Werte der Kurve (Bild 12) gelten für regelmäßiges Arbeiten des Funkenziehers, d. h. bei dem angegebenen Abstand springen die Funken nicht nur vereinzelt, sondern stets über.

die Verdichtung auch bei hoher Drehzahl groß ist (Kompressormotor), oder dann, wenn die Gemischtemperatur auch bei hoher Drehzahl verhältnismäßig klein ist (plötzliches Gasgeben nach rascher Fahrt mit geschlossener Drosselklappe).

Nun ist aber bei jedem Zünder die erzeugte Spannung eine Funktion der **Drehzahl.** Wie aus der grundsätzlichen Darstellung von Bild 17 zu erkennen ist, steigt in der Hauptsache die Schlagweite mit

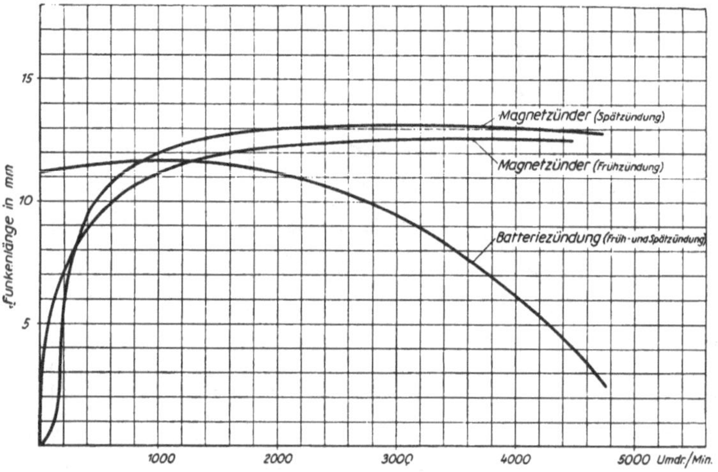

Bild 17. Charakteristik des Magnet- und Batteriezünders

zunehmender Drehzahl beim Magnetzünder und sinkt mit zunehmender Drehzahl beim Batteriezünder. Der Drehzahlenbereich, für den die oben angegebenen Spannungen gültig sind, ist also zu untersuchen.

Die niederste Motordrehzahl, für die die Schlagweite 6...10 mm gefordert wird, ist die Anwerfdrehzahl. Sie ist bestimmt einerseits durch das beim Anwerfen des Kraftfahrzeugmotors erforderliche Drehmoment, andererseits durch die Leistung des Anlaßmotors oder, wenn ohne Anlaßmotor angeworfen wird, durch Kraft und Geschicklichkeit des Anwerfenden. Man rechnet der Einfachheit halber mit der Anwerfdrehzahl, obgleich die Winkelgeschwindigkeit, mit der angeworfen wird, bei Verwendung des Anlaßmotors, besonders aber beim Anwerfen von Hand oder mit Kickstarter, während einer Motorumdrehung ganz ungleichförmig ist. Beim Anwerfen mit Anlasser ist die Geschwindigkeit ungefähr im oberen Totpunkt am geringsten, und man muß als Anwerfdrehzahl die dieser geringsten Geschwindigkeit entsprechende Drehzahl werten. Das Anwerfen von Hand oder mit Kickstarter geht stoßweise vor sich; man kann der Anwerfdrehzahl etwa die mittlere Geschwindigkeit dieses Stoßes zugrunde legen. Bei entleerter oder defekter Batterie ist man auf das Handanwerfen angewiesen und fordert deshalb von jedem guten Zünder, daß er sowohl bei der mit dem Anlaßmotor wie bei der von Hand erreichbaren Anwerfdrehzahl, bei Krafträdern bei der mit dem Kickstarter erreichbaren Anwerfdrehzahl, ungefähr bei Spätzündung die genügende Schlagweite zum Überschlag liefert.

Das zum Anwerfen erforderliche Drehmoment ist außerordentlich verschieden, je nach den Abmessungen und Reibungsverhältnissen des Kraftfahrzeugmotors. Die Abhängigkeit des Anwerfdrehmoments vom Hubvolumen des Motors, von der Lagerung der Kurbelwelle, vom Schmieröl und von dessen Temperatur wird im Abschnitt über Anlasser näher behandelt. Die an Kraftfahrzeugmotoren praktisch erreichbaren Anwerfdrehzahlen schwanken ungefähr im Bereich von 20...400 Uml/min, gemessen an der Kurbelwelle.

Gerade beim Magnetzünder ist es nicht einfach, genügende Schlagweite bei genügend niederer Drehzahl zu erreichen, und so ist der Begriff „Niederste Drehzahl" für den Magnetzünder zu seinem wichtigsten Leistungsmaßstab geworden. Unter der niedersten Drehzahl eines Magnetzünders versteht man dabei in der Regel die Drehzahl, bei der der Magnetzünder regelmäßig, also mit Sicherheit an einem ionisierten Funkenzieher Funken einer bestimmten Schlagweite (z. B. 6 mm) erzeugt. Diese „Niederste Drehzahl" hängt von Größe und Bauart des Magnetzünders stark ab, und man hat mit Rücksicht auf den Preis und die Einbaumaße für die verschiedenen Motorgrößen auch Zündertypen verschiedener Leistung, d. h. hauptsächlich verschiedener niederster Drehzahl, geschaffen. Beim Batteriezünder ist der Begriff „Niederste Drehzahl", wie später ersichtlich, ohne Bedeutung.

Allerdings erhält man schon bei Drehzahlen, die wesentlich unter der hier definierten „Niedersten Drehzahl" liegen, am Funkenzieher oder an der Zündkerze vereinzelt Funken, die oft für das Anwerfen genügen. Ein einigermaßen sicherer Maßstab ist jedoch nur die „Niederste Drehzahl für regelmäßiges Arbeiten".

Zu der Bedingung des Anwerfens tritt die Forderung, daß bei ganz niederer Motordrehzahl, wie sie sich bei L e e r l a u f und l a n g s a m e r S t a d t f a h r t im direkten Gang ergibt, der Zünder r e g e l m ä ß i g arbeiten muß. Man findet heute bei größeren Motoren Leerlauf-Drehzahlen von 200...300 Uml/min, bei Flugzeugen

400 Uml/min und weniger, bei denen man nicht Einzelfunken, sondern unbedingt Regelmäßigkeit der Zündung verlangt. Auch hierfür ist mit Rücksicht auf den oft kalten Motor und die hohe Kompression die volle Schlagweite des Anwerfens zu fordern.

An dieser Stelle darf nicht unerwähnt bleiben, daß häufig Anstände beim Anwerfen oder bei niederer Motordrehzahl unberechtigterweise einem mangelhaften Arbeiten der Zündung zur Last gelegt werden. Gewiß, es kommt hin und wieder der Fall vor, daß ein Zünder für eine bestimmte Motorgröße zu schwach gewählt wird, oder daß durch irgendwelche Anlässe, die später zu besprechen sind, Leistungsveränderungen oder Versagen des Zünders auftritt; man findet aber andererseits unzählige Klagen über ein Versagen der Zündung, bei deren näherer Verfolgung sich Fehler an ganz anderen Motorteilen herausstellen, die selbst die beste Zündung nicht beheben kann. Hauptsächlich bei mangelhafter Gemischzufuhr — verstopftem, falsch eingestelltem oder ungeeignetem Vergaser, unzweckmäßiger Anordnung der Ansaugleitungen — kann man ein brauchbares Arbeiten des Motors nicht erwarten. Erst dann, wenn der Zünder an einem Funkenzieher oder einer sonstigen Überschlagstelle gar keinen oder einen unverhältnismäßig schwachen oder kurzen Funken erzeugt, ist der Zünder als nicht in Ordnung zu betrachten. Wohl zu beachten ist auch, daß eine bestimmte Mindestdrehzahl beim Anwerfen nicht nur mit Rücksicht auf den Magnetzünder, sondern auch für das Ansaugen des Gemisches erforderlich ist, und zwar auch dann, wenn die Vergasung in Ordnung ist und die Ansaugleitungen zweckmäßig angeordnet sind. Bekanntlich sind, um das Ansaugen des Gemisches zu erleichtern, verschiedene Benzineinspritzvorrichtungen auf dem Markt erschienen.

Nach diesen Betrachtungen über niedere Drehzahlen noch kurz zur Frage der Höchstdrehzahl! Die Höchstdrehzahl, die von einem Zünder verlangt wird, hängt ab von der Motorhöchstdrehzahl und dem Übersetzungsverhältnis zwischen Motor und Zünderachse, also in der Hauptsache von der Zylinderzahl. Sie ist in doppelter Hinsicht wesentlich für den Zünder: erstens hinsichtlich der mechanischen Haltbarkeit der Zünderteile und zweitens hinsichtlich der Leistung des Zünders. Daß mit zunehmender Drehzahl die Schlagweite des Batteriezünders sinkt, ist aus Bild 16 bekannt. Wenn beim Magnetzünder die niederste Drehzahl als wesentlicher Leistungsmaßstab angesehen werden kann, so gilt für die Batteriezündung die

Höchstdrehzahl bzw. die Höchstfunkenzahl als besonders wichtiges Kennzeichen ihrer Güte. Aber auch beim Magnetzünder besteht bei hohen Drehzahlen eine Grenze, über der ein sicheres Arbeiten in Frage gestellt ist entweder durch Reststromwirkung oder durch das sogenannte Nachzittern des Unterbrechers (siehe hierüber Abschnitt II und III).

Drehzahlen der Kurbelwelle von 4000 Uml/min und mehr sind heute keine Ausnahmen, in Einzelfällen findet man sogar 6000... 8000 Uml/min. Diese Höchstdrehzahlen werden allerdings meistens nur kurzzeitig mit den Motoren erreicht, aber man verlangt doch auch hier, und gerade hier (Rennen!) einwandfreies, oder wie man sagt, aussetzerfreies Arbeiten des Zünders. In der Regel ist die dabei notwendige Schlagweite wesentlich geringer als bei niederer Drehzahl.

Die angegebenen Höchstdrehzahlen stellen, wenn man sich die Antriebsverhältnisse in der Tafel Bild 8 ansieht, an den Zünder in elektrischer und mechanischer Hinsicht sehr hohe Anforderungen. Selbst wenn, was als Norm gelten kann, die durchschnittliche Betriebsdrehzahl des Motors 30 % unter der Höchstdrehzahl liegt, so sind doch alle Teile des Zünders bei diesen hohen Drehzahlen stark beansprucht. Man bedenke, daß eine Motordrehzahl von 6000 bei einem Sechzehnzylinder-Motor 48 000 Unterbrechungen in der Minute verlangt, die durch einen mechanisch gesteuerten Unterbrecher auszuführen sind! Ein Blick auf Bild 8 wird lehren, daß für hohe Drehzahlen und Zylinderzahlen die Vier- und Mehr-Abrißtypen gewählt werden müssen.

Zusammenfassend kann man sagen: Die Spannung, die ein Zünder zu liefern hat, ist am größten beim A n w e r f e n und bei ganz n i e d e r e r M o t o r d r e h z a h l. Für normale Fälle wird für das Anlassen 5...6 m m S c h l a g w e i t e je nach Größe des Motors verlangt. Die n i e d e r s t e D r e h z a h l, bei der diese Spannung zu liefern ist, h ä n g t a b v o n d e r E i g e n a r t d e s K r a f t f a h r z e u g m o t o r s, seiner Drehzahl, seiner Verdichtung, seinem Hubvolumen und dergleichen, und ist ein wichtiger Maßstab für die Verwendbarkeit des Zünders.

Ein guter Magnetzünder erreicht diese Schlagweite bereits bei 40...60 Uml/min. Bei Batteriezündung hat man zwar bis zu den niedersten Drehzahlen herab Zündspannung zur Verfügung, muß aber darauf achten, daß die Batteriespannung während des eigentlichen Anlaßvorgangs nicht zu sehr sinkt.

Die Höchstdrehzahl des Zünders richtet sich nach der Höchstdrehzahl des Motors, die hierbei zu verlangende Spannung ist zumeist wesentlich geringer als die Spannung beim Anwerfen.

Viel mehr umstritten ist die Frage nach der **Stromstärke** des Zünders und damit die endgültige Lösung der Frage: Welche Leistung ist von einem Zünder zu fordern? Mehrfach ist schon der Nachweis erbracht worden, daß verhältnismäßig schwer entzündliche Gasgemische sich durch schwache Zündfunken nicht entzünden lassen, daß dagegen dieselben Gemische durch intensive Zündfunken gezündet werden können.

Neuerdings neigt man allerdings zu der Anschauung, daß ein an den Elektroden der Zündkerze überspringender Funke, sei er auch noch so schwach, mindestens so viel Energie in sich trägt, um die Entflammungstemperatur des heute für das Kraftfahrzeug in Frage kommenden Gemisches bei einigermaßen richtigem Kerzensitz zu vermitteln, d. h. daß auch der schwächste Funke, wenn er nur an der richtigen Stelle überspringt, unbedingt zündet. Sicher ist, daß die etwa in Mikrocoulomb gemessene Elektrizitätsmenge des Funkens oder die in Joule gemessene Wärmewirkung des Funkens ein falsches Bild von der Brauchbarkeit des Zündfunkens entwirft, da dabei nicht berücksichtigt wird, in welcher Zeit sich die entsprechende Wärmemenge entwickelt. Richtiger, aber auch immer noch ungenau wäre es, die Maximalstromstärke des Überschlages etwa in Milliampere zu messen.

Es hat sich aber gezeigt, daß es recht zwecklos ist, sich über die zur Zündung notwendige Intensität des Zündfunkens zu streiten, daß vielmehr die Anforderungen an die Leistung eines Zünders auf einem ganz anderen Gebiet zu suchen sind; sie sind bedingt durch die Verluste im Zünder selbst und durch die Nebenschlüsse zur Zündkerze, hauptsächlich durch die sogenannte Verrußung[10]).

Wie jeder Kraftfahrer weiß, entstehen im Zylinder und also auch an der Zündkerze im Laufe des Betriebes als Verbrennungsrückstände Rußablagerungen. Sie bestehen in der Hauptsache aus unverbranntem Kohlenstoff, überbrücken die Isolierung der Zünd-

---

[10]) G. E. Bairsto, the Journal of the Institution of Electrical Engineers 1920 Vol. 58 S. 507. — E. A. Watson, the Journal of the Institution of Electrical Engineers 1921 Vol. 59 S. 455.

kerze und verbinden die Elektroden. Da sie dem elektrischen Strom verhältnismäßig wenig Widerstand entgegensetzen, führen sie bei entsprechender Stärke die Energie des Zünders so stark ab, daß dieser die zum Überschlag erforderliche Spannung nicht mehr erzeugen kann. Kurz gesagt: während der Zünder sonst bis zum Überschlag im Leerlauf arbeitet, stellt die Verrußung eine ständige Belastung des Zünders dar.

Hauptsächlich zu reiches Gemisch, wie es bei falscher Vergasereinstellung und bei sehr langer Fahrt mit geschlossener Drossel (Talfahrt) auftritt, kann rasch zu starken Rußablagerungen führen. In neuerer Zeit werden dem Brennstoff vielfach Mittel gegen das Klopfen beigemengt. Verschiedene dieser Mittel tragen erheblich zur Bildung von Rußschichten bei. Zündkerzensitz und Zündkerzenkonstruktion müssen neben richtiger Formgebung des Zylinders und richtiger Vergasereinstellung mithelfen, der Verrußungsgefahr zu begegnen, aber auch die Leistung des Zünders muß genügen, um bei einem bestimmten Verrußungswiderstand noch die genügende Zündspannung zu erzeugen.

Die Gefahr der Verrußung ist allerdings in den letzten Jahren dadurch etwas geringer geworden, daß die Vergaser besser durchgebildet sind und auf ärmeres Gemisch eingestellt werden.

Die Widerstandsgröße des Verrußungsnebenschlusses, mit der gerechnet werden muß, ist heute noch sehr umstritten. Die einzige genaue Angabe über die zu verlangende Leistung findet sich unseres Wissens in einem Merkblatt des englischen Air Ministry[11]), in dem verlangt wird: 2,5 mm Schlagweite an einer Kugelfunkenstrecke bei 200 000 Ohm Nebenschluß und 200 Uml/min. Diese 2,5 mm Kugelfunkenstrecke entsprechen etwa 6 bis 7 mm ionisierter Spitzenfunkenstrecke, also etwa 10 000 Volt Überschlagspannung. Damit kommt man auf eine Zündleistung von rund 500 Watt bei 200 Uml/min. Wir halten diese Forderung allerdings für weit übertrieben, denn es ist unseres Wissens kein Kraftfahrzeug-Zünder im Handel, der eine derartige Leistung aufzuweisen hätte; andererseits geben bekannte und weit verbreitete Zündertypen nur eine Leistung von 150—200 Watt bei 200 Uml/min, ohne daß dabei bisher An-

---

[11]) Air Publication 917, November 1922: Shedule of standard type and produktion tests for magnetos and other ignition apparatus, September 1922.

stände aufgetreten sind. Bild 18 zeigt, wie die Kurven von Bild 17 sich durch einen Verrußungsnebenschluß von 200 000 Ohm verändern.

Zwar findet man hin und wieder Kerzenverrußung bis herunter zu 10 000 Ohm. Solche Kerzen müssen jedoch gesäubert oder durch neue ersetzt werden, da es undenkbar ist, wirtschaftliche Zünder zu bauen mit einer Leistung, die bei so starkem Verrußungsnebenschluß noch genügend Spannung liefern.

Bei Drehzahlen über 2000 Motorumdr./min ist vermutlich die Leistung des Zünders nicht mehr von so großer Wichtigkeit, da einerseits die Zündspannung sinkt, andererseits die Verrußungsgefahr geringer ist.

Der Verrußungswiderstand ist außer von der Stärke der Rußschicht auch von der Temperatur des Kerzensteines abhängig: je niedriger die Temperatur, desto feuchter der Ruß, also desto geringer der Widerstand.

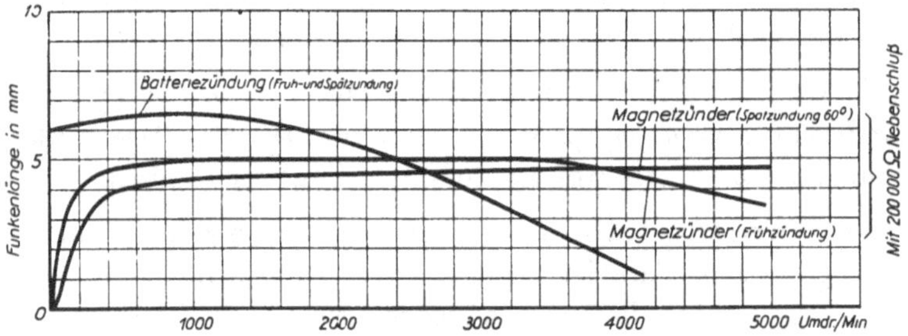

Bild 18. Charakteristik von Magnet- und Batteriezünder mit Verrußungsnebenschluß

Auch an den Isolationsteilen der Zünder selbst entstehen im Laufe des Betriebes Leitwege durch Kohlenstaub oder Feuchtigkeitsniederschlag, die dieselbe Wirkung haben, wie die Verrußung der Zündkerze. Immerhin sind bei guten Zündern diese Verluste ohne Einfluß auf die Leistung, da sie im Verhältnis zu den Verrußungsverlusten nur unbedeutend sind und also die ohnehin vorzusehende Leistung auch zur Deckung dieser Verluste herangezogen werden kann.

Manchmal bildet die Rußschicht zwar keinen völligen Nebenschluß zur Kerze, der Funke springt aber von der auf dem Stein lagernden Rußschicht aus zum Kerzenkörper über. Der Überschlag entsteht dann statt an den Elektroden im hintersten Winkel der Kerze. Da brennbares Gemisch häufig an diese Stelle nicht vordringt, ist der Fall nicht ausgeschlossen, daß hier ein Funke springt, aber nicht zündet. Dieser Fehler ist freilich durch entsprechende Ausbildung der Zündkerze zu vermeiden und durch Säubern der Kerze zu beheben.

Wenn im folgenden auf die Erzeugung der Zündspannung des näheren eingegangen wird, so muß dabei stets vor Augen bleiben, daß der Funke immer dann springt, wenn der vom Zünder erzeugte Spannungsstoß die Überschlagspannung der Kerze mindestens erreicht. Die Frage ist also lediglich die, ob und unter welchen Voraussetzungen der Zünder bei einer bestimmten Belastung die verlangte Zündspannung erzeugt.

II. Theorie der Zündung

1. Erzeugung der Hochspannung

Ehe wir auf die Konstruktionsteile des Zünders und die Wirkungsweise der einzelnen Zünderbauarten eingehen, sollen kurz die elektrischen Gesetze der Zündung erläutert werden, vor allem, weil es sich hier um ein auch dem Elektrotechniker zumeist unbekanntes Gebiet handelt, und weil die wenigen Veröffentlichungen über die Zündungsgesetze, die vorliegen, kein zusammenhängendes Bild vom Zündungsvorgang vermitteln[1]).

Wir haben es, von vereinzelten Ausnahmen abgesehen, zu tun mit einem Transformator, dessen Primärwicklung raschen Stromschwankungen ausgesetzt ist, und in dessen Sekundärwicklung dementsprechend Spannungsstöße auftreten, die zur Erzeugung des Zündfunkens benutzt werden. Der Strom in der Primärwicklung kann dabei grundsätzlich auf zweierlei Weise erzeugt werden: Entweder durch die elektromotorische Kraft einer Akkumulatorenbatterie oder Dynamomaschine, oder durch die elektromotorische Kraft, die in der Primärwicklung entsteht, wenn die Lage der Primärwicklung zum Felde eines permanenten Magneten geändert wird. Der erste Fall führt zur Batterie- und Dynamozündung, der zweite Fall zur Magnetzündung. Die zunächst folgenden Betrachtungen beschäftigen sich nicht mit der Art der Ent-

---

[1]) Literatur: E. Taylor Jones, Philosophical Magazine, 1918, Vol. 36, S. 145. — G. E. Bairsto, The Journal of The Institution of Electrical Engineers. 1920, Vol. 58, S. 507. — A. P. Young u. H. Warren, The Process of Ignition, Journal of the Institition of Automobile Engineers, S. 305, London 1920. — E. A. Watson, The Journal of The Institution of Electrical Engineers, 1921, Vol. 59, S. 445. — V. Kulebakin. Elektrische Hochspannungszündapparate, Verlag Springer 1924. — F. W. Lanchester, Coil Ignition, Journal of the Institution of Automobile Engineers, London, Jan. 1929. — T. H. Darnell, The Automotive Ignition Coil, National Advisory Committee for Aeronautics, Reg. 374, Washington 1931. — E. A. Watson, Coil Ignition Systems, Journal of the Institution of Electric Engineers, London, Jan. 1932. — A. P. Young u. L. Griffiths, Automobile Electrical Equipment, London 1933. — A. M. Touvy, Equipement Electrique des Automobiles, Paris 1932. — E. Taylor Jones, Induktion Coil Theory and Applications, London 1933. — E. Seiler, Elektrische Zündung, Licht und Anlasser der Kraftfahrzeuge, 2. Aufl. Halle 1934. — M. Marchisio, L'Elettricitá nell'Automobilismo e nell'Aviazione, Mailand 1934.

stehung des Primärstromes, gelten deshalb für alle Zündungssysteme.

Die rasche Änderung des Primärstromes wird bei der Zündung dadurch hervorgerufen, daß der **Primärstrom plötzlich unterbrochen** wird. Dieses Verfahren, eine hohe Sekundärspannung durch Öffnen des Primärstromkreises zu erzielen, ist vom Funkeninduktor her hinreichend bekannt und ist bei der Zündung deshalb besonders zweckmäßig, weil man es in der Hand hat, die Zeit des Auftretens der Sekundärspannung, d. h. den Zündzeitpunkt durch Steuern der Unterbrechungsorgane genau festzulegen.

Beim Öffnen des Stromkreises versucht die Induktivität der Primärwicklung den Strom aufrecht zu erhalten und erzeugt an der Unterbrechungsstelle einen Lichtbogen, das sogenannte Unterbrecherfeuer. Dieser Lichtbogen muß verhindert werden, da er die Unterbrecherkontakte zerstört und die rasche Stromänderung unterbindet. Das Mittel, den Lichtbogen zu verhindern, ist bekanntlich ein zur Unterbrechungsstelle parallel geschalteter Kondensator, der die vom Primärfeld herrührende Energie bis zum Überschlag des Funkens an der Kerze aufnimmt, um sie dann wieder an den Funken abzugeben.

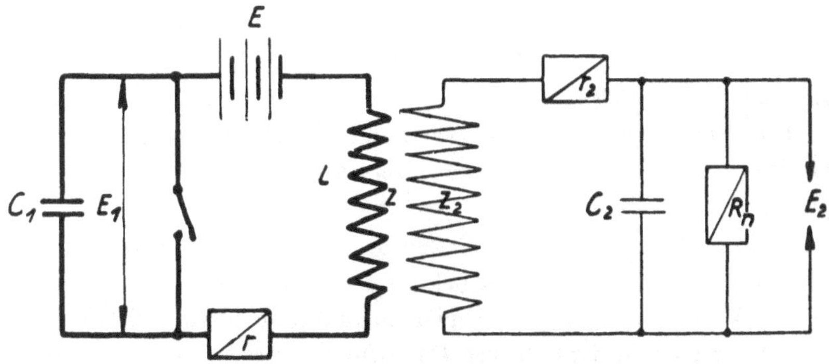

Bild 19. Grundlegendes Schaltbild der Hochspannungszündung

Die elektrischen Vorgänge bei der Zündung lassen sich einigermaßen rechnerisch verfolgen, vorausgesetzt, daß man einige vereinfachende Vernachlässigungen macht. Zur Erläuterung dient das genaue Schaltbild der Zündung (Bild 19) und das vereinfachte Ersatzschaltbild der Zündung (Bild 20).

Als S y m b o l e benutzen wir:

z Windungszahl der Primärwicklung

z_2 Windungszahl der Sekundärwicklung

r Widerstand des Primärkreises

r_2 Widerstand der Sekundärwicklung

R_n Nebenschlüsse zur Zündkerze, besonders Verrußungswiderstand und Dämpfung durch Wirbelströme im Eisen[2])

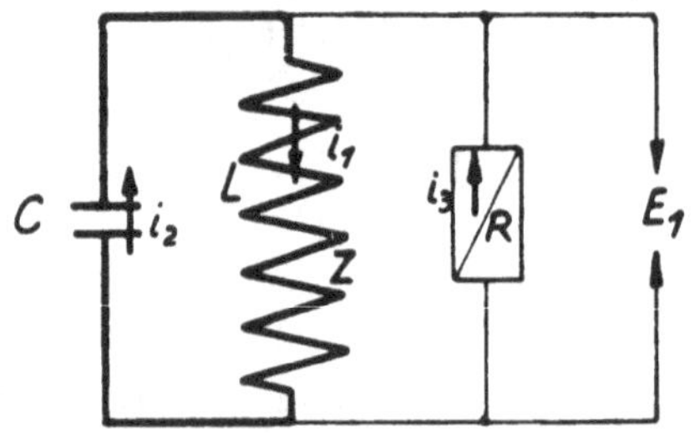

Bild 20. Ersatzschaltbild für den Unterbrechungszeitpunkt

L Induktivität des Primärkreises

C_1 Kapazität des Primärkondensators

C_2 Kapazität des Sekundärkreises (besonders der Zündkabel zwischen Zünder und Kerze!)

J_m Primärstrom im Augenblick der Unterbrechung

E Elektromotorische Kraft, die den Primärstrom erzeugt

E_1 Spannung am Primärkondensator

E_2 Sekundärspannung

Um von dem genauen Schaltbild zum Ersatzschaltbild zu kommen, machen wir folgende vereinfachende V e r n a c h l ä s s i g u n g e n[3]):

1. Die Streuung zwischen Primär- und Sekundärwicklung ist gleich 0. Dies ändert grundsätzlich an den Vorgängen nichts Wesentliches, da die Kopplung der beiden Stromkreise tatsächlich ziemlich eng ist, und da infolge starker Dämpfungen Erscheinungen, wie sie z. B. von T a y l o r J o n e s in der oben erwähnten Abhandlung besprochen werden, praktisch keine Bedeutung haben.

---

[2]) Der Wirbelstrom-, Kondensator- und Verrußungswiderstand kann durch einen Nebenschluß zur Wicklung dargestellt werden.

[3]) Wer die Ableitung der Gleichungen für die Sekundärspannung nicht verfolgen will, übergeht die folgenden Seiten bis zur Auswertung auf Seite 42.

2. Primärwiderstand r und Sekundärwiderstand $r_2 = 0$. Der ohmsche Spannungsverlust ist gegenüber der induktiven Spannung bei dem Unterbrechungsvorgang zu vernachlässigen.

3. Die elektromotorische Kraft $E = 0$. Die Spannung E ist zu vernachlässigen gegenüber der Spannung E_1, und zwar

a) bei der Batteriezündung, wo E stets klein ist, und

b) bei der Magnetzündung bei niederer Drehzahl, worauf wir uns vorläufig beschränken.

Unter diesen Bedingungen gilt die in Bild 20 gezeigte Ersatzschaltung.

Dabei bedeutet:

$C = C_1 + C_2 \frac{z_2^2}{z^2}$ die auf den Primärkreis bezogene Gesamtkapazität

(praktisch $C = 2\,C_1$)

$R = R_n \frac{z_2^2}{z^2}$ den auf den Primärkreis bezogenen Nebenschlußwiderstand.

Wir stellen uns die Aufgabe, die s e k u n d ä r a u f t r e t e n d e M a x i m a l s p a n n u n g E_{2m}, die für die Zündung maßgebend ist, i n F u n k t i o n d e r K o n s t r u k t i o n s g r ö ß e n L, C, R und J_m auszudrücken. Da die Streuung vernachlässigt wird, ist

$$E_{2m} = E_{1m} \frac{z_2}{z}, \tag{1}$$

und es genügt, die primäre Maximalspannung E_{1m} auszurechnen.

Ist i_1 der Momentanwert des Stromes in der Wicklung, i_2 der Momentanwert des Stromes im Kondensator und i_3 der Momentanwert des Stromes im Widerstand, so ist nach dem Kirchhoffschen Gesetz in jedem Augenblick

$$i_1 = i_2 + i_3.$$

Weiter ist $E_1 = -L \frac{di_1}{dt}$ oder $-i_1 = \frac{1}{L}\int E_1\,dt + \text{Konst.}$

$$E_1 = \frac{1}{C}\int i_2\,dt + \text{Konst. oder } i_2 = C\frac{dE_1}{dt}$$

$$E_1 = Ri_3 \text{ oder } i_3 = \frac{1}{R}E_1.$$

Daraus folgt

$$C\frac{dE_1}{dt} + \frac{1}{R}E_1 + \frac{1}{L}\int E_1\,dt = \text{Konst.}$$

oder

$$C \frac{d^2 E_1}{dt^2} + \frac{1}{R} \frac{dE_1}{dt} + \frac{1}{L} E_1 = 0. \tag{2}$$

Die Wurzeln dieser Differentialgleichung sind

$$\lambda_1 = -\frac{1}{2RC} + \sqrt{\frac{1}{4R^2C^2} - \frac{1}{LC}} \text{ und } \lambda_2 = -\frac{1}{2RC} - \sqrt{\frac{1}{4R^2C^2} - \frac{1}{LC}}.$$

Dann ist die Lösung der Differentialgleichung

$$E_1 = Ae^{\lambda_1 t} + Be^{\lambda_2 t}.$$

Die Konstanten A und B sind zu finden aus den Anfangsbedingungen:

für $t = 0$ (Augenblick der Unterbrecheröffnung) wird

I. $E_1 = 0$

II. $i_1 = J_m$ oder da bei $E_1 = 0$ auch $i_3 = 0$

$$i_1 = i_2 = J_m = C \frac{dE_1}{dt} = C\,(A\lambda_1 e^{\lambda_1 t} + B\lambda_2 e^{\lambda_2 t})$$

Aus I. folgt $A + B = 0$.

Aus II. folgt $A\lambda_1 + B\lambda_2 = \frac{J_m}{C}$

und damit $A\,(\lambda_1 - \lambda_2) = \frac{J_m}{C}$

oder $A = \frac{J_m}{C\,(\lambda_1 - \lambda_2)}$, $B = -\frac{J_m}{C\,(\lambda_1 - \lambda_2)}$.

Die endgültige Gleichung für E_1 lautet nun, da

$\lambda_1 - \lambda_2 = +2\sqrt{\frac{1}{4R^2C^2} - \frac{1}{LC}}$ ist,

$$E_1 = \frac{J_m}{2C\sqrt{\frac{1}{4R^2C^2} - \frac{1}{LC}}}\, e^{-\frac{1}{2RC}t} \left\{ e^{t\sqrt{\frac{1}{4R^2C^2} - \frac{1}{LC}}} - e^{-t\sqrt{\frac{1}{4R^2C^2} - \frac{1}{LC}}} \right\} \tag{3}$$

Wir haben, um die Gleichung 3 für E_1 in eine günstigere Form bringen zu können, hauptsächlich zu untersuchen, für welchen Fall die darin enthaltene Wurzel reell und für welchen Fall sie imaginär wird. Im ersten Fall haben wir es mit einer aperiodischen Kurve, im zweiten Fall mit einer gedämpften Sinusschwingung zu tun. Für den aperiodischen Grenzfall wird

$$\frac{1}{4R^2C^2} = \frac{1}{LC}$$

oder

$$R = \frac{1}{2}\sqrt{\frac{L}{C}}. \tag{4}$$

Zur Feststellung, bei welchem Nebenschlußwiderstand R_n ungefähr der aperiodische Grenzfall eintreten wird, sollen Zahlen eingesetzt werden, die für einen guten Zünder ungefähr zutreffen. Es sei

$$C \approx 0{,}2 \cdot 10^{-6} \text{ Farad,}$$
$$L \approx 20 \cdot 10^{-3} \text{ Henry,}$$
$$\frac{z_2^2}{z^2} \approx 45^2 \approx 2000.$$

Dann wird für den aperiodischen Grenzfall

$$R = \frac{1}{2}\sqrt{\frac{L}{C}} \approx 150 \text{ Ohm}$$

und

$$R_n = \frac{z_2^2}{z^2} R$$
$$R_n \approx 300\,000 \text{ Ohm.}$$

Haben die Sekundärnebenschlüsse einen höheren Widerstand, so wird die Wurzel imaginär. Dies ist bei normalen Verhältnissen der Fall und soll zuerst betrachtet werden.

Wir setzen unter der Voraussetzung, daß die Wurzel imaginär ist:

$$\sqrt{\frac{1}{LC} - \frac{1}{4R^2C^2}} = \omega$$

und

$$\sqrt{-1} = j.$$

Dann wird $E_1 = \frac{J_m}{2C\omega j} e^{-\frac{1}{2RC}t}\left\{e^{j\omega t} - e^{-j\omega t}\right\};$

und statt dessen läßt sich schreiben

$$E_1 = \frac{J_m}{C\omega} e^{-\frac{1}{2RC}t} \sin \omega t. \tag{5}$$

Die Zeit t_m, für die E_1 Maximum wird, findet man aus $\frac{dE_1}{dt} = 0$:

$$\frac{dE_1}{dt} = \frac{J_m}{C\omega}\left\{-\frac{1}{2RC} e^{-\frac{1}{2RC}t_m} \sin \omega t_m + e^{-\frac{1}{2RC}t_m} \omega \cos \omega t_m\right\} = 0$$

$$\frac{1}{2RC} \sin \omega t_m = \omega \cos \omega t_m$$

$$t_m = \frac{1}{\omega} \operatorname{arc\,tg} 2\,\omega RC.$$

Durch Einsetzen von t_m ergibt sich

$$E_{1m} = \frac{J_m}{C\omega} e^{-\frac{1}{2RC\omega} \operatorname{arc\,tg} 2RC\omega} \sin \operatorname{arc\,tg} 2RC\omega. \tag{6}$$

Dabei ist

$$\sin \operatorname{arc\,tg} 2RC\omega = \frac{2RC\omega}{\sqrt{1 + 4R^2C^2\omega^2}}.$$

Beim Einsetzen des Wertes von ω findet man die endgültige Gleichung für E_{1m}:

$$E_{1m} = J_m \sqrt{\frac{L}{C}}\, e^{-\frac{\operatorname{arc\,tg}\sqrt{\frac{4R^2C}{L}-1}}{\sqrt{\frac{4R^2C}{L}-1}}} \tag{7}$$

Ist gar kein Nebenschluß zur Sekundärwicklung vorhanden, wird also $R = \infty$, so erhalten wir die einfache Beziehung

$$E_{1m} = J_m \sqrt{\frac{L}{C}},$$

oder da

$$E_{2m} = \frac{z_2}{z} E_{1m},$$

$$E_{2m} = J_m \frac{z_2}{z} \sqrt{\frac{L}{C}}.$$

Wenn $L = z^2 \Lambda$ gesetzt wird, wo Λ die Leitfähigkeit des magnetischen Ankerflußkreises ist, so wird die **sekundär auftretende Maximalspannung:**

$$E_{2m} = J_m z_2 \sqrt{\frac{\Lambda}{C}}$$ oder, wenn man $C = C_1 + C_2 \frac{z_2^2}{z^2}$

einsetzt:

$$E_{2m} = J_m z \sqrt{\frac{\Lambda}{C_1 \frac{z^2}{z_2^2} + C_2}}. \tag{8}$$

Diese Gleichung 8 besagt, daß die verfügbare Spannung eines Zünders mit wachsender Amperewindungszahl und mit wachsender Leitfähigkeit des Ankerflußkreises steigt und mit wachsender Kapazität fällt.

Je größer dabei die Primär-Kapazität C_1, je kleiner die Sekundär-Kapazität C_2 ist, desto günstiger wirkt ein großes Übersetzungsverhältnis der Wicklungen $\frac{z_2}{z}$, d. h. eine große Sekundärwindungszahl z_2. Die Hauptgleichung 7 dagegen zeigt, daß alle dämpfenden Einflüsse (kleine Werte von R), d. h. alle Verluste um so stärker zur Geltung kommen, je größer die Induktivität und je kleiner die Kapazität ist. Mit anderen Worten: Durch Steigerung der Windungszahl und Verringerung der Kapazität ließe sich eine beliebig hohe Spannung erreichen, wenn dem nicht durch die Verluste an Leistung eine Grenze gesetzt wäre. Dazu kommt, daß die Primärkapazität mit Rücksicht auf das Unterbrecherfeuer zu bestimmen ist und gerade bei großem Primärstrom J_m groß gewählt werden muß, und daß die Sekundärkapazität unter ein Mindestmaß praktisch nicht herabgesetzt werden kann.

Bei Kerzenverrußung kommt man rasch in die Gegend des aperiodischen Grenzfalls. Betrachten wir den Verlauf der Spannung E_1 in diesem Grenzfall, so wird für

$$t\sqrt{\frac{1}{4R^2C^2} - \frac{1}{LC}} = 0:$$

$$E_1 = \frac{0}{0}.$$

Durch Differentiation findet man jedoch den Verlauf von

$$E_1 = \frac{J_m t e^{-\frac{1}{2RC}t}}{C}.$$

Die Maximalspannung im Grenzfall ergibt sich aus

$$\frac{dE_1}{dt} = 0 = \frac{J_m}{C} e^{-\frac{1}{2RC}t_m} - \frac{J_m}{C}\frac{t_m}{2RC} e^{-\frac{1}{2RC}t_m},$$

oder für $t_m = 2RC$

$$E_{1m} = \frac{2}{e} RJ_m, \text{ oder da } R = \frac{z^2}{z_2^2} R_n$$

$$E_{1m} = \frac{2}{e}\frac{z^2}{z_2^2} R_n J_m. \tag{9}$$

Die Sekundärspannung im Grenzfall wird dann

$$E_{2m} = \frac{2}{e}\frac{z}{z_2} R_n J_m. \tag{10}$$

Betrachtet man dazu nach Gleichung 4 die Bedingungen für den Grenzfall

$$R_n = \frac{z_2^2}{2z^2}\sqrt{\frac{L}{C}},$$

so sieht man noch deutlicher, als aus der Hauptgleichung hervorgeht, daß der Widerstand, bei dem bereits der Grenzfall eintritt, um so höher liegt, je größer das Übersetzungsverhältnis, je größer die Induktivität und je kleiner die Kapazität ist, und daß man damit um so rascher zu dem Zustand der Gleichung 10 kommt, bei dem die Sekundärspannung ganz im Gegensatz zur Gleichung 8 dem Übersetzungsverhältnis umgekehrt und nur der Unterbrechungsstromstärke direkt proportional ist.

Bestätigt werden diese Ableitungen durch die folgenden Oszillogramme, bei denen die Sekundärspannung mit dem Kathodenstrahl-Oszillographen[4]) aufgenommen wurde; sie zeigen in Bild 21a...c beispielsweise, wie mit zunehmender Kapazität Sekundärspannung und Frequenz zurückgehen, in Bild 21d...e, wie mit abnehmendem Sekundär-Nebenschlußwiderstand die hochfrequente Sekundärschwingung immer stärker gedämpft und schließlich aperiodisch wird. Im Gegensatz zu den theoretischen Erwägungen, bei denen nur eine Frequenz in Erscheinung tritt, zeigen die Kurven außerdem Oberschwingungen. Diese sind eine Folge der Tatsache, daß die Kopplung praktisch nicht = 1 ist. Wie ersichtlich, ändern sich z. B. Phase und Amplitude der Oberschwingungen mit der Kapazität; auf die verwickelten Koppelvorgänge näher einzugehen, würde den Rahmen dieses Buches überschreiten, und wir verweisen deshalb nochmals auf die Literaturangabe auf Seite 36. Die Primärschwingungen sind naturgemäß den Sekundärschwingungen im wesentlichen ähnlich, nur mit dem Unterschied, daß auf der Primärseite die Oberschwingungen (Koppelschwingungen) stärker hervortreten; das Oszillogramm Bild 21 f zeigt dies deutlich.

---

[4]) Zur Aufnahme hochfrequenter Schwingungen reicht der Spiegeloszillograph, bei dem bekanntlich eine stromdurchflossene Drahtschleife ein Spiegelchen trägt und dieses unter dem Einfluß des Stromes in einem Magnetfeld bewegt, in der Regel nicht mehr aus. Man benutzt daher zur Untersuchung des Spannungsverlaufs an einem Zünder, einer Kerze oder einem Funkenzieher den Kathodenstrahl-Oszillographen, der nicht nur nahezu verlustfrei arbeitet, sondern auch, da er keine schwingende Masse hat, die bei der Zündung auftretenden hochfrequenten Schwingungen aufzuzeichnen vermag (vgl. Rogowski und Flegler: Der Kathodenstrahl-Oszillograph in: Archiv für Elektrotechnik, Heft 14, S. 529, 1925. — Gabor, Sonderheft „Kathodenstrahl-Oszillograph" der Forschungsstelle der Studiengesellschaft für Höchstspannungsanlagen, Berlin, 1927). Bei der Bauart des Kathodenstrahl-Oszillographen, die sich für derartige Untersuchungen als zweckmäßig erwiesen hat, fällt von einer kalten Kathode ein ca. 1,5 m langer Kathodenstrahl durch zwei Plattenpaare hindurch auf einen Fluoreszenzschirm. Das eine Plattenpaar bewirkt die Zeitablenkung, also die Geschwindigkeit, mit der der Strahl

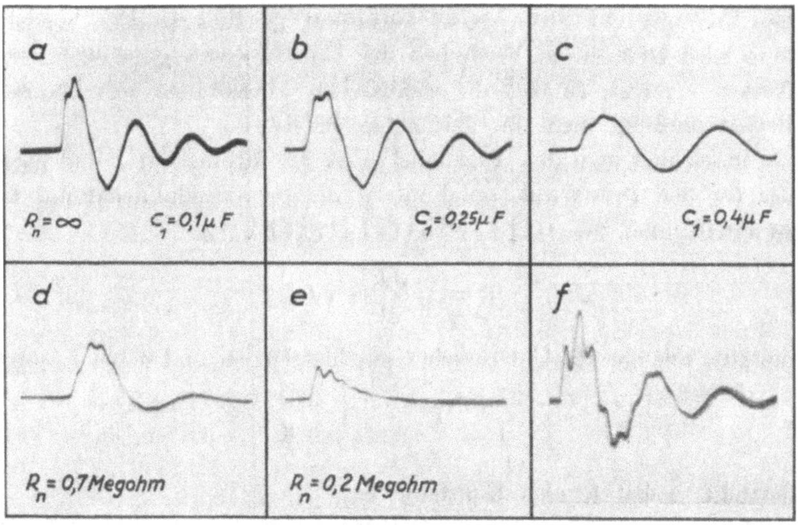

Bild 21. Kathodenstrahl-Oszillogramme
a . . e Sekundärspannung *f* Primärspannung

2. Erzeugung des Primärstroms

Wir wenden uns nun der Frage der Erzeugung des Primärstroms zu, untersuchen also die Größe des Faktors J_m in den oben aufgestellten Gleichungen näher. Es wurde bereits darüber gesprochen, daß die Art der Erzeugung des Primärstroms das Unterscheidungsmerkmal zwischen Magnet- und Batteriezündung bildet.

Der einfachere Fall ist zweifellos die **Batteriezündung.** Man hat es hier mit der während des normalen Arbeitens konstanten Klemmenspannung E einer Batterie zu tun, die in den Stromkreis der Primärwicklung eingeschaltet ist. Ein in der Regel mit der Drehzahl der Steuerwelle umlaufender Nocken bewegt den sogenannten Unterbrecher, der auf diese Weise die rechtzeitige Schließung

in Richtung der Abszissenachse über den Schirm wandert, das zweite die Spannungsablenkung in der Ordinatenachse. Die auf diese Weise auf einem durchscheinenden Fluoreszenzschirm erzeugten Kurven werden von unten mit Hilfe einer Linse auf eine bis zu 25 m lange Filmrolle photographiert, die bis zu 10 000 Einzelkurven aufzunehmen vermag. Nach Eichung des Apparates auf Zeitdauer und Spannung kann man ihn als ziemlich genaues Meßinstrument benutzen.

und Öffnung des Stromkreises vornimmt (s. Bild 4). Die Verstellung wird stets durch Verdrehen des Unterbrechers gegenüber dem Nocken erreicht, so daß die elektrischen Verhältnisse sich bei der Batteriezündung nicht im geringsten ändern.

Bezeichnet man den Augenblickswert des Stroms mit J und nach wie vor den Primärwiderstand mit r, die Primärinduktivität mit L, so erhält man die Differentialgleichung

$$E = L \frac{dJ}{dt} + rJ,$$

die gilt, solange der Unterbrecher geschlossen ist, und deren Lösung

$$J = \frac{E}{r} e^{-\frac{r}{L} t} + K$$

darstellt, wobei K eine Konstante ist.

Für den Augenblick der Schließung $t = 0$ wird $J = 0$ und damit

$$K = \frac{E}{r},$$

wodurch

$$J = \frac{E}{r} \left\{ 1 - e^{-\frac{r}{L} t} \right\}.$$

Die Zeit, während der der Unterbrecher schließt, werde mit T bezeichnet. Der für die Erzeugung der Sekundärspannung maßgebende Wert des Stromes J ist dann der Strom J_m, der im Öffnungsaugenblick $t = T$ vorhanden ist. Damit wird

$$J_m = \frac{E}{r} \left\{ 1 - e^{-\frac{r}{L} T} \right\}. \qquad (11)$$

Die Abhängigkeit des Stroms J von der Zeit t zeigen die Primärstromoszillogramme in Bild 22. Sie sind bei verschiedenen Drehzahlen aufgenommen. Je höher die Drehzahl steigt, desto kürzer wird die Schließungszeit T und desto weniger erreicht der Strom seinen maximalen Wert $\frac{E}{r}$. Je größer die Zeitspanne T zwischen Schließungs- und Öffnungsmoment wird, desto größer wird der Strom im Augenblick der Unterbrechung J_m, desto größer also auch die Spannung E_{2m}. Die Zeit T setzt sich aus folgenden Faktoren zusammen:

1. Verhältnis $\frac{\text{Schließungsdauer}}{\text{Schließungsdauer} + \text{Öffnungsdauer}} = u,$
wobei Schließungsdauer und Öffnungsdauer in Graden zu messen sind.
2. Zylinderzahl p.
3. Motordrehzahl n gemessen in Uml/min.

Die Zeit der Schließung T ist dann auszudrücken durch

$$T = \frac{120\,u}{n\,p},$$

da auf eine Kurbelwellenumdrehung $\frac{p}{2}$ Zylinder gezündet werden müssen.

Die endgültige Gleichung des Primärstroms bei Batteriezündung lautet also

$$J_m = \frac{E}{r}\left\{1 \quad e^{\frac{r\,u\,120}{L\,n\,p}}\right\}. \qquad (12)$$

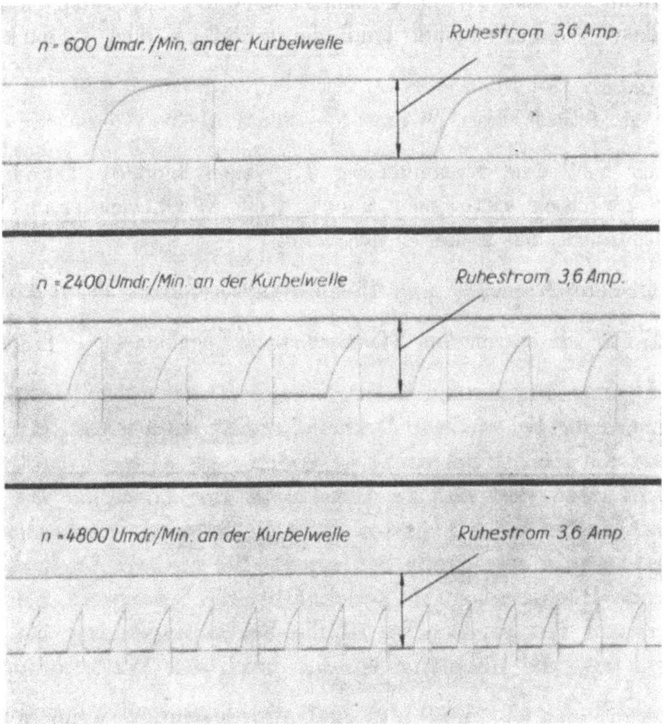

Bild 22. Primärstromoszillogramme eines Batteriezünders

Für niedere Drehzahlen wird n = 0, der Klammerausdruck wird 1 und damit

$$J_m = J_R = \frac{E}{r}. \tag{13}$$

Diesen Wert von J_m nennt man **Ruhestrom.**

Zieht man zu Gleichung 12 die Gleichung für die Sekundärspannung 8 heran, so erhält man die **vollständige Gleichung für die Sekundärspannung des Batteriezünders** ohne Verluste:

$$E_{2m} = \frac{1}{\sqrt{C_1 \frac{z^2}{z_2^2} + C_2}} \frac{E\sqrt{L}}{r} \left\{1 - e^{\frac{r\,u\,120}{L\,n\,p}}\right\}. \tag{14}$$

Gleichung 12 und 14 besagt: **Je höher die Funkenzahl** $\frac{n \cdot p}{2}$, **desto mehr sinken Strom** J_m **und Spannung** E_{2m} **und zwar um so mehr, je kleiner die Schließungsdauer und der Widerstand und je größer die Induktivität ist.**

Je größer der Wert $\frac{E}{r}$ **und der Wert** u, **desto größer ist die Spannung** E_{2m} **bei hoher Drehzahl, desto größer ist aber auch der Wattverbrauch** des Batteriezünders bei niederer Drehzahl.

Sieht man Kapazität und Übersetzungsverhältnis als gegeben an, so muß für ein durch den Wattverbrauch gegebenes $\frac{E}{r}$ die Induktivität L einen bestimmten Betrag erreichen, wenn genügende Überschlagspannung bei niederer Drehzahl erzielt werden soll. Mit Rücksicht auf die Höchstfunkenzahl ist andererseits kleine Induktivität L erwünscht. Man wird also die Induktivität der Zündspule den praktischen Anforderungen anpassen müssen, sie wird verschieden sein, je nachdem man eine große Schlagweite bei niederer Drehzahl oder eine große Höchstfunkenzahl verlangt. Ist die Schlagweite bei niederer Drehzahl fest gegeben, so ist die Sekundärspannung bei hoher Drehzahl, also die Höchstfunkenzahl, durch den Wattverbrauch des Batteriezünders $\left(\frac{E^2}{r} \text{ und } u\right)$ eindeutig bestimmt, wenn von den Verlusten abgesehen wird. Bei den heute üblichen Konstruktionen schwankt die Induktivität zwischen 8 und 20 Millihenry, der Ruhestrom $\frac{E}{r}$ zwischen 2 und 6 Ampere bei Nennspannung der Batterie, der Wert u zwischen 0,3 und 0,8.

Bisher wurde angenommen, daß die Induktivität L, der Widerstand r und das Schließungsverhältnis u der Zündspule sich mit Strom und Drehzahl nicht ändern. In der Patentliteratur findet man mehrfach den Versuch, bei niederer Drehzahl mit Rücksicht auf den Wattverbrauch den Wert $\frac{E}{r}$ und u kleinzuhalten, dagegen mit steigender Drehzahl $\frac{E}{r}$ und u zu vergrößern, L zu verkleinern, um auch bei hoher Drehzahl genügende Sekundärspannung E_{2m} zu erreichen. Die konstruktive Lösung dieses Gedankens ist aber nicht einfach, verteuert die Zündspule zumeist wesentlich und verringert vielfach die Betriebssicherheit.

Nur das Einschalten eines Variators in den Primärstromkreis hat praktische Bedeutung erlangt. Der Variator besteht aus Draht, dessen spezifischer Widerstand mit zunehmender Temperatur, also zunehmendem Strom J_m rasch steigt. Er ist in der allgemeinen Elektrotechnik weit verbreitet, seine Anwendung bei der Batteriezündung liegt nahe. Die bei den Batteriezündern gebräuchlichen Variatoren ermöglichen hauptsächlich eine Verringerung des Wattverbrauchs und der Erwärmung der Zündspulen dort, wo großer Strom J_m lange Zeit anhält, also bei Ruhestromdurchgang. Auch in der Verringerung der Schlagweite bei niederer Drehzahl macht sich der Variator etwas bemerkbar, wie ein Blick auf Bild 17 lehren muß.

Dem stehen jedoch als Nachteil die Wärmeträgheit des Variators, die nicht beliebig klein gemacht werden kann, und die Wärmeempfindlichkeit gegenüber. Außerdem hängt sein richtiges Arbeiten stark davon ab, wo er im Fahrzeug angebracht ist; im Kühlwind arbeitet er anders als an einer ungekühlten Stelle: Bei zu starker Kühlung wird der Strom zu groß und die Kontakte werden überbeansprucht, die Gefahr des Verbrennens ist also groß; bei schlechter Kühlung wird der Variator heiß, der Widerstand zu groß, der aufgenommene Strom zu klein und damit die Leistung übermäßig geschwächt. Aus diesem Grunde sind die meisten Zünderfirmen wieder von der Verwendung von Variatoren abgekommen.

In diesem Zusammenhang muß erwähnt werden, daß die Spannung der Batterie E nicht als unbedingt konstant angesehen werden darf, daß sie vielmehr sehr von den Ladezuständen und der Belastung der Batterie abhängt. In der Regel wird bei höherer Drehzahl die Spannung der Batterie steigen, was besonders günstig ist, da dies dem Fallen der Spannung E_{2m} mit steigender Drehzahl entgegenwirkt. Beim Anlassen mit dem Anlaßmotor dagegen sinkt die Batteriespannung infolge der großen Stromentnahme und des dadurch verursachten inneren Spannungsabfalles auf nahezu die Hälfte der Nennspannung, so daß bei niederer Drehzahl nur mit diesem verringerten Wert von E gerechnet werden darf.

Noch ein Wort zur Frage: „6- oder 12-Volt-Batteriezündung"![5]) Der Wattverbrauch des Batteriezünders bei niederer Drehzahl ist proportional $E \cdot J_R = \frac{E^2}{r}$. Nehmen wir statt einer Batteriespannung von 6 Volt 12 Volt, vervierfachen also den Wert von E^2, so müssen wir, soll der Wattverbrauch nicht steigen, auch den Widerstand r auf das Vierfache erhöhen. Um in Gleichung 14 den Exponenten der *e*-Funktion nicht zu ändern, müssen wir auch den Wert von L vervierfachen. Durch alle diese Maßnahmen wird auch der Bruch $\frac{E\sqrt{L}}{r}$ in der für die Zündspannung maßgebenden Gleichung 14 nicht geändert, wie eine kurze Überlegung zeigt. Dies lehrt, daß bei gleichem Wattverbrauch grundsätzlich hinsichtlich der Sekundärspannung bei der 6- und 12-Volt-Batteriezündung kein Unterschied besteht, nur daß die Stromstärke bei niederer Drehzahl bei der 12-Volt-Batteriezündung wesentlich kleiner ist als bei der 6-Volt-Batteriezündung.

In der Praxis baut man jedoch die 12-Volt-Spule nicht mit gleichem Wattverbrauch wie die 6-Volt-Spule, sondern mit im wesentlichen gleichem Strom; dies vor allem mit Rücksicht auf die Baugröße und den Preis, weil die vierfache Primärwindungszahl auch die vierfache Sekundärwindungszahl erfordern würde.

Wir kommen nun zu dem weniger leicht erfaßbaren Falle der Erzeugung des Primärstromes bei der **Magnetzündung.** Während der Batteriezünder in der Hauptsache nur aus einem Unter-

[5]) Vgl. E. C. Raßbach, Die elektrische Ausrüstung von Kraftfahrzeugen, Berlin 1927, VDI-Zeitschrift, Heft 49 und 50.

brecher mit Kondensator und aus einem Transformator, der sogenannten Zündspule, besteht, Teilen, die in der Regel räumlich getrennt sind. manchmal aber auch zusammengebaut werden, besteht heute der Magnetzünder aus einer Einheit, die den permanenten Magneten, den Transformator oder sogenannten Anker und den Unterbrecher mit Kondensator umfaßt.

Es wurde bereits erwähnt, daß beim Magnetzünder die elektromotorische Kraft unmittelbar in der Primärwicklung erzeugt wird, dadurch, daß das Magnetfeld und die Primärwicklung zueinander verschoben werden.

Die Änderung der Lage des Feldes zur Primärwicklung kann auf dreierlei Weise vorgenommen werden: Entweder dreht sich der sogenannte Anker, also die Wicklung, im Magnetfeld, oder es dreht sich der Magnet gegenüber dem ruhenden Anker, oder endlich drehen sich Kraftlinienleitstücke, so daß sich das Feld des ruhenden Magneten in der ruhenden Wicklung ändert. Bis vor einigen Jahren war weitaus der häufigste Fall der, daß sich der Anker im Magnetfeld bewegt; wir wollen daher diesen Fall den folgenden Untersuchungen zugrunde legen, vor allem auch, weil er eine einfache Entwicklung der Gleichungen ermöglicht. Die Untersuchungen sind jedoch mit kleinen Abänderungen ohne weiteres auch für die beiden anderen Zünderbauarten zu verwenden, die gegenwärtig stark in den Vordergrund getreten sind.

Die Bauart des Magnetzünders mit Umlaufanker ist schon im ersten Abschnitt kurz erläutert worden. Wir erinnern für die folgenden Betrachtungen an die schematische Darstellung des Magnetzünders Bild 5. Der magnetische Fluß Φ_e verläuft von dem einen Schenkel des Hufeisenmagneten durch den Polschuh, Luftspalt, Anker, Luftspalt zurück zum anderen Polschuh und Magnetschenkel. Der Steg des als Doppel-T-Anker ausgebildeten umlaufenden Teiles wird auf diese Weise durchsetzt von dem Erregerfluß Φ_e, der sich mit dem Umlaufwinkel des Ankers periodisch ändert.

Die Flußlinie zeigt Bild 23, in dem der sogenannte Erregerfluß Φ_e eines normalen Zünders in Abhängigkeit vom Winkel α, der die Ankerstellung bezeichnet, aufgetragen ist. Die Stellung des Ankers, in der der Fluß stark abzunehmen beginnt, sei in der folgenden Betrachtung willkürlich mit $\alpha = 0$ bezeichnet[6]).

[6]) Wer die Ableitungen der Gleichungen für den Primärstrom nicht verfolgen will, übergeht die folgenden Seiten bis zur Auswertung auf Seite 59.

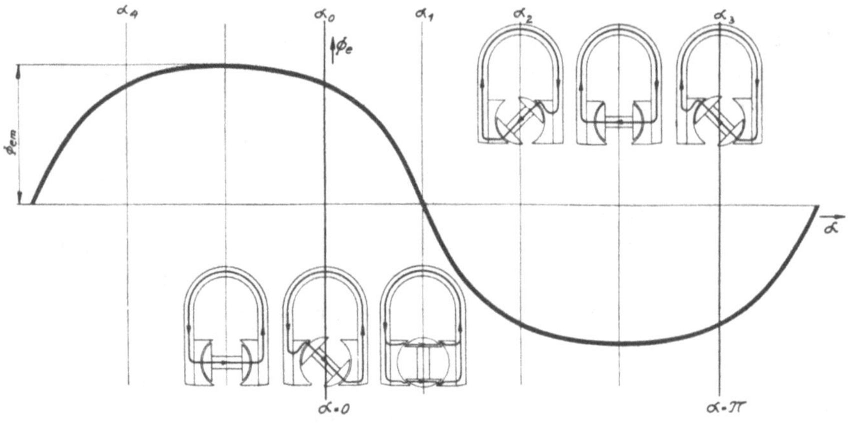

Bild 23. Erregerfluß in Abhängigkeit von der Ankerstellung

Wäre nun die auf dem Anker befindliche Primärwicklung offen und nicht durch den Unterbrecher geschlossen, so entstände in ihr eine elektromotorische Kraft

$$E_e = - z\omega \frac{d\Phi_e}{d\alpha} 10^{-8},$$

wobei z gleich der Primärwindungszahl und ω gleich der Winkelgeschwindigkeit des Ankers ist. Die Wicklung z ist aber tatsächlich durch den Unterbrecher vor dem Verschwinden des Flusses, also vor der Stellung $\alpha = 0$, kurzgeschlossen und wird erst in dem Moment geöffnet, in dem die hohe Sekundärspannung entstehen soll. In der geschlossenen Primärwicklung wird ein Strom J erzeugt, der seinerseits wieder den A n k e r f l u ß Φ_a erzeugt. Und zwar ist bekanntlich

$$\Phi_a = J z \Lambda 10^8,$$

wo Λ die magnetische Leitfähigkeit des Ankerflußkreises ist, oder anders ausgedrückt:

$$\Phi_a = \frac{1}{z} L J 10^8, \quad (15)$$

wo L die sogenannte Induktivität $L = \Lambda z^2$ ist.

Wir betrachten im folgenden die I n d u k t i v i t ä t L als Konstante, nehmen also an, daß der Fluß Φ_a nicht nach der Magnetisierungslinie, sondern linear mit dem Strom J zunimmt, und daß ferner die magnetische Leitfähigkeit Λ für sämtliche von uns betrachteten Ankerstellungen α dieselbe bleibt. Die erste Annahme bringt keinen wesentlichen Fehler, da wir unsere Betrachtungen nicht auf das Gebiet hoher Eisensättigungen ausdehnen, die zweite

Annahme wird mit Rücksicht auf die im folgenden Abschnitt zu besprechende Schwächung des Magneten nach Möglichkeit verwirklicht und trifft, wie Messungen zeigen, bei vielen Magnetzündern heute praktisch zu.

Der tatsächlich für die Erzeugung der Primärspannung maßgebende resultierende Fluß ist nun:

$$\Phi_r = \Phi_e + \Phi_a = \Phi_e + \frac{1}{z} LJ10^8,$$

und demnach wird die resultierende Primärspannung

$$E_r = -z\omega \frac{d\Phi_r}{d\alpha} 10^{-8} = -z\omega \frac{d\Phi_e}{d\alpha} 10^{-8} - L\omega \frac{dJ}{d\alpha}. \qquad (16)$$

Bild 24 zeigt den Verlauf der Flüsse, wie er ungefähr zur Veranschaulichung obiger Ableitungen dargestellt werden kann.

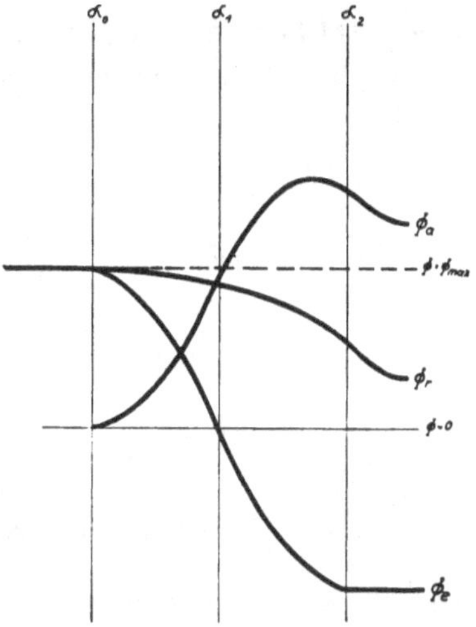

Bild 24. Fluß im Ankersteg in Abhängigkeit von der Ankerstellung bei geschlossenem Unterbrecher

Wir fragen uns nun: wie wirkt diese „aufgedrückte" Spannung E_r in dem Primärkreise des Ankers? Wir haben es, solange der Unterbrecher geschlossen ist, zu tun mit einer elektromotorischen Kraft E_r, einer Induktivität L und dem Primärwiderstand r. Diese Größen können sämtlich als in Reihe geschaltet betrachtet werden (Bild 25). Es gilt also für jeden Augenblick die Gleichung

$$E_r = L\omega \frac{dJ}{d\alpha} + rJ$$

oder, wenn die Werte von E_r in Gleichung 16 eingesetzt werden:

$$2L\omega\frac{dJ}{d\alpha} + rJ + z\omega\frac{d\Phi_e}{d\alpha}10^{-8} = 0. \qquad (17)$$

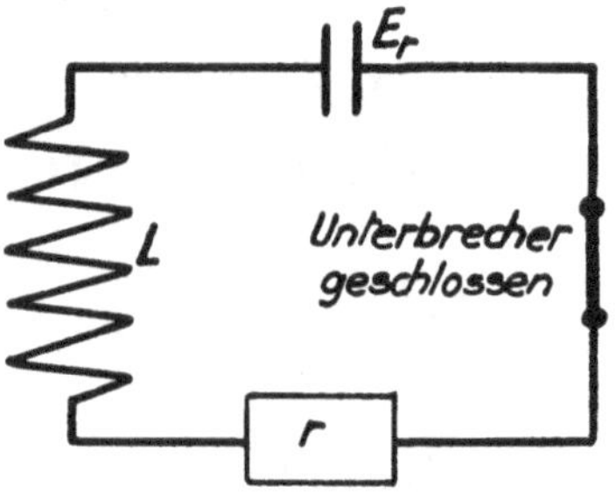

Bild 25. Primärstromkreis des Magnetzünders bei geschlossenem Unterbrecher

Wir suchen in dieser Differentialgleichung J und setzen zu ihrer Lösung J = u v, so daß man die Differentialgleichung zerspalten kann in die beiden Teile

$$2L\omega\frac{du}{d\alpha} + ru = 0 \text{ und}$$

$$2L\omega u\frac{dv}{d\alpha} + z\omega\frac{d\Phi_e}{d\alpha}10^{-8} = 0.$$

Die Lösungen dieser beiden Gleichungen sind

$$u = K_1 e^{-\frac{r}{2L\omega}\alpha} \text{ und}$$

$$v = -\frac{z10^{-8}}{2L}\int\frac{1}{u}\frac{d\Phi_e}{d\alpha}d\alpha + K_2,$$ wo K_1 und K_2 Konstanten sind.

Setzt man u in die Gleichung von v ein, so wird

$$v = -\frac{z10^{-8}}{2LK_1}\int\frac{d\Phi_e}{d\alpha}e^{\frac{r}{2L\omega}\alpha}d\alpha + K_2 \text{ und}$$

$$J = uv = -\frac{z10^{8}}{2L}e^{-\frac{r}{2L\omega}}\int\frac{d\Phi_e}{d\alpha}e^{\frac{r}{2L\omega}\alpha}d\alpha + Ke^{-\frac{r}{2L\omega}\alpha}. \qquad (18)$$

Dies ist die vollständige Gleichung für J, in der lediglich die vereinfachende Voraussetzung L = Konst. über den Bereich des betrachteten α enthalten ist.

Allerdings ist das Integral nur lösbar, wenn der Verlauf von Φ_e bekannt ist. Dieser ist im wesentlichen abhängig von der Polschuh- und Ankerform des Magnetzünders[7]). In Bild 26 ist der Flußverlauf von Magnetzündern sehr verschiedener Polschuhformen bei Primärstrom $J = 0$ dargestellt. Um übersichtliche Beziehungen zu erhalten, betrachten wir in Bild 23 den Fluß über einen gewissen Winkel (α_1 bis α_0 und α_2 bis α_3) als konstant und über einen gewissen Winkel (α_0 bis α_2) als sinusförmig. Diese Annahme trifft nicht genau zu, ist aber berechtigt, solange wir eine bestimmte Polschuhform im Auge haben, da wir ja eine derartige Flußlinie praktisch ohne weiteres herstellen könnten.

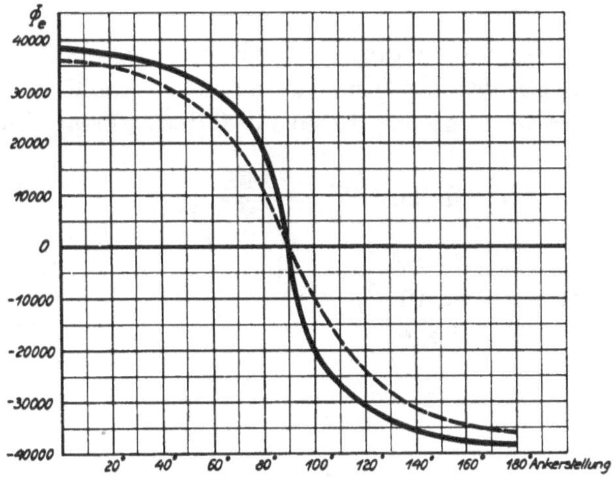

Bild 26. Erregerfluß abhängig von der Ankerstellung, Messung an Magnetzündern grundsätzlich verschiedener Polschuhform

Wir schreiben also für α_0 bis α_2

$$\Phi_e = \Phi_{em} \cos c\,\alpha, \tag{19}$$

wo $c = \dfrac{\pi}{\alpha_2 - \alpha_0}$, wenn wir α_0 als Anfangspunkt der cos-Linie festlegen, in dem $\Phi_e = \Phi_{em}$ gleich dem maximalen, den Ankersteg durchsetzenden Erregerfluß ist.

[7]) Streng genommen ist der Flußverlauf Φ_e auch abhängig von dem Primärstrom J selbst, da die entmagnetisierende Wirkung des Ankerflusses die Induktion des permanenten Magneten schwächt. Näheres hierüber findet sich in Abschnitt III. Im folgenden soll die Induktion des permanenten Magneten als vom Primärstrom unabhängig angesehen werden.

Das Integral der Gleichung 18 für J wird nun:

$$\int \frac{d\Phi_e}{d\alpha} e^{\frac{r}{2L\omega}\alpha} d\alpha = -c\,\Phi_{em} \int e^{\frac{r}{2L\omega}\alpha} \sin c\alpha\, d\alpha$$

$$= -e^{\frac{r}{2L\omega}\alpha}\, c\,\Phi_{em} \frac{\frac{r}{2L\omega}\sin c\alpha - c\cos c\alpha}{\frac{r^2}{4L^2\omega^2} + c^2}.$$

Damit wird die Gleichung für J

$$J = \frac{z\,c\,\Phi_{em}\,10^{-8}}{2L} \frac{\frac{r}{2L\omega}\sin c\alpha - c\cos c\alpha}{\frac{r^2}{4L^2\omega^2} + c^2} + K e^{-\frac{r}{2L\omega}\alpha}. \quad (20)$$

Nun kann K bestimmt werden aus der Bedingung $J = 0$ für $\alpha = 0$, die in der Regel zutrifft. Den Ausnahmefall $J \neq 0$ für $\alpha = 0$, die sogenannte Reststromwirkung, haben wir später zu besprechen.

$$K = + \frac{2L\omega^2 c^2 z\Phi_{em} 10^{-8}}{4L^2\omega^2c^2 + r^2}.$$

Damit wird

$$\underset{\left(\alpha \leqq \frac{\pi}{c}\right)}{J} = \frac{2L\omega^2c^2z\Phi_{em}10^{-8}}{4L^2\omega^2c^2 + r^2}\left\{e^{-\frac{r}{2L\omega}\alpha} + \frac{r}{2L\omega c}\sin c\alpha - \cos c\alpha\right\} \quad (21)$$

Diese Gleichung gilt in dem Bereich $\alpha = 0$ bis $\alpha = \alpha_2$ oder für

$$\alpha \leqq \frac{\pi}{c}.$$

Wir untersuchen nun das Gebiet über α_2 hinaus, für das $\Phi_e = \Phi_{em}$ und $\frac{d\Phi_e}{d\alpha} = 0$ ist. Durch Einsetzen von $\frac{d\Phi_e}{d\alpha} = 0$ in Gleichung 17 lautet unsere Differentialgleichung für J nun

$$zL\omega\frac{dJ}{d\alpha} + rJ = 0,$$

und ihre Lösung ist

$$J = K\,e^{-\frac{r}{2L\omega}\alpha}$$

Die Konstante K kann bestimmt werden aus dem Wert von J für den Anfangspunkt $\alpha_2 = \frac{\pi}{c}$

$$\underset{(\alpha = \alpha_2)}{J} = \frac{2L\omega^2c^2z\Phi_{em}10^{-8}}{4L^2\omega^2c^2 + r^2}\left\{e^{-\frac{r}{2L\omega}\frac{\pi}{c}} + 1\right\} = Ke^{-\frac{r}{2L\omega}\frac{\pi}{c}}$$

und daraus

$$K = + \frac{2L\omega^2 c^2 z \Phi_{em} 10^{-8}}{4L^2\omega^2c^2 + r^2} \left\{ 1 + e^{\frac{r}{2L\omega} \frac{\pi}{c}} \right\}$$

Für das Gebiet $\alpha_2 \geqq \frac{\pi}{c}$ ergibt sich also

$$J_{\left(\alpha \geqq \frac{\pi}{c}\right)} = \frac{2L\omega^2c^2z\Phi_{em}10^{-8}}{4L^2\omega^2c^2 + r^2} \left\{ e^{-\frac{r}{2L\omega}\alpha} + e^{-\frac{r}{2L\omega}\left(\alpha - \frac{\pi}{c}\right)} \right\} \quad (22)$$

Setzen wir in die Gleichung 21 und 22 den Wert von $\omega = \frac{\pi n}{30}$ ein, so erhalten wir die endgültigen Gleichungen:

$$J_{\left(\alpha \leqq \frac{\pi}{c}\right)} = \frac{2L\pi^2 n^2 c^2 z \Phi_{em} 10^{-8}}{4L^2\pi^2 n^2 c^2 + 900r^2} \left\{ e^{-\frac{15r\alpha}{L\pi n}} + \frac{15r}{L\pi n c} \sin c\alpha - \cos c\alpha \right\} \quad (23)$$

$$J_{\left(\alpha \geqq \frac{\pi}{c}\right)} = \frac{2L\pi^2 n^2 c^2 z \Phi_{em} 10^{-8}}{4L^2\pi^2 n^2 c^2 + 900r^2} \left\{ e^{\frac{15r\alpha}{L\pi n}} + e^{-\frac{15r\left(\alpha - \frac{\pi}{c}\right)}{L\pi n}} \right\} \quad (24)$$

Die Gleichungen gelten für den von uns angenommenen Verlauf von Φ_e und für konstantes L bei hoher und niederer Ankerdrehzahl.

Für hohe Ankerdrehzahlen ($n > 2000$) kann man die Gleichungen wesentlich vereinfachen, wenn man außerdem, was praktisch stets der Fall ist, folgende Annahmen macht:

$L \geqq 2 \cdot 10^{-2}$ Henry,
$r \leqq 1{,}0$ Ohm,
$c \geqq 3$,
$\alpha \leqq \frac{3\pi}{2c}$,
$\alpha > \frac{\pi}{2c}$.

Unter diesen Bedingungen wird bei $n > 2000$

$$-\frac{15\,r\left(\alpha - \frac{\pi}{c}\right)}{L\pi n} < -\frac{15r\alpha}{L\pi n} < -0{,}2$$

und deshalb

$$e^{-\frac{15\,r\left(\alpha-\frac{\pi}{c}\right)}{L\pi n}} \text{ und } e^{-\frac{15\,r\alpha}{L\pi n}} \approx 1$$

Weiter wird $\frac{15\,r}{L\pi n c}$ sin $c\,\alpha < 0{,}025$, also gegenüber $1 - \cos c\,\alpha$ vernachlässigbar, vorausgesetzt, daß nur das Gebiet $c\,\alpha > \frac{\pi}{2}$ betrachtet wird.

Ferner wird $900\,r^2 \leqq 900$ vernachlässigbar gegenüber

$$4L^2\pi^2 n^2 c^2 \geqq 60\,000.$$

Damit wird für hohe Drehzahlen

$$J_{\left(\alpha \leqq \frac{\pi}{c}\right)} = \frac{z\Phi_{em}10^{-8}}{2L}\left(1 - \cos c\,\alpha\right) \tag{25}$$

und

$$J_{\left(\alpha \geqq \frac{\pi}{c}\right)} = \frac{z\Phi_{em}\,10^{-8}}{L}. \tag{26}$$

Um die Gleichungen noch übersichtlicher zu gestalten, setzen wir

c = Konstant (für dieselbe Polschuh- und Ankerform),

$L \sim z^2$ (für dieselbe Polschuh- und Ankerform) und

$r \sim \frac{z}{q}$ (für denselben mittleren Windungsdurchmesser der Primärwicklung), wobei q den Drahtquerschnitt bedeutet und die Drahtlänge der Primärwicklung proportional der Windungszahl ist.

Ferner bezeichnen wir den Gesamtkupferquerschnitt der Primärwicklung $z \cdot q$ mit Q und fassen alle uns nicht unmittelbar interessierenden Konstanten unter den Buchstaben A, B, C zusammen. Dann lauten die Gleichungen für niedere Drehzahl:

$$J_{\left(\alpha \leqq \frac{\pi}{c}\right)} \sim \frac{\Phi_{em}}{z}\,\frac{n^2Q^2}{A+n^2Q^2}\left\{e^{-B\frac{\alpha}{nQ}} + C\,\frac{1}{nQ}\sin c\,\alpha - \cos c\,\alpha\right\} \tag{27}$$

$$J_{\left(\alpha \geqq \frac{\pi}{c}\right)} \sim \frac{\Phi_{em}}{z}\,\frac{n^2Q^2}{A+n^2Q^2}\left\{e^{-B\frac{\alpha}{nQ}} + e^{-B\frac{\alpha-\frac{\pi}{c}}{nQ}}\right\} \tag{28}$$

und die Gleichungen für hohe Drehzahlen

$$\underset{\left(\alpha \leqq \frac{\pi}{c}\right)}{J} \sim \frac{\Phi_{em}}{z}\left(1 - \cos c\,\alpha\right) \qquad (29)$$

$$\underset{\left(\alpha \geqq \frac{\pi}{c}\right)}{J} \sim \frac{2\,\Phi_{em}}{z}. \qquad (30)$$

Diese vereinfachten Gleichungen zeigen uns rasch und deutlich folgende **wichtigen Beziehungen am Magnetzünder:**

1. Der Primärstrom J ist proportional dem Erregerflußmaximum Φ_{em} und bei gegebenem Primärkupferquerschnitt Q umgekehrt proportional der Primärwindungszahl z.
2. Der Primärstrom J ist bei hohen Drehzahlen praktisch unabhängig von Zünderdrehzahl n und Primärkupferquerschnitt Q.
3. Der Primärstrom J steigt bei niederer Drehzahl mit zunehmender Drehzahl n und zunehmendem Primärkupferquerschnitt Q. Einfluß von Drehzahl und Kupferquerschnitt sind gleich.
4. Der Primärstrom J sinkt bei niederer Drehzahl mit zunehmendem Abriß α (siehe unten) in dem Gebiet $\alpha > \frac{\pi}{c}$.
5. Der Primärstrom J steigt bei hoher Drehzahl mit zunehmendem Abriß α in dem Gebiet bis $\alpha = \frac{\pi}{c}$ und bleibt darüber hinaus praktisch konstant.

Die Primär-Ampere-Windungszahl J . z und damit in der Hauptsache die Sekundärspannung E_{2m} (siehe Gleichung 8) wird demnach um so größer, je größer das Erregerflußmaximum Φ_{em} und der Gesamtkupferquerschnitt der Primärwicklung Q wird. Mit Rücksicht auf das Unterbrecherfeuer darf dabei der Strom bei hoher Drehzahl nicht zu hoch und deshalb die Windungszahl z nicht zu klein werden.

Um die Verhältnisse im Magnetzünder genauer zu zeigen, sind die oben aufgestellten Gleichungen 23 und 24 in den Bildern 27 bis 30 in Schaulinien ausgewertet worden. Die zugrunde gelegten Zahlenwerte sind gebräuchlichen Zündern entnommen und den Bildern beigefügt.

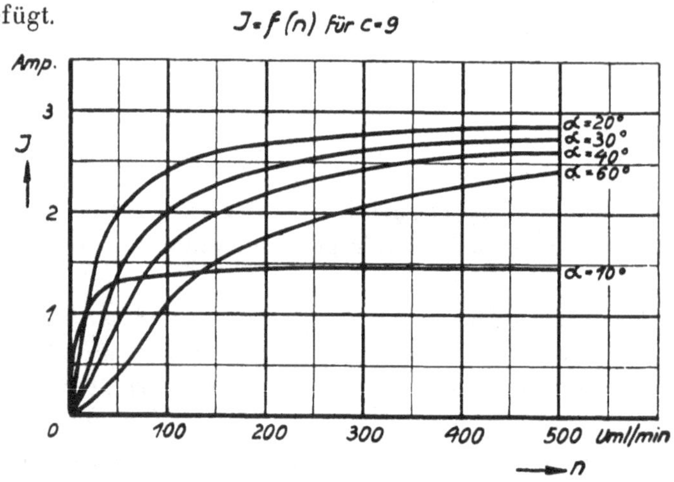

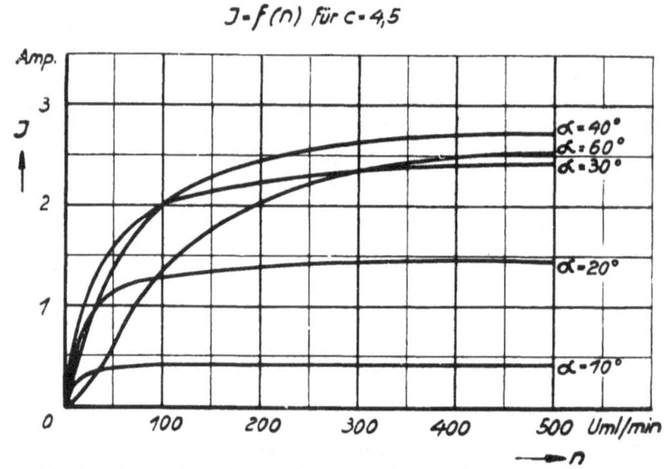

Bild 27. Strom in Abhängigkeit von der Drehzahl, berechnet für
Erregerfluß Φ_{em} = 30 000 Linien
Induktivität L = 20 mH
Primärwiderstand r = 0,5 Ohm
Primärwindungszahl z = 200

Wir betrachten zuerst die Abhängigkeit des Stroms $J = J_m$ im Unterbrechungszeitpunkt von der Drehzahl n für eine bestimmte Ankerstellung (Bild 27) und sehen, daß mit zunehmender Drehzahl der Strom J_m ansteigt. Wir vergegenwärtigen uns weiter, daß die maximale Sekundärspannung E_{2m} proportional diesem Strom J_m im Unterbrechungszeitpunkt ist. Wir sehen dann, daß es im Gegensatz zur Batteriezündung beim Magnetzünder bei hohen Drehzahlen keine Schwierigkeiten bereiten wird, die Spannung E_{2m} so hoch zu treiben, daß die Überschlagspannung an den Zündkerzen erreicht wird und also ein Funke überspringt. Andererseits wird wieder im Gegensatz zur Batteriezündung, wo bei praktisch unbegrenzt niederer Drehzahl Spannung auftritt, bei niederer Drehzahl die Grenze der Brauchbarkeit eines Magnetzünders liegen, da der Strom J_m um so kleiner wird, je niederer die Drehzahl ist.

Deshalb hat man als wichtigstes Maß für die Brauchbarkeit eines Magnetzünders den Begriff der „Niedersten Drehzahl" eingeführt, d. h. der Drehzahl, die gerade noch erforderlich ist, um einen Überschlag an einer Überschlagstelle von bestimmter Überschlagspannung hervorzurufen. In der Regel wird bei niederer Drehzahl eine Überschlagspannung von 5 bis 6 mm Spitzenabstand des ionisierten Funkenziehers gefordert, wie bereits zu Anfang unserer Betrachtungen ausgeführt wurde. Dieser geforderten Überschlagspannung entspricht bei gegebener Sekundärwindungszahl, Kapazität, Induktivität und bei gegebenem Verrußungswiderstand ein ganz bestimmter Strom J_m.

Man stellt nun häufig nicht den Strom J in Abhängigkeit von irgendeiner der Veränderlichen α, r, n, c, dar, sondern untersucht unter Zugrundelegung des beschriebenen Sollstroms J_m die niederste Drehzahl n in Abhängigkeit von irgendeiner der Veränderlichen α, r, c. Die Darstellung in Bild 28 zeigt den Strom J in Abhängigkeit vom Ankerstellungswinkel α für verschiedene Drehzahlen und die Darstellung in Bild 29 die niederste Drehzahl n in Abhängigkeit vom Ankerstellungswinkel α unter Annahme eines Sollstromes J_m = Konst. = 1,70 Ampere.

Damit kommen wir von der Frage nach dem Einfluß der Drehzahl zu der Frage nach dem Einfluß des Winkels α, d. h. der Stellung des Ankers im Augenblick der Unterbrechung. Es wurde bereits erwähnt, daß die Verstellung des Zündzeitpunktes beim Magnetzünder in der Regel dadurch erfolgt, daß der Unterbrechernocken verdreht und dadurch der Unterbrecher bei anderer Motorstellung geöffnet wird. Da der Magnetzünder fest mit dem Motor gekuppelt ist, so ändert sich mit dem Zündzeitpunkt auch die Ankerstellung, bei der unterbrochen wird. Ein und derselbe Magnetzünder muß je nach seinem Betriebszustand bei verschiedenen Ankerstellungen zünden, mit anderen Worten: Das Arbeitsgebiet des Magnetzünders umfaßt einen ganzen Abschnitt von α.

Aus den Bildern 28 u. 29 sehen wir deutlich, daß für den Zündzeitpunkt das Gebiet vor und unmittelbar nach $\alpha = \alpha_1 = \frac{\pi}{2c}$ (dem Durchgang des Flusses durch Null) nicht gewählt werden darf, da in diesem Gebiet die niederste Drehzahl bei kleiner Verschiebung des

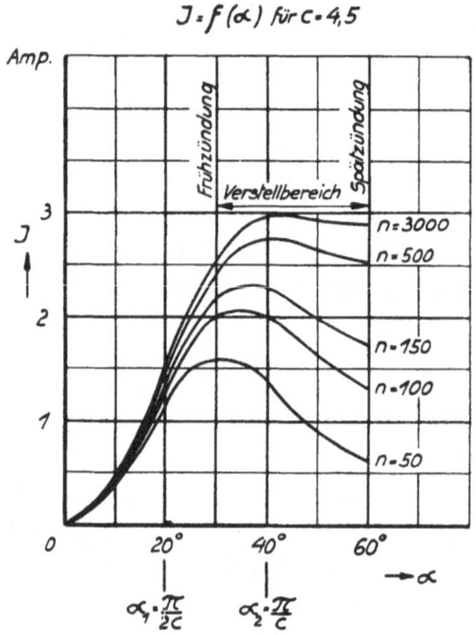

Bild 28. Strom in Abhängigkeit von der Ankerstellung, berechnet nach den Zahlen von Bild 27

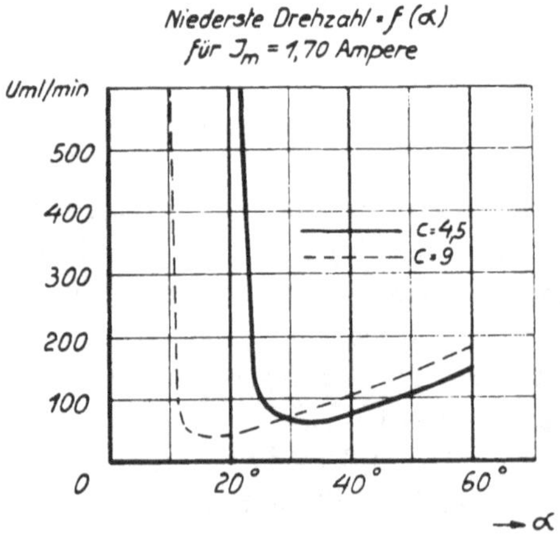

Bild 29. Niederste Drehzahl in Abhängigkeit von der Ankerstellung, berechnet für Strommaximum J_m = 1,70 Amp. (Übrige Werte siehe Bild 27)

Zündzeitpunktes außerordentlich rasch anwachsen muß, um den Sollstrom zu erreichen. Wir haben es hier mit einem technisch durchaus unsicheren Gebiet zu tun, da gewisse Toleranzen des Zündzeitpunktes unvermeidbar sind, und eine kleine Veränderung des Zündzeitpunktes schon durch eine Abnutzung der Unterbrecherteile, besonders der Kontakte, im Laufe längerer Betriebszeit verursacht wird. Diese Betrachtung ist bestimmend für die W a h l d e s F r ü h z ü n d u n g s p u n k t e s, der seinerseits bei gegebenem Verstellbereich maßgebend für den Spätzündungspunkt und die Ankerstellung während des ganzen Verstellgebiets ist.

Die meisten Magnetzünder sind so gebaut, daß die Unterbrecheröffnung bei Frühzündung dann erfolgt, wenn die ablaufende Kante des Ankers etwa 4...8 Grad von der Ablaufkante des Polschuhes entfernt steht. Man nennt die Entfernung der Anker- und Polschuhkante den „A b r i ß" und sagt, der Abriß bei Frühzündung beträgt 4...8 Grad. Dieses Abrißmaß entspricht der Bedingung $\alpha > \frac{\pi}{2c}$.

Es besteht nun also, wie aus den Bildern 28 u. 29 hervorgeht, die leidige Tatsache, daß mit z u n e h m e n d e r V e r s t e l l u n g a u f S p ä t z ü n d u n g b e i n i e d e r e n D r e h z a h l e n d e r S t r o m J a b n i m m t, d i e n i e d e r s t e D r e h z a h l n z u n i m m t, leidig deshalb, weil gerade die Spätzündung für das Anwerfen, das besonders niedere Drehzahl erfordert, in Frage kommt. Dies tritt, wie Bild 36 weiter zeigen wird, um so deutlicher in Erscheinung, je kleiner der Primärdrahtquerschnitt q ist, und ist besonders fühlbar, da die Forderung nach großen Verstellbereichen in den letzten Jahren ständig zugenommen hat.

Aus diesen Gründen ist es naheliegend zu versuchen, durch Abänderung der Polschuhform, also der Flußkurve Φ_e den Strom bei Spätzündung auf Kosten des Stroms bei Frühzündung zu vergrößern. Bild 30 zeigt, wie durch Verringerung des Faktors c, also durch Abflachung der Flußlinie, die Kurve J in Abhängigkeit vom Winkel α verändert werden kann. Man sieht, wie die Spätzündung verstärkt, die Frühzündung abgeschwächt wird, man sieht aber auch, wie man bei Frühzündung in das oben erwähnte unsichere Gebiet gelangt. Aus diesem Grunde genügt eine einfache Änderung der Frequenz der sinusförmigen Flußlinie für unsere Zwecke nicht, vielmehr ist anzustreben, daß der Strom J in Bild 30 bis zu dem Punkt $\alpha_1 = \frac{\pi}{2c}$ unverändert der Linie I folgt, und von α_1 der Linie I zu α_2 der

Linie II übergeht, um dieser von dort ab zu folgen. Die Polschuhform, die diese Verstärkung des Spätzündungsstroms bei niederer Drehzahl anstrebt, nennt man „überlappt". Man verlängert das eine Ende des Polschuhes durch die sogenannte Überlappung, vergrößert aber auf die Breite dieser Verlängerung den magnetischen Widerstand zwischen Anker und Polschuh wesentlich. Am häufigsten geschieht dies dadurch, daß der Luftspalt vergrößert, der Polschuh zurückgestoßen wird, mitunter auch dadurch, daß die Überlappung nicht die ganze Ankerlänge überdeckt (s. Bild 31).

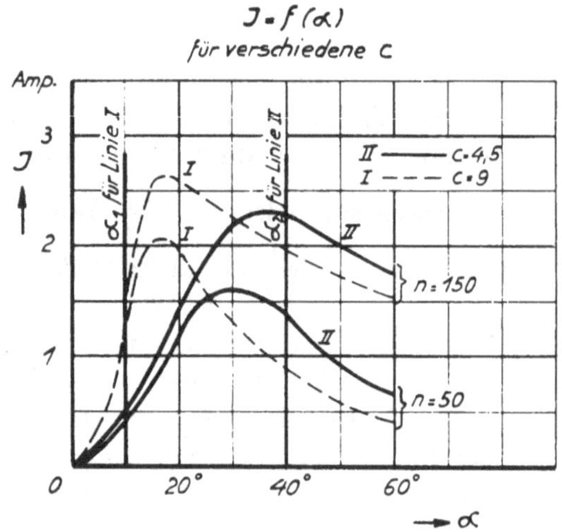

Bild 30. Strom in Abhängigkeit von der Ankerstellung bei verschiedenem Erregerfluß, berechnet nach den Zahlen von Bild 27

Man erreicht auf diese Weise erstens, daß bei Frühzündung der Erregerfluß tatsächlich bereits den Nullpunkt durchschritten hat, daß aber seine Zunahme in entgegengesetzter Richtung langsam vor sich geht, da, solange der Anker noch unter der Überlappung steht, ein guter Teil des Flusses nicht durch den Ankersteg, sondern durch den Streuweg vom einen Polschuh über den Ankerflansch zum andern Polschuh geht. Zweitens wird durch die Überlappung die Induktivität L des Ankerflußkreises wesentlich gesteigert. Dies wirkt schwächend auf den Strom J_m und zwar um so mehr, je höher die Drehzahl ist (Gleichung 23), ist aber andererseits nach Gleichung 7 für die Zündspannung bei gegebenem Strom vorteilhaft, so daß bei sehr niederer Drehzahl die Vergrößerung von L einen Gewinn an Sekundärspannung bedeutet.

Zur Vervollständigung unserer Betrachtungen sind in Bild 32a und b die Primärstromoszillogramme eines überlappten und nicht überlappten Magnetzünders bei verschiedenen Drehzahlen gezeigt. Das Oszillogramm des nicht überlappten Magnetzünders bei Spätzündung (Bild 32b) ist sehr gut mit der berechneten Linie I von Bild 30 vergleichbar, während man das Oszillogramm des überlappten Magnetzünders mit einer berechneten Linie vergleichen müßte, die bis α_1 der Linie I folgt, von dort zu α_2 der Linie II hinaufspringt und dann dieser folgt. Endlich ist aus den Oszillogrammen der Unterschied zwischen Früh- und Spätzündung deutlich zu erkennen.

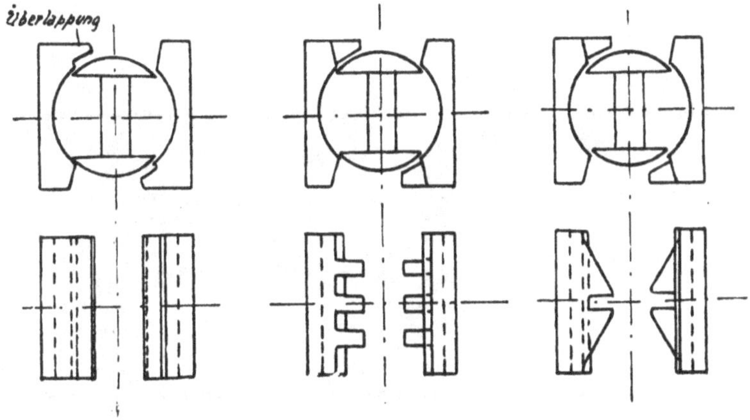

Bild 31. Verschiedene Arten der Überlappung

Wie erwähnt, haben die heute üblichen großen Verstellbereiche, die hohen Kompressionen und die stramme Lagerung der Motoren zu der Forderung nach sehr niederer Drehzahl bei möglichst viel Spätzündung geführt und damit den Anlaß zu der starken Überlappung der meisten Magnetzünder gegeben. Wir dürfen aber dabei keineswegs verkennen, daß die Überlappung die Energie des Magnetzünders bei Frühzündung schwächt, und daß man bei unrichtiger oder übertriebener Anwendung der Überlappung der Leistung des Magnetzünders mehr schaden als nützen kann.

In Bild 33 ist die Schlagweite in Abhängigkeit von der Drehzahl bei Frühzündung und bei 30° Spätzündung aufgetragen, und zwar für einen nicht überlappten und einen überlappten Magnetzünder älterer Bauart. Beide Magnetzünder sind bis auf die Überlappung vollständig gleich. Die Schlagweite ist mit dem ionisierten Spitzenfunkenzieher aufgenommen. Die Linien größerer Schlagweiten zeigen einen der sauberen Kerze entsprechenden Zustand, die beiden Linien mit kleinerer Schlagweite gelten für einen Funkenzieher, dem ein Nebenschluß parallel geschaltet ist, der den in Abschnitt I aufgestellten Verrußungsbedingungen entspricht. Man sieht, daß der stark

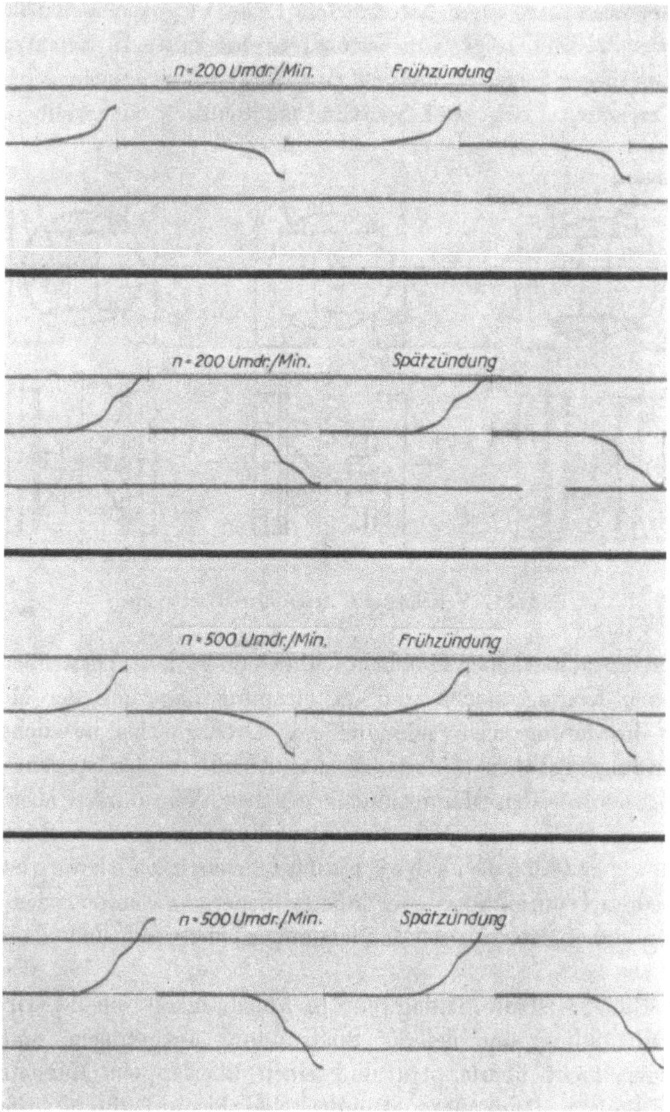

Bild 32 a. Primärstromoszillogramme eines überlappten Magnetzünders

überlappte Magnetzünder bei 30° Spätzündung sogar besser arbeitet als bei Frühzündung, daß er aber hauptsächlich bei Frühzündung dem nicht überlappten im Gebiet starker Nebenschlüsse unterlegen ist.

Ergänzend zeigt Bild 34 die Werte eines neueren Magnetzünders ähnlicher Größe, dessen Überlappung in richtigem Verhältnis zu den

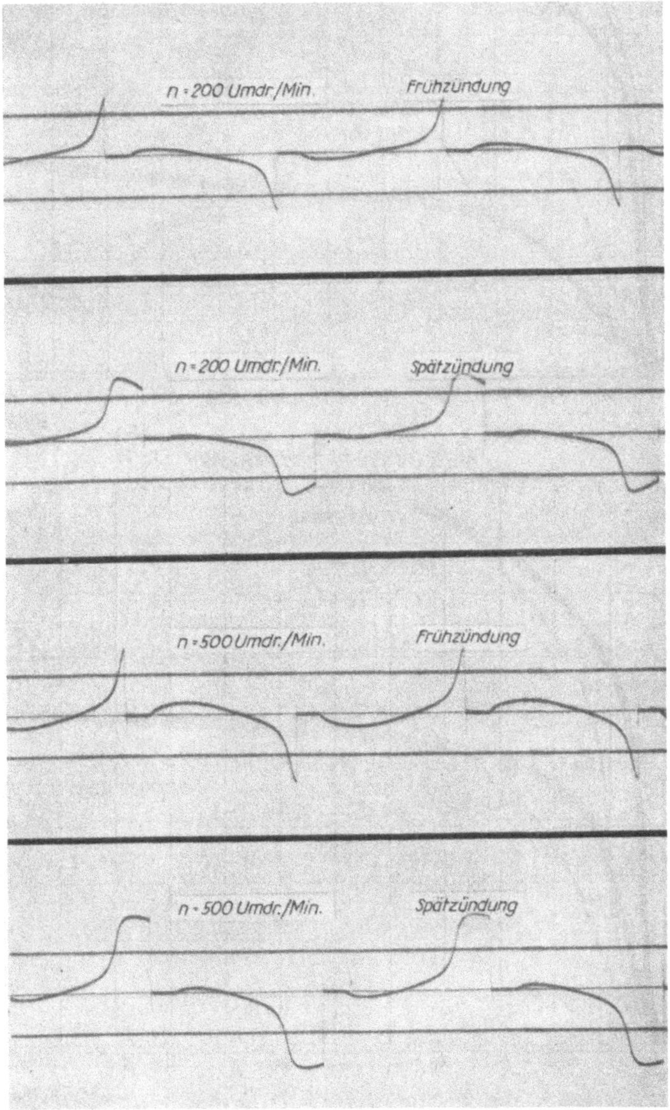

Bild 32 b. Primärstromoszillogramme eines nicht überlappten Magnetzünders

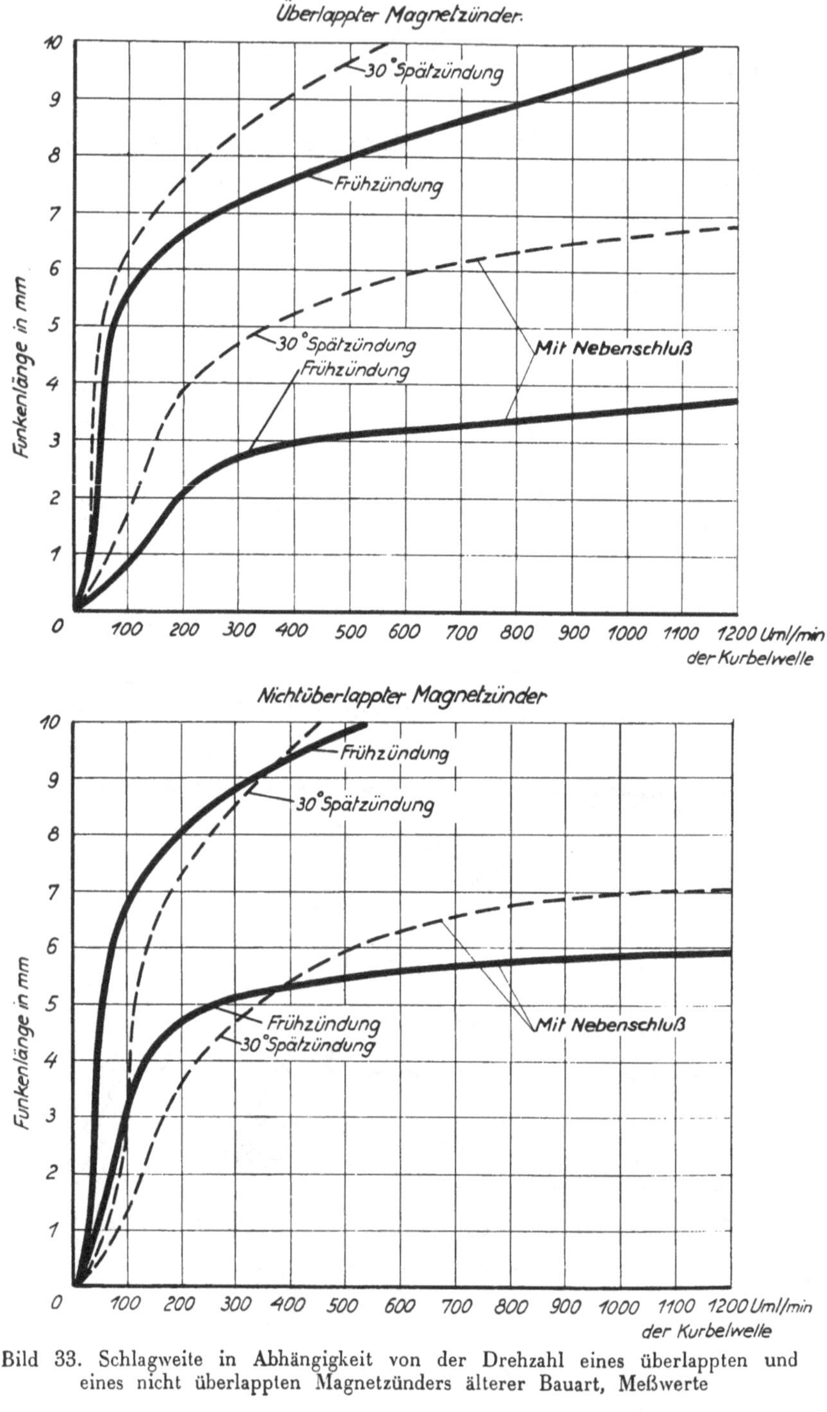

Bild 33. Schlagweite in Abhängigkeit von der Drehzahl eines überlappten und eines nicht überlappten Magnetzünders älterer Bauart, Meßwerte

übrigen Zündergrößen steht, und der deshalb auch im Gebiet starker Nebenschlüsse noch brauchbar ist. Sowohl die Stromoszillogramme wie die in den Bildern 33 u. 34 gezeigten Versuchswerte bestätigen die Brauchbarkeit der oben aufgestellten Gleichungen des Primärstromes.

Angesichts der erwähnten Nachteile, die große Überlappungen mit sich bringen, hat es nicht an Versuchen gefehlt, gutes Arbeiten des Zünders bei jeder Verstellung ohne

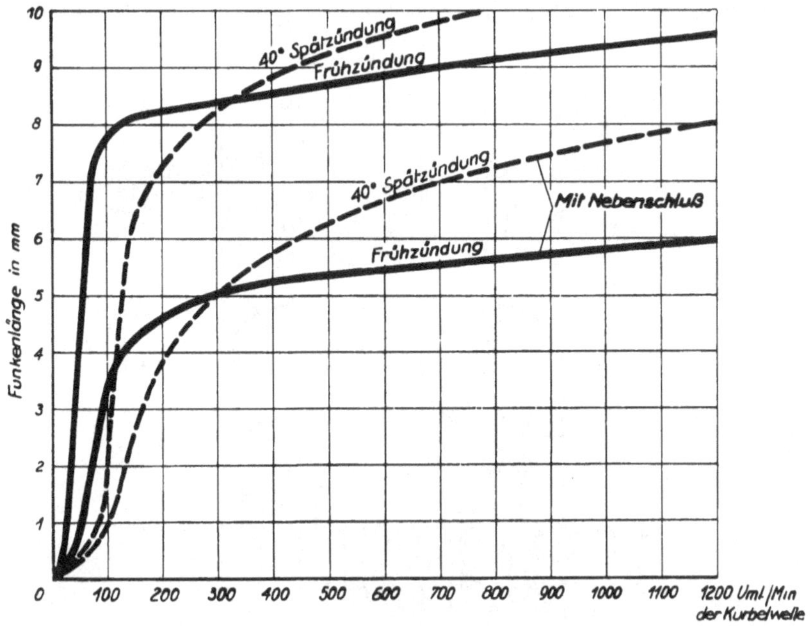

Bild 34. Schlagweite in Abhängigkeit von der Drehzahl eines richtig überlappten Magnetzünders, Meßwerte

Überlappung zu erreichen. Eine Lösung ist z. B. die schwenkbare Hülse, die zwischen Anker und Polschuhen mit dem Unterbrechungs-Organ so gedreht wird, daß der Abriß sich stets gleich bleibt. Bei dieser Art der Verstellung erhält man über den ganzen Verstellbereich annähernd dieselbe Schlagweite. Entsprechend umständlichere Konstruktionen müssen aber in Kauf genommen werden.

Es soll an dieser Stelle noch erwähnt werden, daß ein über ein größeres Gebiet von α aufrecht erhaltener Strom J nicht nur mit Rücksicht auf die Verstellung gewünscht wird, sondern häufig auch für normales Arbeiten bei Frühzündung erforderlich ist, und zwar bei Magnetzündern für Zweizylindermotoren mit V-förmig, d. h. nicht um 180° versetzten Zylindern. Die Zündung erfolgt hier durch einen Magnetzünder, dessen einer Funke beim normalen Frühzündungsabriß des Ankers entsteht, dessen anderer Funke aber nicht wie gewöhnlich um 180°, sondern z. B. bei 45° Zylinder-Versetzung um 202½° gegen den ersten versetzt ist. Dies wird oft lediglich durch entsprechende Formgebung des Nockens erreicht, wobei also beim zweiten Funken der Ankerabriß wesentlich größer ist als beim ersten. Die beiden Abrisse geben deshalb verschiedene Schlagweite, mehr oder weniger, je nach der Überlappung.

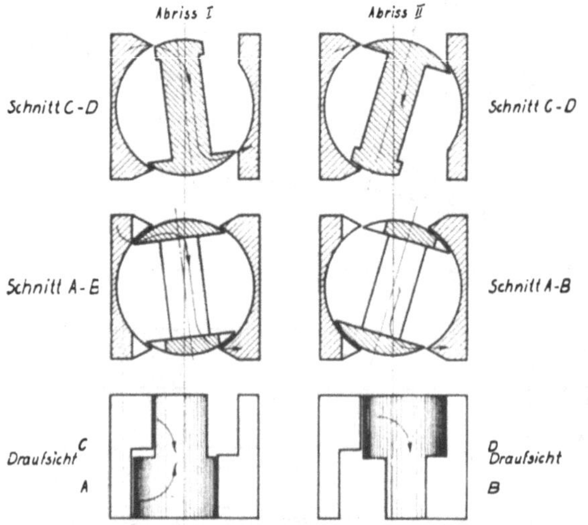

Bild 35. Abgetreppter Polschuh und Anker beim Magnetzünder für V-förmige Zylinderversetzung

Manchmal findet man allerdings bei Magnetzündern für V-Form nicht nur die geläufigen Überlappungen, sondern ganz eigenartige Magnetkreise mit abgetrepptem Anker und Polschuh.

Bild 35 zeigt diese Abtreppungen in Draufsicht und Schnitt für die beiden Abrißstellungen des Ankers. Während beim ersten Abriß die ganze Länge des Ankers von der Polschuhkante gleichmäßig entfernt steht, ist beim zweiten Abriß, nach Drehung des Ankers z. B. um 202½°, nur die halbe Ankerlänge am Abriß beteiligt, die zurückstehende Hälfte der Ankerkante steht dagegen schon ein gutes Stück von der Polschuhkante entfernt. Auch bei dieser Konstruktion erhält man also nicht ganz gleiche Funkenlänge für die beiden Zylinder.

Nachdem wir den Einfluß der Drehzahl und der Ankerstellung α auf den Strom J hinreichend kennengelernt haben, betrachten wir noch kurz den Einfluß des Drahtquerschnitts q und der Windungszahl z in den Bildern 36 u. 37.

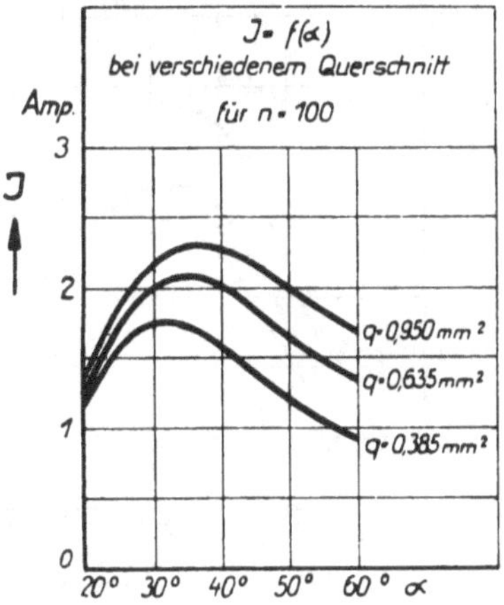

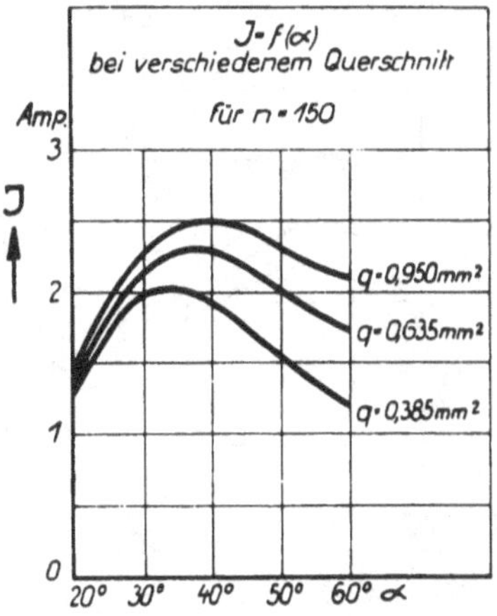

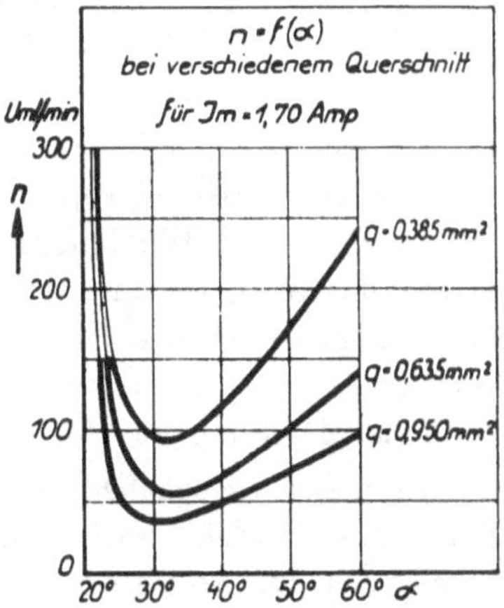

Bild 36. Einfluß des Drahtquerschnitts bei gegebener Windungszahl, berechnet für:

Erregerfluß	Φ_{em}	= 30000 Linien
Induktivität	L	= 20 m H
Primärwindungszahl	z	= 200
mittlere Windungslänge	l	= 8,73 cm
	c	= 4,5

Schon bei der Auswertung der Gleichungen 27 bis 30 hat sich gezeigt, daß neben dem Erregerflußmaximum Φ_{em} der Gesamtkupferquerschnitt $Q = q\,z$ von wesentlichem Einfluß auf die niederste Drehzahl bei Früh- und besonders bei Spätzündung ist. Während der Erregerfluß Φ_{em} von der Größe des permanenten Magneten und von den Eisenwegen abhängt, ist Q durch den verfügbaren Ankerwickelraum, also genau wie Φ_{em} durch die Größe des Magnetzünders gegeben.

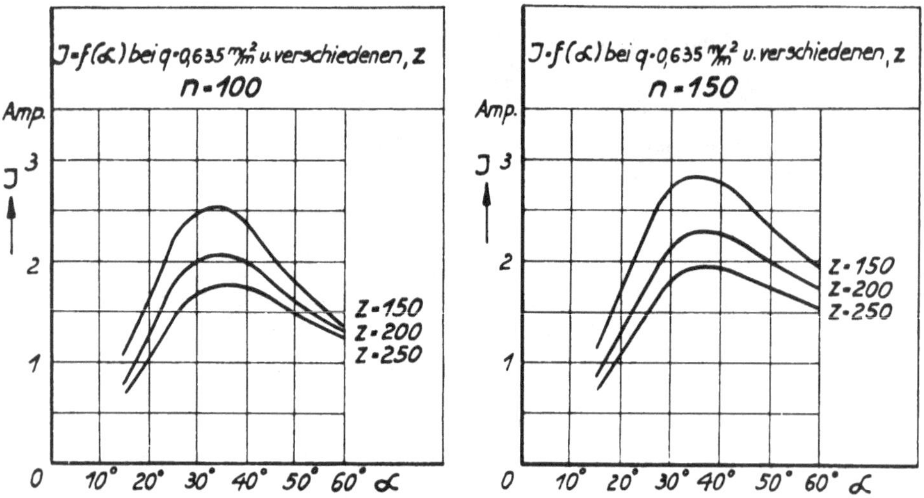

Bild 37. Einfluß der Primärwindungszahl z auf den Primärstrom, berechnet für:
Erregerfluß $\Phi_{em} = 30\,000$
Primärdrahtquerschnitt $q = 0{,}635$ mm²
mittlere Windungslänge $l = 8{,}73$ cm
$c = 4{,}5$

Mit Rücksicht auf die raumverzehrende Isolierung des Drahtes und der Lagen ist es vorteilhafter, großen Drahtquerschnitt q zu wählen als große Windungszahl z. Dabei ist aber Bild 37 zu beachten, das zeigt, wie mit sinkender Windungszahl der Primärstrom steigt, obgleich Q und damit die Sekundärspannung kleiner wird. Eine zu kleine Windungszahl erhöht den Strom unnötig und führt bei hoher Drehzahl zu Unterbrecherfeuer.

Bei dieser Gelegenheit soll kurz über das **Unterbrecherfeuer** gesprochen werden. Nach den bisherigen Erfahrungen ist es abhängig von der Stromstärke im Unterbrechungsaugenblick J_m, von der Spannungsänderung an den Unterbrecherkontakten nach der Unterbrechung $\frac{dE_1}{dt}$ und von der an den offenen Kontakten entstehenden Maximalspannung E_{1m}.

Daß das Unterbrecherfeuer stark zunimmt mit zunehmender Drehzahl n, mit abnehmender Windungszahl z und bei hoher Drehzahl mit zunehmender Spätzündung α, beweist seine Abhängigkeit vom Strom J_m. So sehr hohe Stromstärke bei niederer Drehzahl erwünscht ist, so sehr kann sie durch weitere Steigerung bei hoher Drehzahl zu Anständen wegen Unterbrecherfeuers führen. Die Gleichungen 27 bis 30 zeigen deutlich genug, welchen Einfluß die Größen z, n und α auf den Strom J haben. Hauptsächlich ein Vergleich der Gleichungen 29 und 30 wird den Einfluß der Verstellung bei hoher Drehzahl besonders deutlich machen (siehe auch die Bilder 27 und 28).

Die Abhängigkeit des Unterbrecherfeuers von $\frac{dE_1}{dt}$ wird aus der Tatsache geschlossen, daß es mit zunehmender Kapazität C_1, also mit abnehmender Frequenz der Schwingung kleiner wird, die Abhängigkeit von E_{1m} endlich aus der Tatsache, daß es mit abnehmendem Übersetzungsverhältnis der Primär- und Sekundärwicklung $\frac{z_2}{z}$, d. h. mit zunehmender Primärspannung E_{1m} auftritt, und zwar häufig bei Drehzahlen, bei denen, der Stromstärke nach zu urteilen, noch kein Unterbrecherfeuer zu erwarten wäre. Da die Spannung E_{1m} durch die Überschlagspannung der Funkenstrecke E_{2m} bestimmt ist, kann man das durch E_{1m} bedingte Unterbrecherfeuer auch daran erkennen, daß es bei Verkleinerung des Funkenzieherabstandes fast stets zum Verschwinden gebracht werden kann. Wir haben es also beim Unterbrecherfeuer nicht nur mit einem Lichtbogen, sondern offenbar auch mit einem Überschlag an den Unterbrecherkontakten zu tun.

Inwieweit die Größe der Kontaktoberfläche, d. h. die Stromdichte anstatt der Stromstärke von Einfluß auf das Unterbrecherfeuer ist, läßt sich schwer feststellen, da die tatsächlichen Berührungsflächen klein sind. Diese Frage ist auch weniger wichtig, da die Größe der Kontakte durch die Kontaktabnützung bestimmt wird.

Ebenso sind uns einwandfreie Versuchsergebnisse über den Einfluß der Abhubgeschwindigkeit der Kontakte voneinander nicht bekannt geworden. Dagegen ist bekannt, daß der Kontaktwerkstoff und die Zusammensetzung der umgebenden Luft von außerordentlich großem Einfluß auf das Unterbrecherfeuer sind. Diese Einflüsse sollen jedoch erst bei Besprechung des Unterbrechers selbst am Ende des Abschnitts III behandelt werden.

Die schädliche Wirkung des Unterbrecherfeuers ist eine doppelte: es führt leicht zu Zündungsaussetzern, d. h. zu vereinzeltem oder mehrfachem Ausbleiben des Zündfunkens, da es dem Funken die Energie wegnimmt. Außerdem führt es häufig zu raschem Kontaktabbrand.

Oszillographische Aufnahmen[8]) von Unregelmäßigkeiten beim Unterbrechungsvorgang zeigen die Bilder 38a ... c, und zwar wurde die Spannung zwischen den Kontakten vom Augenblick der Unterbrecheröffnung an aufgenommen. Bild 38a zeigt, wie die Spannung zwischen den Kontakten zunächst nur wenig, auf die sogenannte Lichtbogenspannung anwächst und dann während des Lichtbogens konstant bleibt; erst nach einer bestimmten Zeit, wenn der Unterbrecher weiter geöffnet hat, reißt der Lichtbogen ab und die normale Hochfrequenzschwingung setzt ein. Die Bilder 38b u. c zeigen

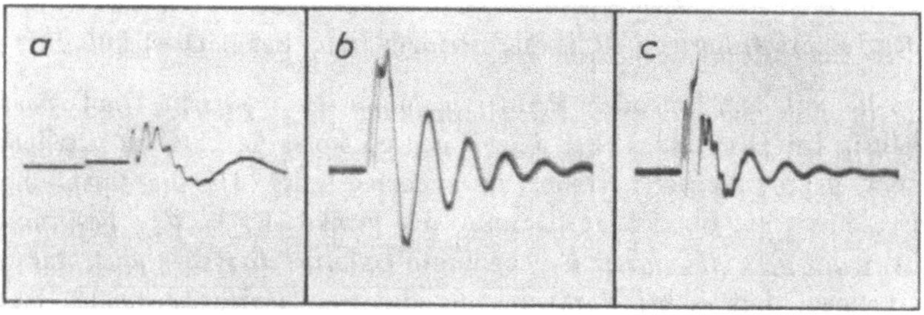

Bild 38. Kathodenstrahl-Oszillogramme, Lichtbogen und Rückzündungen

Rückzündungen: die Spannung steigt sehr steil auf eine im Vergleich zur Lichtbogenspannung große Höhe an, reißt aber plötzlich wieder ab; es entsteht ein Überschlag an den Kontakten, der die Spannung zusammenbrechen läßt. Diese Rückzündung kann einzeln oder auch mehrfach hintereinander auftreten; erst nach ihrem Verlöschen klingt die bisher gestörte Schwingung ungestört aus.

Wir haben auf Grund der entwickelten Gleichungen die einzelnen Faktoren, die auf die Ausbildung des Primärstroms und damit der Sekundärmaximalspannung von Einfluß sind, besprochen. Es muß jedoch hier noch ein Sonderfall betrachtet werden, der bei der Ableitung der Gleichungen nicht berücksichtigt wurde, die **Reststromwirkung.** Wir haben bisher, was bei niederer Drehzahl stets, bei hoher Drehzahl bei vielen Magnetzündern der Fall ist, vorausgesetzt, daß der Strom im Anfangspunkt den Wert Null haben soll.

---

[8]) Über den Kathodenstrahl-Oszillographen s. S. 44.

Dies trifft nicht zu, wenn der Unterbrecher zu früh, d. h. schon ehe der Fluß sein Maximum erreicht hat, schließt. Dieser Fall, der bei dem Oszillogramm des nicht überlappten Magnetzünders in Bild 32b gerade noch zu erkennen ist, ist bei einem richtig konstruierten Magnetzünder fast ganz vermeidbar. Die zweite Möglichkeit, bei der der Anfangsstrom nicht Null wird, kommt jedoch vor.

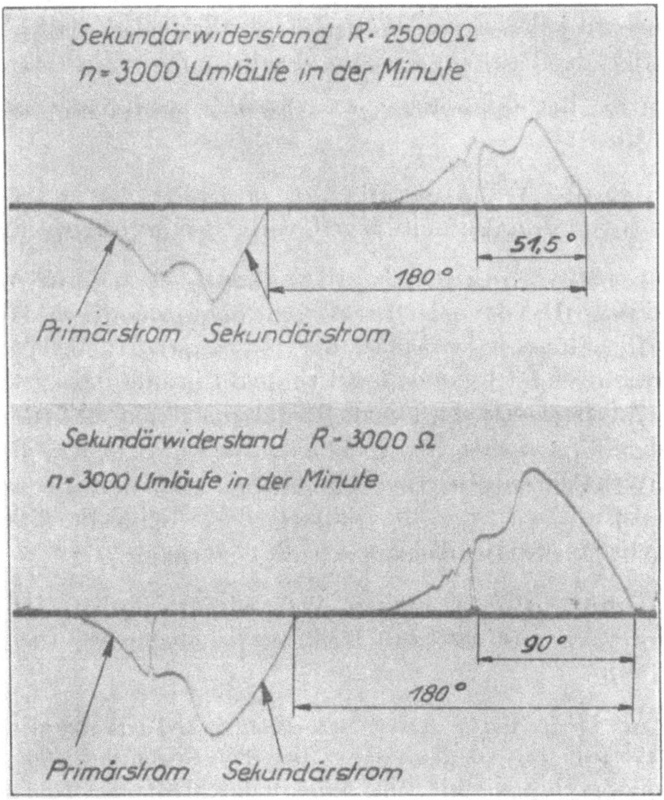

Bild 39. Sekundärstromoszillogramme mit Ankern verschiedenen Sekundärwiderstands

Wir wissen aus Abschnitt I, daß dem Überschlag an der Zündkerze ein Lichtbogen mit allmählich abnehmendem, aber ziemlich lang anhaltendem Strom folgt. Bei hoher Drehzahl folgen die Funken sehr rasch aufeinander, und es ist möglich, daß der Lichtbogen noch nicht erloschen ist, wenn der Unterbrecher schon wieder schließt und ein neuer Primärstrom entsteht. Das Feld des abklingenden

Sekundärstroms ist, da der Flußwechsel bei dem normalen Magnetzünder nach einer halben Umdrehung stets in der zu dem vorhergehenden Flußwechsel umgekehrten Richtung erfolgt, dem entstehenden Ankerfeld stets entgegengesetzt gerichtet. Es verringert den Primärstrom und damit die Sekundärspannung und führt bei hoher Drehzahl zu Aussetzern, die immer an der Kerze von zweien auftreten, an der die größere Überschlagspannung erforderlich ist. Je höher die Drehzahl, je kleiner die Öffnungsdauer des Unterbrechers und je kleiner der Widerstand des Sekundärkreises ist, desto mehr wirkt der Reststrom schwächend auf den folgenden Flußwechsel.

Um die Reststromwirkung zu vermeiden, gibt es demnach folgende Mittel:

1. Große Öffnungsdauer. Inwieweit dies zulässig ist, werden wir in dem Abschnitt über Unterbrecher zu betrachten haben.

2. Großer Sekundärwiderstand, etwa durch Verwendung dünnen Drahtes oder Drahtes mit hohem spezifischen Widerstand. Die Stromoszillogramme, Bild 39, zeigen das Abklingen des Sekundärstroms im Lichtbogen bei ein und demselben Magnetzünder, dessen Anker einmal einen Sekundärwiderstand von 3000 Ohm und dann durch Verwendung von Nickelindraht einen Sekundärwiderstand von 25 000 Ohm aufwies. Der Primärstrom war, wie man sieht, in beiden Fällen genau derselbe. Die erste hohe Spitze des Sekundärstromes ist in den Oszillogrammen nicht erkennbar.

3. Verwendung einer Vorschalt- oder Lösch-Funkenstrecke, die den Lichtbogen unterbindet (siehe Abschnitt V).

4. Verwendung eines in den Sekundärkreis geschalteten Kondensators, der den Stromstoß mit hoher Änderungsgeschwindigkeit (Überschlag) durchläßt, den langsam abfallenden Lichtbogen aber unterbindet (sogenannter Sperrkondensator).

Auf diese verschiedenen Mittel werden wir bei der Besprechung der einzelnen Zündertypen nochmals hinweisen.

3. Vergleich von Magnet- und Batteriezündung

Ehe wir auf die einzelnen Konstruktionsteile der Zünder eingehen, haben wir uns hier noch kurz mit den Vor- und Nachteilen der Batteriezündung gegenüber der Magnetzündung zu beschäftigen[9]). Der Kampf um die beiden Zündungsarten wurde eine Reihe von Jahren erbittert geführt. Heute ist er dahin entschieden, daß beide Systeme nebeneinander ihre volle Daseinsberechtigung haben: Der Batteriezünder ist für den normalen Gebrauchswagen ausreichend betriebssicher und wird infolge seines niedrigen Preises im Personenwagenbau fast ausschließlich verwendet; der Magnetzünder hat dort eine Berechtigung, wo besondere Anforderungen an unbedingte Betriebssicherheit sowie Unabhängigkeit von der Wartung der Batterie gestellt werden.

Aus den früheren Ableitungen geht hervor, daß der Primärstrom, also auch die Sekundärspannung, mit zunehmender Drehzahl beim Magnetzünder steigt (siehe Bild 27) und beim Batteriezünder sinkt (siehe Gleichung 12), daß also der Magnetzünder bei niederen, der Batteriezünder bei hohen Drehzahlen sein kritisches Gebiet hat. Andererseits ist aus Abschnitt I bekannt, daß für das Anlassen hohe Schlagweite, bei hoher Drehzahl aber zumeist kleine Schlagweite erforderlich ist. Daraus folgt zunächst, daß sich die Charakteristik (Schlagweite in Abhängigkeit von der Drehzahl) des Batteriezünders besser den Ansprüchen des Motors anpaßt als die des Magnetzünders, zumal beim Magnetzünder infolge des mit zunehmender Drehzahl steigenden Stromes bei hoher Drehzahl das lästige Unterbrecherfeuer auftritt und außerdem infolge des Flußwechsels mit der Reststromwirkung gekämpft werden muß, was bei der Batteriezündung wegen der dauernd gleichen Stromrichtung nicht der Fall ist. Dazu kommt, daß der Batteriezünder im Gegensatz zum Magnetzünder elektrisch vollkommen unabhängig von der Verstellung ist.

Wenn nun auch unter einer gewissen niedrigen Motordrehzahl kein zündfähiges Gemisch angesaugt wird, in diesem Bereich also die hohe Schlagweite des Batteriezünders nutzlos ist, so ist doch in den letzten Jahren durch die Verbesserung der Vergaser dieser Grenzwert der Drehzahl immer weiter heruntergedrückt worden.

Dagegen ist aber zu beachten, daß der Strom bei der Batteriezündung mit zunehmender Drehzahl rascher sinkt, als aus Gleichung 12 hervorgeht (siehe Bild 17), da bei sehr hohen Drehzahlen die Unterbrecherschließung infolge des in Abschnitt III zu besprechenden Nachzitterns unvollständig wird. Eine genügend lange Unterbrecher-

[9]) Vgl. E. C. Raßbach, Die elektrische Ausrüstung von Kraftfahrzeugen, Berlin 1927, VDI-Zeitschrift, Heft 49 und 50.

schließung ist jedoch nachgewiesenermaßen beim Batteriezünder wichtiger für zuverlässiges Arbeiten als beim Magnetzünder, da beim Magnetzünder bei hoher Drehzahl die rotatorisch erzeugte elektromotorische Kraft infolge ihrer Größe leichter einen Strom durch den mangelhaft geschlossenen Primärkreis schickt als die konstante kleine Batteriespannung bei der Zündspule. Diese größere Abhängigkeit des Batteriezünders von Güte und augenblicklichem Zustand des Unterbrechers wird beim Vergleich der Zündsysteme fast stets außer acht gelassen, ist aber in der Praxis mit Rücksicht auf die erreichbare Höchstgeschwindigkeit des Kraftfahrzeuges, vor allem für Rennmotoren, wesentlich. Derselbe Unterbrecher, der beim Magnetzünder bei 5000 Motoruml/min nicht zu Aussetzern führt, kann unter Umständen beim Batteriezünder schon bei 4000 Motoruml/min ein Versagen der Zündung hervorrufen. In dieser Hinsicht ist man also beim Batteriezünder noch mehr auf Qualitätsarbeit und Erfahrung im Zünderbau angewiesen als beim Magnetzünder; insbesondere für hohe Drehzahlen und Zylinderzahlen wird die Konstruktion der Batteriezündung recht kompliziert, so daß sich der zu ihren Gunsten bestehende Preisunterschied wesentlich verringert.

Man kann natürlich sowohl einen Magnetzünder wie einen Batteriezünder so konstruieren, daß er den Anforderungen eines Verbrennungsmotors vollauf genügt. D. h. man kann den Magnetzünder so bauen, daß er bei der niedersten praktisch vorkommenden Drehzahl, und einen Batteriezünder so, daß er bei sehr hoher Funkenzahl genügende Funken erzeugt. Dabei ist die Frage nach dem Herstellungspreis in den Vordergrund zu stellen.

Rechnet man zum Batteriezünder nur den Preis des Verteilers, des Unterbrechers und der Zündspule, so ist der Batteriezünder unter allen Umständen wesentlich billiger als der in der Leistung gleich gute Magnetzünder. Diese Preisspanne ist zugunsten des Batteriezünders um so größer, je mehr von dem Zünder im Gebiet niederer Drehzahlen verlangt wird, d. h. je niederer die niederste Drehzahl und je größer dabei die Schlagweite sein muß, sie ist weiterhin um so größer, je geringer die Anforderungen im Gebiet hoher Funkenzahlen sind, d. h. je kleiner die Zylinderzahl, je kleiner die Höchstdrehzahl und je kleiner die bei dieser Höchstdrehzahl verlangte Schlagweite ist. Wir erinnern uns dabei der Tatsache, daß der Strom des Magnetzünders und damit seine Sekundärspannung bei niederer Drehzahl und damit die sogenannte „Niederste Drehzahl“ in der Hauptsache vom Wickelraum und der Magnetgröße (Kupferquerschnitt Q und Fluß Φ_{em}), d. h. vom Preis des Magnetzünders abhängig sind.

In den letzten Jahren sind durch Verbesserungen auf dem Vergasergebiet und durch die Forderung, daß auch bei sehr großer Kälte der Motor einwandfrei anspringen muß, die Ansprüche an die niederste Drehzahl erheblich gestiegen, andererseits hat sich durch sparsame Gemischeinstellung des Vergasers die erforderliche Spannung an den Zündkerzen und damit die vom Zünder geforderte Schlagweite, insbesondere im Gebiet niederer Drehzahlen so gesteigert, daß man heute von einer Vervielfachung der verlangten Schlagweiten gegenüber früher sprechen kann. Diese beiden Gesichtspunkte haben zugleich mit dem Wunsch, die Zündanlage entsprechend den sinkenden Wagenpreisen äußerst billig zu gestalten, der Batteriezündung geholfen, das Feld mindestens auf dem Personenwagengebiet völlig zu erobern. Dazu kommt, daß gerade die sparsame Vergasereinstellung weniger als früher Schwierigkeiten mit verrußten Kerzen bringt, und daß deshalb die Energie, die man früher bei hoher Drehzahl oft zum Sauberbrennen der Kerzen dringend benötigt hat und die nur der Magnetzünder, nicht aber der Batteriezünder liefert, heute nicht mehr erforderlich scheint.

Ferner erübrigt es sich heute, zum Batteriezünder auch den Anschaffungspreis der Batterie hinzuzurechnen, da bis auf Sondergebiete (z. B. Traktoren) heute alle Fahrzeuge mit Batterie, Lichtmaschine und Anlasser ausgerüstet sind. Lediglich in den Sonderfällen, wo das Fahrzeug noch keine Batterie enthält, ist natürlich die Batteriezündung mit der Magnetzündung nicht konkurrenzfähig, da der Einbau von Batterie und Lichtmaschine die Anlage zu sehr verteuern würde.

Auf den vermehrten Wattverbrauch, den der Batteriezünder im Gegensatz zum Magnetzünder hat, muß dort Rücksicht genommen werden, wo die Lichtmaschine an sich knapp bemessen ist, wie z. B. an Krafträdern. Aber auch durch die Vergrößerung der Lichtmaschine wird die Preisspanne zwischen den beiden Zündungsarten nur zu einem Teil ausgeglichen.

Zu der Preisspanne der Zündanlagen an sich kommt noch die Tatsache, daß der Zündverteiler des Batteriezünders einfacher und billiger am Motor einzubauen ist als der Magnetzünder, der größere umlaufende Massen hat und mehr Platz braucht.

Bis vor wenigen Jahren ist es berechtigt gewesen, dem höheren Preis des Magnetzünders die geringere Betriebssicherheit des Batteriezünders gegenüberzustellen. Dies gilt heute nicht mehr im selben Maße. Gewiß, der Magnetzünder ist ein in sich geschlossenes Ganzes und erzeugt die Zündspannung unabhängig von irgendeinem Element außerhalb dieser in sich geschlossenen Maschine. Die Betriebssicherheit der Zündung hängt also bei ihm lediglich von seiner eigenen Betriebssicherheit ab.

Die Betriebssicherheit des Batteriezünders dagegen ist nicht nur abhängig von der Betriebssicherheit der unmittelbar zur Zündung gehörigen Teile: Spule, Unterbrecher und Verteiler, sie wird vielmehr mit bestimmt durch die Betriebssicherheit der Lichtmaschine, der Batterie, des Schaltkastens und der zwischen Lichtmaschine und Batterie, zwischen Batterie und den Zündungsteilen liegenden Stromleitungen und ihrer Anschlüsse.

Dem muß aber heute hinzugefügt werden, daß die Lichtmaschine und insbesondere die Akkumulatorenbatterie in den letzten Jahren in einem Maße weiterentwickelt worden sind, daß ihre Lebensdauer und Betriebssicherheit ganz wesentlich zugenommen haben, daß ferner auch die zweckentsprechende Ausbildung der Leitungen und ihrer Anschlüsse so verbessert worden ist, daß bei sachgemäßer Leitungsverlegung die früher aufgetretenen Störungen nahezu restlos beseitigt sind.

Ein nicht unwesentlicher Grund für die Überlegenheit des Magnetzünders bezüglich der Betriebssicherheit war bislang die Tatsache, daß man beim Magnetzünder hochwertigeren Kontaktwerkstoff verwenden konnte als beim Batteriezünder, nämlich Platin. Die später näher zu besprechende Kontaktwanderung, die beim Batteriezünder mit seiner immer gleichen Stromrichtung immer stärker auftritt als beim Mehrzylinder-Magnetzünder, zwingt beim Batteriezünder zur Verwendung wenig wandernden Kontaktwerkstoffs, zumeist Wolfram. Nun sind Platinkontakte zwar wesentlich teurer, aber auch betriebssicherer als Wolframkontakte, weil Wolfram im Gegensatz zu Platin ein nicht leitendes Oxyd an der Kontaktoberfläche bildet, so daß bei Wolfram die Unterbrecherschließung weniger gewährleistet ist als bei Platin. Tatsächlich sind schon vielfach Anstände wegen schlechter Leitfähigkeit der Wolframoberfläche aufgetreten; sie können allerdings durch Reinigen der Kontakte fast stets behoben werden. Beim Mehrzylinder-Magnetzünder, wo die Anwendung des Platinkontaktes grundsätzlich möglich ist, kann dieser Mangel vermieden werden. Die Tatsache aber, daß heute schon fast überall, wo noch Magnetzünder verwendet werden, diese mit Wolframkontakten ausgerüstet sind, beweist einerseits, daß die Kontaktschwierigkeiten beim Wolframkontakt nicht zu schwer genommen werden dürfen, andererseits, daß der Preis der Platinkontakte, von Sonderfällen abgesehen, einfach nicht mehr bezahlt werden kann.

Fassen wir alle diese Gesichtspunkte zusammen, so werden wir gerechterweise sagen können:

1. Der Batteriezünder ist billiger und leichter einzubauen als der Magnetzünder, und zwar eignet er sich um so besser, je niederer die Funkenzahl gleich Steuerwellendrehzahl × Zylinderzahl ist.
2. Der Magnetzünder ist auf all den Sondergebieten am Platze, wo keine Batterie vorhanden ist, wo eine sachgemäße Pflege der Batterie nicht gewährleistet werden kann, oder wo ganz besondere Anforderungen an die Betriebssicherheit gestellt werden.

   Dementsprechend beherrscht die Batteriezündung gegenwärtig das Gebiet des Personenwagens nahezu vollständig, während der Magnetzünder noch im Flugzeug, Feuerlöschwagen, Heeresfahrzeug, Omnibus, Traktor und teilweise im Lastwagen, Motorboot und Motorrad eine Rolle spielt.

Den Vergleich der Zündungsarten soll ein kurzer Abschnitt über die sogenannte batterielose Dynamozündung beschließen. Man versteht darunter eine Zündung, die im übrigen dieselben Teile wie die Batteriezündung aufweist, der aber die Batterie fehlt, die also lediglich von der Lichtmaschine den Primärstrom erhält. Man hat immer wieder versucht, eine brauchbare reine Dynamozündung für Kraftwagen zu bauen, bisher ohne Erfolg. Die Lösung der Aufgabe scheitert an einer grundlegenden Tatsache: eine sich selbst erregende Lichtmaschine muß mit einer bestimmten Drehzahl angetrieben werden, um die für die Zündung nötige Energie zu liefern; diese Drehzahl liegt sehr hoch, vorausgesetzt, daß die Maschine nicht unwirtschaftlich groß werden soll. Da mit Rücksicht auf hohe Motordrehzahlen die Übersetzung zwischen Kurbelwelle und Lichtmaschine nicht beliebig hoch gewählt werden kann, geht dadurch der Hauptvorteil der Batteriezündung: leichtes Anwerfen, völlig verloren. Man kommt bei Preisberechnungen stets zu folgendem Ergebnis: eine Dynamozündung, deren Lichtmaschine nur so groß ist, daß die Dynamozündung nicht teurer wird als die Magnetzündung, ist der Magnetzündung stets hinsichtlich des Anlassens unterlegen. Da heute fast alle Kraftwagen, die eine Lichtmaschine besitzen, schon mit Rücksicht auf die Standbeleuchtung mit einer Akkumulatorenbatterie ausgerüstet sind, ist auch das Bedürfnis nach der Dynamozündung mehr und mehr zurückgegangen.

Anders beim Kraftrad. Dort ist der Gedanke, die Zündspule in der Regel an die Batterie und nur im Falle des Versagens der Batterie von dieser weg an die auf konstante Spannung regulierende Lichtmaschine zu schalten, nicht von der Hand zu weisen. Auf diese Weise kann bei Versagen der Batterie das Kraftrad durch Schieben mit möglichst hoher Geschwindigkeit in Gang gebracht oder bei großer und günstig bemessener Lichtmaschine sogar mit Kickstarter angetreten werden. Ist der Motor einmal im Gang, so kann anstandslos mit dieser Dynamozündung gefahren werden. (Auf die Nachteile, die sich bei Regelung der Lichtmaschine mit dritter Bürste bei ausfallender Batterie ergeben, ist in dem Abschnitt über Lichtmaschinen hingewiesen.) Der hier angedeutete Ausweg ist deshalb bei Krafträdern besonders wertvoll, weil gerade dort bekanntlich die Batterie am meisten beansprucht und am häufigsten gestört ist.

III. Wesentliche Konstruktionsteile des Zünders

1. Magnetischer Kreis

Wir betrachten nun die wesentlichen Konstruktionsteile des Zünders und beginnen mit dem **permanenten Magneten.** Wir beschränken uns also vorläufig auf die Magnetzündung.

Im letzten Abschnitt wurde dargelegt, daß einer der wichtigsten Gesichtspunkte für Spannung und Leistung eines Magnetzünders der den Anker durchsetzende maximale Erregerfluß Φ_{em} ist; dabei wurde jedoch nicht näher auf die Erzeugung dieses Erregerflusses eingegangen. Betrachten wir nun wieder in Bild 40 das Urbild des Magnetzünders, so wird uns klar, daß der Fluß Φ_{em} ein Teil des den Magneten durchsetzenden Erregerflusses Φ ist, und zwar ist $\Phi = \Phi_e + \Phi_n$, wo Φ_n den durch den Streuweg gehenden Nebenschluß-Fluß darstellen soll.

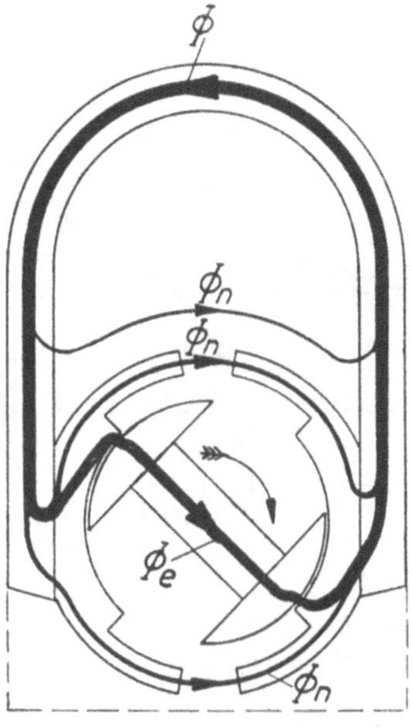

Bild 40. Magnetflußschema

Der Fluß des Magneten Φ hängt nun bekanntlich ab von dem Querschnitt des Magneten und der ihm eigenen magnetischen Induktion: $\Phi = B.Q$. Die an den Polen des Magneten auftretende magnetische Spannung ist $E_M = H.l$, wenn H die Feldstärke und l die wirksame Länge des Magneten bedeuten. Die Veränderung des Flusses BQ mit der magnetischen Spannung H · l, die allgemein bekannte Magnetisierungslinie, zeigt Bild 41. Beim Magnetisieren des Magneten durch eine magnetomotorische Kraft H · l erreicht Φ seinen höchsten Wert. Wird daraufhin H = O, so behält der Magnetstahl einen bestimmten Wert von B bei. Diesen Wert (B_r) nennt man die wahre Remanenz des Magneten für H = O und den entsprechenden Wert $B_r Q = \Phi_r$ den Remanenzfluß. Entmagnetisiert man den Magneten durch negatives H · l so sehr, daß er unmagnetisch, also B = O wird, so nennt man den entsprechenden Wert von $H = H_c$ die Koerzitivkraft des Magneten für B = O. Die Remanenz B_r ist das Maß für den Magnetismus eines widerstandlos geschlossenen Magneten nach Abschalten der magnetisierenden Erregung, die Koerzitivkraft H_c das Maß für die Entmagnetisierungsstärke, die aufgewandt werden muß, um die Remanenz zu beseitigen. Beide Maße sind wichtig für die Beurteilung der Güte eines Magnetstahls, was die folgenden Sätze noch deutlicher zeigen werden.

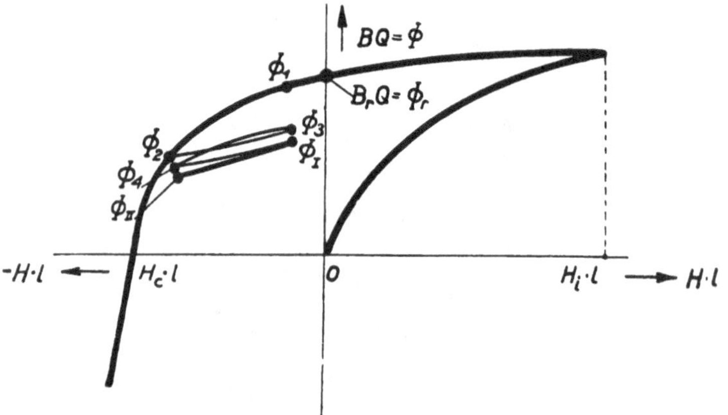

Bild 41. Arbeitsbedingungen des Zündermagneten

Der Anker des Magnetzünders möge so stehen, daß der volle Magnetfluß sich ausbilden kann, und der Magnet sei durch eine bestimmte magnetmotorische Kraft $H_i \cdot l$ magnetisiert, die etwa von einem starken Elektromagneten, der sogenannten Magnetisiervorrichtung, herrühren kann. Nach Ausschalten des Magnetisierfeldes sinkt der Fluß des Magneten nicht etwa auf den Wert Φ_r, sondern auf einen nahe darunter liegenden Wert Φ_1 infolge des allerdings kleinen äußeren Widerstandes des magnetischen Kreises und der dadurch vorhandenen magnetischen Spannung. Dreht sich nun der Anker, so steigt die magnetische Spannung zwischen den Magnetpolen erstens infolge der Zunahme des äußeren magnetischen Widerstands zwischen den Polschuhen und hauptsächlich zweitens infolge der dem Magnetfluß entgegenwirkenden magnetomotorischen Kraft, die von dem in der Ankerwicklung fließenden Strom erzeugt wird. Auf diese Weise sinkt beim Arbeiten des Magnetzünders der Fluß Φ auf einen wesentlich kleineren Wert Φ_2, von dem er sich allerdings wieder etwas erholt, nachdem beim Weiterdrehen des Ankers die besprochene magnetomotorische Kraft des Ankers Null geworden ist. Doch erreicht Φ nicht mehr den Wert Φ_1, sondern einen neuen Wert Φ_3 (s. Bild 38), von dem er bei weiter umlaufendem Anker erneut auf den Wert Φ_4 sinkt. Dieses Spiel geht jedoch nicht ins Endlose fort, findet vielmehr bald seinen Abschluß bei einem Mindestwert von $\Phi = \Phi_I$ und $\Phi = \Phi_{II}$, der für jeden Magnetzünder bestimmt gegeben ist. Während des weiteren Arbeitens des Magnetzünders schwankt $BQ = f\ (H \cdot l)$ ständig zwischen Φ_I und Φ_{II} hin und her, und zwar auf einer Schnabelschleife, die einer Geraden nahekommt und die man als *Arbeitslinie des Magnetzünders* bezeichnen kann.

Die *Schwächung* des Magneten ist bei normalem Betrieb des Zünders besonders intensiv dann, wenn der Primärstrom groß ist und bei einer Ankerstellung auftritt, bei der das Ankerfeld besonders stark auf den Magneten wirkt. Dies ist der Fall hauptsächlich bei hoher Drehzahl und Spätzündung, vor allem aber dann, wenn auch in der Öffnungsperiode des Unterbrechers stoßweise Kurzschlüsse auf die Primärwicklung erfolgen. Diese Kurzschlüsse sind deshalb nichts Außergewöhnliches, weil die Magnetzündung durch plötzliches Kurzschließen des Unterbrechers mit dem Schlüsselschalter bei beliebiger Ankerstellung abgestellt wird. Durch das Kurzschließen der Primärwicklung bei hoher Drehzahl wird der Magnet außerordentlich rasch auf die Arbeitslinie gebracht. Schon einige Kurzschlußstöße, die viel stärker wirken als dauernder Kurzschluß, können den Magnetzünder in seinen sogenannten geschwächten Zustand bringen, d. h. eben in den Zustand, in dem der Magnet der Arbeitslinie folgt.

Man hat also mit der Tatsache zu rechnen, daß ein frisch magnetisierter *Magnetzünder im Lauf des Betriebs in der Leistung* bis zu einem bestimmten Mindestmaß *nachläßt*, ist aber glücklicherweise in der Lage, beim Bau und bei der Prüfung eines Magnetzünders genau diese Mindestleistung bestimmen und hervorrufen zu können. Nur wenn der magnetische Kreis durch Herausziehen des Ankers oder gar Abziehen des Magneten unzulässig geöffnet oder der Magnet, z. B. durch Batteriestrom in der Primärwicklung des Zünders, entmagnetisiert wird, kann die Arbeitslinie noch wesentlich tiefer sinken, als dies bei normalem Betrieb der Fall ist. Der Magnetzünder wird dann häufig seinen Dienst solange versagen, bis er wieder frisch magnetisiert ist. Aus diesem Grunde kann nicht dringend genug vor dem Auseinandernehmen eines Magnetzünders durch andere als Sachverständige gewarnt werden.

Wohl zu beachten ist, daß die *Schwächung des Magneten lediglich eine Betriebsbedingung*, nicht aber eine Veränderung der magnetischen Eigenschaften (Koerzitivkraft und Remanenz) des Magneten bedeutet. Erneutes Magnetisieren bringt den Magneten sofort wieder in den ungeschwächten Zustand. Im Gegensatz dazu steht das sogenannte *Altern* des Magneten, das aber glücklicherweise nur in ganz geringem Maße auftritt. Als Altern wird ein geringes Abnehmen der Koerzitivkraft im Laufe der Jahre bezeichnet, das bei den meisten Stahlarten zu beobachten ist und durch Erwärmung stark beschleunigt werden kann. Die Zündermagnete werden in der Regel nach der Härtung durch Kochen künstlich gealtert, so daß ein späterer Einfluß auf die Zündleistung praktisch ausgeschlossen ist.

Nach den bisherigen Betrachtungen ist also für den den Primärstrom erzeugenden Fluß Φ_{em} der maximale Magnetfluß der Arbeitslinie $\Phi_m = B_I\,Q = \Phi_I$ maßgebend. Der Unterschied des tatsächlichen Flusses Φ_I von dem sogenannten Remanenzfluß Φ_r hängt ab vom Verlauf der Arbeitslinie, d. h. sowohl von der Qualität des Magnetstahls und der Magnetabmessungen, die die Linie $BQ = f(H \cdot l)$ und die Wiederholungslinie ($\Phi_2 \ldots \Phi_3$ in Bild 41) bestimmen, als auch von den schwächenden Einflüssen der dem Fluß entgegenwirkenden magnetomotorischen Kräfte.

Aus diesem Grunde ist die Beurteilung der *Brauchbarkeit eines Magnetstahls* für Magnetzündung gar nicht einfach, und es sind schon sehr verschiedene Bewertungsmaßstäbe zur Anwendung gekommen. Auch über dieses Gebiet gibt ein Vortrag von E. A. Watson[1]) interessante Aufschlüsse. Dabei gibt Watson als Gütemaßstab für Magnetstahl das Maximum des Produktes B.H aus der B-H-Linie zwischen B_r und H_c an. In Deutschland wird häufig das Produkt aus Remanenz B_r und Koerzitivkraft H_c als Gütezahl des Magnetstahls angegeben. Diese Gütezahl ist zwar weniger genau als der Wert BH_{max}, aber wesentlich einfacher zu ermitteln, da nicht die Aufnahme der ganzen Magnetisierungslinie erforderlich ist. Es ist nicht möglich, hier auf das umfangreiche Gebiet des Magnetstahls, seiner Zusammensetzung, Herstellung und Nachbehandlung ausführlich einzugehen, vielmehr möge nur kurz besonders Wichtiges zusammengefaßt werden!

Zu Magnetzündern werden heute in der Hauptsache 3 verschiedene Stahlarten verwendet: 1. Chromstahl, 2. Wolframstahl, 3. Kobaltstahl. Innerhalb dieser drei Stahlarten sind wieder Verschiedenheiten in der Zusammensetzung und dementsprechend in den magnetischen Eigenschaften vorhanden. In der Tafel Bild 42 sind die gebräuchlichen und wesentlichen Beimengungen dieser Stahlarten und ihre magnetischen Eigenschaften ungefähr angegeben, lediglich zu dem Zweck, die Unterschiede dieser Stahlarten einigermaßen zu charakterisieren. Dabei ist jeweils die zweckmäßigste Härtung des Stahles vorausgesetzt.

In den letzten Jahren ist immer mehr der teurere Kobaltstahl verwandt worden. Da Kobaltstahl hohen Kobaltgehalts hinsichtlich seiner magnetischen Eigenschaften anderen Stahlarten gegenüber zweifellos der wertvollere ist, also die gleiche Energie in kleinerem Stahlvolumen enthält, eignet er sich besonders für Bauarten, bei denen aus Platzmangel oder sonstigen konstruktiven Gründen das Volumen, besonders die Länge des Magnets, möglichst klein gehalten werden muß.

Dort, wo sich durch Verwendung von Kobaltstahl wesentlich einfachere Konstruktionen ergeben, ist er auch wirtschaftlich berechtigt. Dort jedoch, wo Gewicht und Raumausnutzung keine derart ausschlaggebende Rolle spielen, wird man statt des teureren Kobaltstahls den billigeren Chrom- oder Wolframstahl verwenden. Chromstahl wird gegenwärtig in Deutschland in stärkerem Maße verwendet als Wolframstahl, und zwar mit Rücksicht auf seinen geringeren Preis bei annähernd gleicher Qualität.

---

[1]) E. A. Watson, The Journal of The Institution of Electrical Engineers 1923, Vol. 67, S. 641.

Stahl	Wesentliche Beimengungen	H_c	B_r	$H_c \times B_r$	$(BH)_{max}$
Chrom	3% Cr, 1% C	50 bis 70	11000 bis 8000	575 000	240 000
Wolfram	6% W, 0,75% C 0,5% Cr	50 bis 75	11000 bis 8500	625 000	250 000
Kobalt gegossen	9% Co, 6,5% Cr 2% Mo, 1% C	140 bis 170	9000 bis 6000	1 100 000	400 000
	35% Co, 6% Cr 4% W, 1% C 1% Mo	240 bis 280	9000 bis 7000	2 000 000	800 000
Kobalt gewalzt	7% Co, 8,5% Cr 1,5% Mo, 1% C	120 bis 145	9000 bis 6000	1 000 000	425 000
	11% Co, 8,5% Cr 1,5% Mo, 1% C	145 bis 180	9000 bis 6000	1 300 000	550 000
	15% Co, 8,5% Cr 1,5% Mo, 1% C	175 bis 200	9500 bis 7000	1 600 000	675 000
	36% Co, 4% W 6% Cr, 1,5% Mo 1% C	215 bis 260	10500 bis 8000	2 100 000	900 000
MK	Al, Ni Al, Ni, Co	400 bis 650 500 bis 650	7500 bis 5000 8000 bis 6000	3 250 000 400 000	1 300 000 1 600 000

Bild 42. Magnetstähle

Das Härten des Stahls erfordert besondere Sorgfalt. Die richtige Härtetemperatur liegt etwa bei 800 Grad Celsius. Zu niedere Härtetemperatur bringt ganz ungenügende Koerzitivkraft, wogegen mit steigender Temperatur die Remanenz langsam abnimmt. Außerdem führt zu hohe Härtetemperatur zu Sprüngen und Rissen im Magnet, besonders bei komplizierten Magnetformen. Das Abschrecken des Stahls erfolgt in der Regel in Wasser oder in Öl. Ölhärtung bringt weniger Ausschuß wegen Rißbildung, dagegen sehr ungleich große Remanenzwerte (große Streuung der Remanenz). Bei einfachen Magnetformen wird Wasserhärtung bevorzugt. Kobaltstahl erfordert beim Härten besondere Vorsicht. Er wird in der Regel nicht abgeschreckt, sondern im Luftstrom gehärtet. Bei Kobaltstahl ist es besonders wichtig, auf einfache Magnetform, z. B. gerade Stäbe mit wenig bearbeiteten Flächen, zu achten.

In jüngster Zeit ist ein von Prof. Mishima erfundener Nickel-Aluminium-Stahl bekannt geworden, der 7...40% Nickel und 3...20% Aluminium enthält und eine besonders hohe Koerzitivkraft bis zu 650 Gauss hat. Diese sogenannten MK-Stähle haben gegenüber den bekannten Magnetstählen den Vorzug, daß die magnetischen Eigenschaften bis rund 500° C nur sehr wenig mit der Temperatur abnehmen und gegen Erschütterungen sehr unempfindlich sind. Dem steht als Nachteil gegenüber, daß MK-Stahl nur gegossen werden kann und nur durch Schleifen zu bearbeiten ist.

Wir haben nun noch zu zeigen, wie die Kraftlinienwege des Magneten und Magnetzünders zu bemessen sind, um aus einem Magnetstahl bestimmter Qualität die größtmögliche Leistung herauszuholen. Wir kehren damit zurück zu unserer Betrachtung darüber, daß der im Ankersteg vorhandene maximale Fluß Φ_{em} abhängig ist von dem Fluß des Magneten Φ und dem Streufluß Φ_n, daß ferner der Fluß Φ abhängig ist von dem Remanenzfluß $\Phi = B_r Q$, den schwächenden Einflüssen der dem Fluß entgegenwirkenden magnetomotorischen Kräfte und des magnetischen Widerstandes und dem Verlauf der Magnetisierungskurve, besonders dem Produkt $H_c \cdot l$, das diesen Kräften standzuhalten sucht.

Dabei ist zu beachten, daß der Magnet um so weniger geschwächt wird, je weniger der Ankerfluß entmagnetisierend durch den Magneten geführt wird, d. h. je mehr der Ankerfluß Gelegenheit hat, auf einem magnetischen Nebenschluß den Magneten zu umgehen. Man stellt bei vielen neueren Magnetzündern durch die Verlängerung der Polschuhenden (siehe Bild 40) diesen Nebenschluß absichtlich her. Da jedoch der Nebenschluß die Streuung des Erregerflusses Φ_n verstärkt, wird man für jede Magnetzünderbauart das Optimum dieses magnetischen Nebenschlusses suchen müssen.

Nach dem Gesagten muß ein Maßstab für die richtige Bemessung der magnetischen Wege und zugleich für die Beurteilung eines Magnetzünders überhaupt sein:

1. Das Verhältnis des Remanenzflusses Φ_r des Magneten zu dem tatsächlichen Fluß im Ankersteg $\Phi_{em} = \Phi_I - \Phi_n$, dem sogenannten geschwächten Fluß, und 2. das Verhältnis des Flusses im Ankersteg vor der Schwächung $\Phi'_{em} = \Phi_1 - \Phi_n$ zu dem geschwächten Fluß $\Phi_{em} = \Phi_I - \Phi_n$ (vgl. Bilder 40 und 41). Ist das Verhältnis $\frac{\Phi_r}{\Phi_{em}}$ zu groß, so kann entweder der Magnet zu kurz oder der magnetische Widerstand des Erregerflußkreises zu groß oder endlich die Streuung Φ_n zu groß ausgefallen sein. Ist außerdem das Verhältnis $\frac{\Phi'_{em}}{\Phi_{em}}$ zu groß, so ist nicht die Streuung zu groß,

sondern der Magnet für die vorhandenen entmagnetisierenden Einflüsse zu kurz bemessen.

Die Schwächung des magnetischen Flusses Φ^1_{em} auf Φ_{em} im Laufe des Betriebes soll natürlich möglichst gering sein. Erfahrungsgemäß liegt bei guten Magnetzündern das Verhältnis $\frac{\Phi^1_{em}}{\Phi_{em}}$ etwa zwischen 1,08 und 1,13. Dagegen schwankt das Verhältnis $\frac{\Phi_r}{\Phi_{em}}$ bei richtig gebauten Magnetzündern zwischen den Werten 1,8 und 3,2. Die genannten Werte fußen auf Messung an einer Reihe von Konstruktionen und geben deshalb gewisse Anhaltspunkte für die praktische Magnetzünderbemessung.

Bild 43. Magnetisiervorrichtung

Über die verschiedenen in der Praxis vorhandenen Magnetformen werden wir noch bei der Besprechung der einzelnen Zünderbauarten zu reden haben. An dieser Stelle sei nur nochmals auf die Wichtigkeit einfacher Magnetformen mit möglichst wenig bearbeiteten Flächen und möglichst wenig Befestigungslöchern hingewiesen. Dies ist auch der Grund dafür, daß sich die Urform des Bügelmagnets und die Form einfacher Stabmagnete so häufig an Magnetzündern finden.

Bild 44. Magnetisieren des Hufeisenmagneten

Nach dem Zusammenbau des Magnetzünders muß der Magnetfluß erstmals auf den Wert Φ_1 gebracht werden, er muß mit einer bestimmten magnetmotorischen Kraft $H_i \cdot l$ magnetisiert werden.

Bild 45. Magnetisieren des Ringmagneten

Die hierzu benutzten sogenannten Magnetisiervorrichtungen sind in der Regel besonders kräftige Elektromagnete, zwischen deren Pole die Pole des Zündermagnets gebracht werden (siehe Bilder 43, 44, 45). Dabei ist hauptsächlich darauf zu achten, daß die Anlagefläche der Pole am Zündermagnet nicht zu klein, vor allem aber auch nicht zu groß ist. Grundsatz muß sein, daß die freie Länge des Zündermagneten möglichst groß bleibt. Ringmagnete sind an der Auflagestelle der Polschuhe zu magnetisieren. Sie entsprechen etwa einem Bügelmagnet, dessen Querschnitt gleich dem doppelten Querschnitt des Rings und dessen Länge gleich dem halben Ringumfang ist, sind also zwei parallel geschaltete

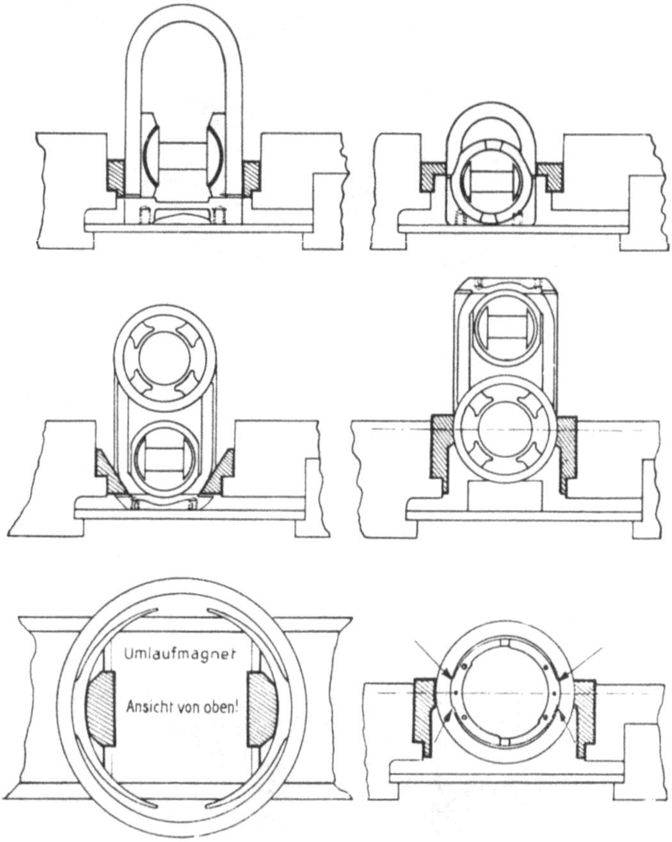

Bild 46. Magnetisierbacken bei verschiedenen Magnetformen

Halbringmagnete. Bild 46 zeigt an einigen Zünderbauarten, wie durch Wahl verschiedener Magnetisierbacken die richtige Anlagefläche erzielt wird. Bei Lichtmagnetzündern, bei denen wie in der Anordnung in der Mitte auf Bild 46 die Lichtmaschine im Zündermagnetkreis liegt, ist oft die Magnetisierungsrichtung mit Rücksicht auf Erregung und Polarität der Lichtmaschine von Wichtigkeit. Das Magnetisieren der nicht im Zünder eingebauten Magnete ist, wenn die Magnetpole nicht durch ein besonderes Einschlußstück bis zum Anliegen des Magnets an den Polschuhen geschlossen bleiben, völlig wertlos, da die äußere magnetomotorische Kraft zwischen den Polen nur einen sehr schwachen remanenten Fluß aufkommen läßt. Dies ist besonders zu beachten, wenn der Magnetzünder nicht in der oben beschriebenen Weise magnetisiert wird, sondern wenn, wie noch vielfach gebräuchlich, der abgezogene Magnet durch Streichen auf einem kräftigen Elektromagneten seinen Magnetismus erhält.

Aus unseren bisherigen Betrachtungen geht deutlich hervor, daß nicht nur der Magnet selbst, sondern der gesamte Kraftlinienweg für den magnetischen Fluß und für die Flußänderung maßgebend ist. Dazu kommt, daß gerade die Eisenwege von ausschlaggebendem Einfluß auf die Verluste sind, die bei der Umwandlung der magnetischen Energie des Magnetkreises in die elektrische Energie des Zündfunkens auftreten. Dies veranlaßt uns noch etwas näher auf die Teile des Magnetzünders und der Zündspule einzu-

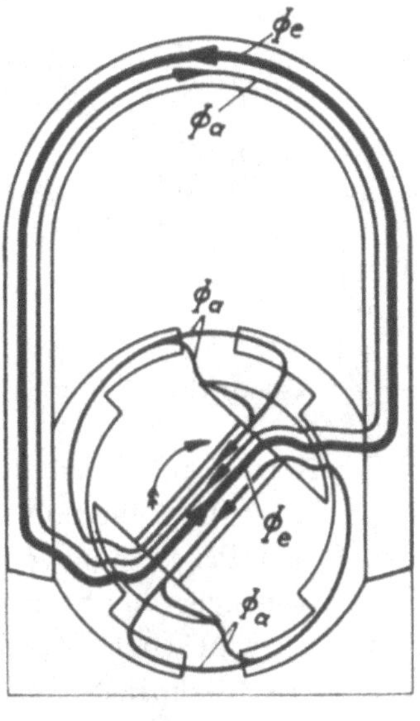

Bild 47. Erregerfluß und Ankerfluß

gehen, in denen der magnetische Fluß verläuft. Wir wollen hierbei, um vorläufig beim Magnetzünder zu bleiben, grundsätzlich unterscheiden zwischen dem vom Magnet herrührenden Erregerfluß und dem von der stromdurchflossenen Primärwicklung herrührenden Ankerfluß. Beide Flüsse sind in Bild 47 getrennt eingezeichnet. Wir wissen von unseren Betrachtungen in Abschnitt II, daß von der Geschwindigkeit der Änderung des Primärstromes im Unterbrechungsmoment, also auch von der Geschwindigkeit der Änderung des dem Strom proportionalen Ankerflusses die Leistung des Magnetzünders abhängt. In den Eisenteilen des magnetischen Kreises entstehen aber Wirbelströme, die Fluß und Stromänderung aufzuhalten suchen und so sehr ungünstig auf die Energieumsetzung wirken, besonders da es sich beim Ankerfluß um sehr große Änderungsgeschwindigkeiten handelt. Im Erregerflußkreis dagegen spielen die Wirbelströme eine untergeordnete Rolle, da hier die Flußänderung verhältnismäßig langsam, etwa mit der Frequenz der Ankerdrehzahl vor sich geht.

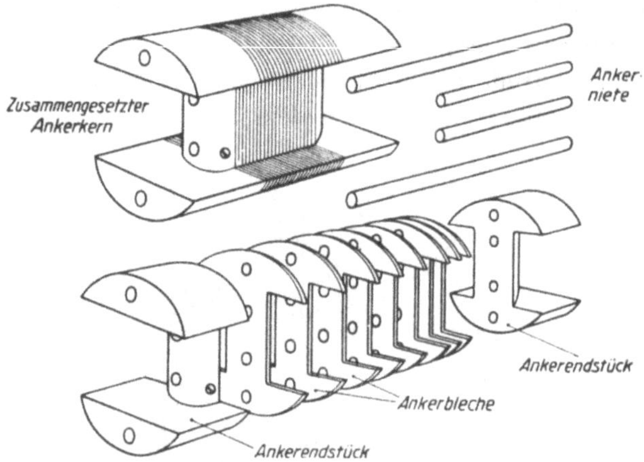

Bild 48. Geblätterter Magnetkern

Das Mittel, um Wirbelströme möglichst zu vermeiden, ist die sogenannte Blätterung oder Lamellierung des Eisenwegs. Man verwendet statt massiven Eisens Pakete dünner, in der Flußrichtung verlaufender Bleche, die voneinander durch eine Zunderschicht oder eine dünne Papierschicht getrennt sind. Wichtig ist dabei natürlich, daß die Niete, die diese Blechpakete zusammenhalten, so gelegt werden, daß nicht diese zusammen mit den Blechen, hauptsächlich den Endblechen einen Stromkreis für Wirbelströme bilden. Der Gedanke der Blätterung ist in der allgemeinen Elektrotechnik sehr geläufig, und es brauchen darüber keine weiteren Worte verloren zu werden. Besonders wichtig ist Blätterung des Ankers, den man darum, wenn er umläuft, in der Regel in der Mitte aus Blechen, an den Enden aus gegossenen, sogenannten Endstücken (zumeist aus

Temperguß) zusammennietet (siehe Bild 48). Die Endstücke, die zum Halt der Wicklung und zur Befestigung der Achsen dienen, übernehmen einen guten Teil der Erregerflußleitung, während die Änderung des Ankerflusses nach der Unterbrechung fast ausschließlich im Blechpaket erfolgt.

Die sogenannten P o l s c h u h e übernehmen die Überleitung des Erregerflusses vom Magnet zum Anker, sind aber, wie Bild 47 zeigt, auch für die Ausbildung des Ankerflusses wesentlich. Sie sind bei einem Teil der Magnetzündertypen massiv, bei einem anderen Teil geblättert ausgeführt. Geblätterte Polschuhe dürfen als die modernere und richtigere Bauart angesprochen werden, sie geben zwar, verglichen mit massiven Polschuhen bei gleichem Erregerfluß mehr Unterbrecherfeuer — massive Polschuhe drosseln den Erregerfluß bei hoher Drehzahl, also hoher Flußfrequenz, etwas ab —, ermöglichen aber eine weit bessere Energieausnutzung bei der Umwandlung der magnetischen in die elektrische Energieform.

Dazu kommt ein weiterer wesentlicher Gesichtspunkt: Es wurde bereits besprochen, daß es besonders wichtig ist, den Ankerfluß nicht voll auf die Magnete entmagnetisierend wirken zu lassen, sondern ihn großenteils unschädlich durch einen Nebenschluß zu führen, und daß aus diesem Grund bei neueren Magnetzündern häufig die Polschuhenden stark einander genähert werden (siehe Bild 47). Dieser künstlich hergestellte N e b e n s c h l u ß soll möglichst w i r b e l s t r o m f r e i sein, damit der Ankerfluß tatsächlich diesen Weg dem Weg über die Magnete vorzieht. Für die wirbelstromfreie Ausbildung dieses Nebenschlusses sind geblätterte Polschuhe von besonderer Bedeutung. Der Magnet selbst schützt sich ziemlich stark gegen den Ankerfluß, da sich unter dem Einfluß des Ankerflusses in den Magnetschenkeln starke Wirbelströme bilden. Die Polschuhe müssen stark genug sein, den Ankerfluß aufzunehmen, damit dieser nicht veranlaßt wird, an der Auflagefläche des Magneten entmagnetisierend zu wirken.

Bei jedem Magnetzünder wird der magnetische Eisenkreis durch ein oder mehrere L u f t s p a l t e unterbrochen. Bei der Bauart mit umlaufendem Anker oder umlaufenden Magneten befindet sich der Luftspalt zwischen Polschuhen und Anker, bei der komplizierteren Bauart mit umlaufenden Kraftlinienleitstücken befindet er sich zwischen diesen und den Polschuhen einerseits und zwischen diesen und dem Anker andererseits, es ist also dann ein doppelter, bzw. vierfacher Luftspalt vorhanden. Um den Querschnitt des Luftübergangs der magnetischen Kraftlinien möglichst groß zu gestalten, hat man beim umlaufenden Anker die in Bild 48 gezeigte Form mit Ankerendstücken gewählt. Der Bogen des Polschuhs und der Bogen des Ankers haben häufig eine Größe von etwa 90°. Von großer Wichtigkeit ist natürlich die Größe des Luftspalts, man macht ihn so klein, wie dies aus baulichen und mechanischen Rücksichten möglich ist; je nach Größe und Bauart des Zünders beträgt er 0,10 ... 0,20 mm.

Der Querschnitt der Eisenwege ist so zu bemessen, daß keine zu hohe Sättigung und keine zu großen Streuflüsse auftreten. Bei umlaufenden Ankern und häufig auch bei feststehenden ist der schwächste Querschnitt des Eisenwegs der sogenannte Ankersteg, der Teil, auf den die Wicklung zu liegen kommt. Aus Platzrücksichten und auch mit Rücksicht auf kleine Windungsdurchmesser (Kupferpreis, Primärwiderstand) sucht man diesen Teil des Eisenwegs meist so schwach wie möglich zu wählen, und geht dort mit der Eisensättigung bis zu 11 000 Linien und höher. Wesentlich höher zu gehen ist allerdings unzweckmäßig, da sonst der magnetische Widerstand und die Verluste zu groß werden. Bei feststehendem Anker und besonders bei Zündspulen sind im allgemeinen die Sättigungen geringer, da man hier mehr Platz zur Verfügung hat. Bei der Zündspule sind geringe Eisensättigungen hauptsächlich deshalb anzustreben, weil man auf möglichst geringe Verluste mit Rücksicht auf den Wattverbrauch des Batteriezünders besonders angewiesen ist.

Damit kommen wir noch kurz auf den Kraftlinienweg bei Zündspulen zu sprechen. Wir haben in Abschnitt II gesehen, daß bei einer gegebenen Batteriespannung die Leistung der Zündspule, abgesehen von Schließungsdauer und Drehzahl, von dem Primärwiderstand und der Induktivität abhängig ist. Für bestimmte Leistungs-Anforderungen ist nun der Primärwiderstand und die Induktivität fest gegeben und wir stehen vor der Wahl, ob wir zweckmäßiger durch hohe Windungszahl z und geringe Leitfähigkeit des magnetischen Kreises Λ oder durch das umgekehrte Verhältnis die verlangte Induktivität erreichen, da $L = \Lambda z^2$. Mit anderen Worten: es tritt uns beim Bau einer Zündspule dieselbe Frage entgegen, die beim Bau von Transformatoren längst bekannt ist: Viel Kupfer und wenig Eisen oder viel Eisen und wenig Kupfer. Beide Prinzipien kann man, wie Abschnitt IV lehren wird, in der Praxis vertreten sehen. Neuerdings wird der

Bauart mit viel Eisen als der billigeren und meist auch solideren der Vorzug gegeben. Es wäre allerdings verfehlt, die Zündspule ähnlich wie bei einem Transformator völlig eisengeschlossen herzustellen, vielmehr ist ein gewisser, wenn auch kleiner Luftspalt zum Aufspeichern der Zündungsenergie stets notwendig.

Wir haben bisher stets die Wirbelstromverluste in den Vordergrund unserer Betrachtungen gestellt und die sogenannten Hystereseverluste vernachlässigt. Dies ist berechtigt, da sie tatsächlich im Verhältnis zu den Wirbelstromverlusten eine ganz geringe Rolle spielen. Immerhin muß darauf geachtet werden, daß die Koerzitivkraft der Weicheisenteile des Kraftlinienwegs klein, etwa in der Größe von 2...3 cgs, bleibt.

2. Isolierung

Wenn man den kleinen Raum betrachtet, der einem Magnetzünder oder einer Zündspule im Kraftfahrzeug zur Verfügung steht, und andererseits überlegt, daß in den stromführenden Teilen dieser Apparate Spannungen bis zu 20000 Volt auftreten können, so wird man sich der Schwierigkeit der Aufgabe „zu isolieren" bewußt. Die hohe Spannung stellt große Anforderungen an die Formgebung hinsichtlich der sogenannten Kriechwege und an die verwendeten Isolierstoffe hinsichtlich der Durchschlagsfestigkeit. Wir betrachten zunächst die Wicklung, und zwar die für alle Bauarten gemeinsamen Gesichtspunkte.

Bild 49 zeigt die fast stets gebrauchte Schaltung von Primär- und Sekundärwicklung, die sogenannte Sparschaltung. Die in der Primärwicklung im Öffnungsmoment erzeugte Spannung addiert sich zur Spannung der Sekundärwicklung, so daß zwischen Sekundärende (A) und Primäranfang (B) die volle Spannung liegt. Dabei ist der Primäranfang stets mit der sogenannten Masse, d. h. mit dem Gehäuse des Zünders und Motors verbunden. Diese Schaltung gilt für Magnet- und Batteriezünder, vorausgesetzt, daß man beim Batteriezünder die Batterie in den Primärstromkreis einfügt.

Schon die Spannung an den Enden der Primärwicklung (B, C) kann beträchtliche Werte (Größenordnung von 500 Volt) im Augenblick der Unterbrecheröffnung erreichen, so daß die Isolierung der Primärwicklung, der Spannung führenden Unterbrecherteile und des Kondensators unter keinen Umständen vernachlässigt werden darf. Gerade beim Primärstromkreis kann ungenügende Isolierung nicht nur Durchschlagsgefahr mit sich bringen, sondern kann zu wesentlichen Kriechstromverlusten führen, die die Leistung des Magnetzünders verringern oder gar seine Betriebssicherheit gefährden. Besonders gefürchtet sind Primärwindungsschlüsse, da eine derartige Kurzschlußwicklung auf dem Anker das Arbeiten des Magnetzünders unterbindet.

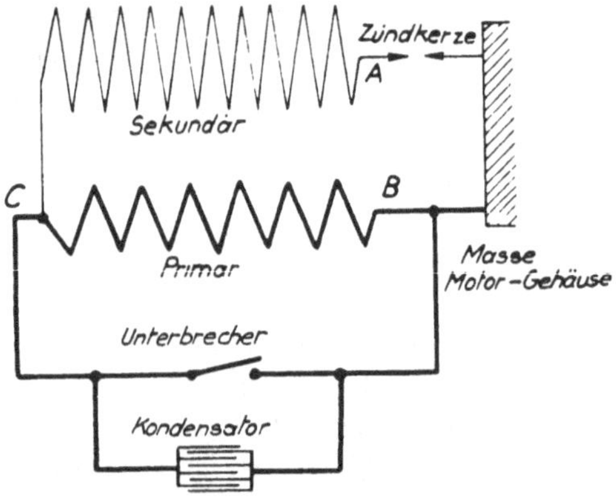

Bild 49. Sparschaltung

Sowohl für die Primärwicklung wie für die Sekundärwicklung wird in der Regel mit Emaille isolierter Kupferdraht verwendet und in einer Reihe von Windungen nebeneinander aufgespult. Die Isolierung der einzelnen Lagen voneinander und von dem Eisenkern wird durch Streifen aus Papier, Baumwolle oder Seide gebildet. Alle diese Stoffe werden in lackiertem oder imprägniertem Zustande verwendet (Lackpapier, Ölleinwand, Lackseide). Dazu kommt bei höher beanspruchten Wicklungen eine Lackierung der einzelnen Lagen während des Wickelvorganges. Bei Zündspulen ist man dazu übergegangen, das Isoliermaterial, vor allem das Papier roh einzuwickeln und dann die ganze Wicklung nachträglich mit einer geeigneten Isoliermasse zu durchtränken. Die Isolierung muß möglichst vollkommen und dicht sein, da schon kleine Luftblasen in der Spule leicht den Anlaß zu ihrer Zerstörung geben können. Man hat aber nicht nur auf hohe Isolierfestigkeit aller Teile der Wicklung zu achten, sondern besonders auch auf unbedingte äußere Dichtheit der Wicklung gegenüber Wasser- und sonstigen Dämpfen.

Ein Beispiel für die sogenannte geschachtelte Bauweise einer umlaufenden Wicklung zeigt der Schnitt in Bild 50. Die Isolierung der Flanschen ist beim Wickeln so breit gelassen, daß sie noch über die ganze Wicklung geklappt werden kann. Je näher man an das Ende der Sekundärwicklung kommt, desto höher ist die Spannung gegen Masse, desto größer ist aber auch die Gefahr von Durchschlägen zwischen den Lagen und Windungen, da ähnlich wie bei den Transformatoren der Überlandnetze Wellen hoher Spannung häufig auf die Wicklung treffen und die letzten Lagen besonders hoch beanspruchen. Ein Teil der Überschläge innerhalb der Hochspannungsspule beruht auf Spannungsresonanz, hervor-

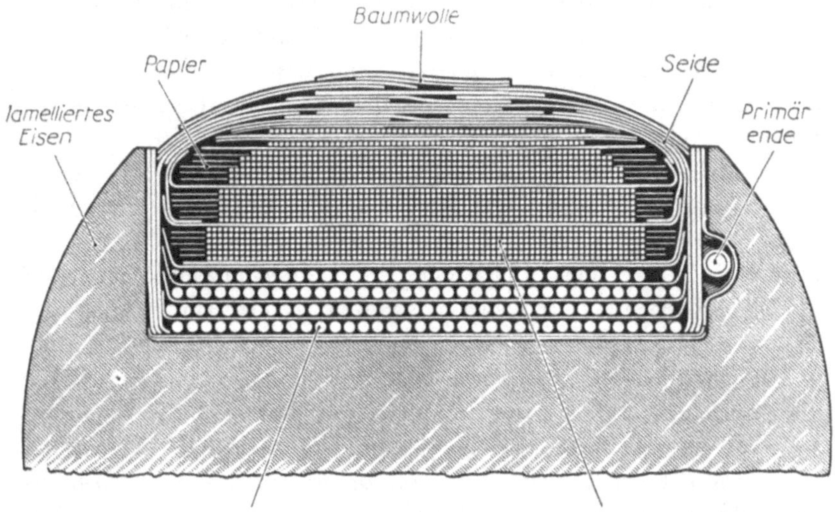

Bild 50. Schnitt durch die Wicklung eines Umlaufankers

gerufen durch die Hochfrequenz des Kerzenüberschlags und die Windungs- und Lagenkapazität und Induktivität der Spule. Es ist aber auch möglich, daß eine Stoßstelle, z. B. ein Übergang von 0,06 mm auf 0,15 mm Drahtquerschnitt, die Spannung reflektiert, so daß in ungünstigen Fällen die Spannung in der Wicklung einen sehr hohen Wert erreichen kann. Zum Schutze dagegen werden einerseits gegen das Ende der Sekundärwicklung die Abstände vom Eisenkern (Flanschabstände) sehr groß gewählt und andererseits wird die Isolierung zwischen den letzten Lagen besonders sorgfältig ausgeführt. Häufig werden auch die letzten Windungen gesperrt, d. h. nicht dicht aneinander liegend gewickelt, und manchmal wird sogar durch besondere Maßnahmen eine günstige Verteilung der Kapazität der einzelnen Lagen und Windungen gegeneinander angestrebt. Zur Vorschaltung besonderer Drosselspulen, wie es bei Transformatoren von Überlandnetzen häufig üblich ist, ist man jedoch bei handelsüblichen Zündern bisher nicht übergegangen.

Der Draht, der für die Sekundärwicklung verwendet wird, wird — vor allem bei Magnetzündern und ganz besonders bei umlaufenden Wicklungen — aus Raumgründen so dünn wie irgend möglich genommen, da sein Widerstand ohne wesentlichen Einfluß auf die Zündleistung ist. Im Gegenteil werden häufig für einen Teil der Wicklung mit Rücksicht auf die bereits besprochene Reststromwirkung Drähte besonders hohen Widerstandes (Nickelin) verwendet, um den Lichtbogen an der Kerze möglichst rasch zum Erlöschen zu bringen. Drahtstärken von 0,05 und 0,06 mm gehören heute nicht mehr zum Außergewöhnlichen, erfordern aber besondere Sorgfalt beim Wickeln.

Überhaupt ist die Sekundärwicklung einer der bei der Herstellung empfindlichsten Teile des Zünders; wer einigermaßen auf Betriebssicherheit seines Fahrzeugs Wert legt, sucht deshalb Schäden an der Wicklung nicht selbst oder durch ungenügend eingerichtete Reparaturwerkstätten zu beheben, sondern schickt den Zünder zur Herstellerfirma.

Erwähnt werden mag noch, daß die Isolierstoffe vielfach die Eigenschaft haben, unter dem ständigen Einfluß hoher Spannung zu altern und von ihrer Durchschlagsfestigkeit zu verlieren. Es wird also oft ein starker Stoff von ursprünglich geringer Durchschlagsfestigkeit besser am Platze sein als ein Stoff von ursprünglich hoher Durchschlagsfestigkeit und entsprechend geringerer Stärke. Für den Betrieb in tropischem Klima müssen die Zünderwicklungen besonders sorgfältig gebaut werden; vor allem werden die in gemäßigtem Klima allgemein verwendeten Isolierstoffe vom feuchten und heißen Tropenklima außerordentlich rasch zerstört, so daß für Tropenwicklungen Sonderstoffe verwendet werden müssen.

Besondere Schwierigkeiten für die Isolierung bieten die sogenannten Zweifunkenanker. Dies sind Anker, bei denen beide Enden der Sekundärwicklung getrennt isoliert herausgeführt werden und von jedem Ende eine besondere Zündkerze gespeist wird (siehe Bild 51).

Die Spannung zwischen den Sekundärenden eines solchen Zweifunkenankers ist oft nahezu doppelt so groß wie die Spannung am Sekundärende eines normalen Ankers, und die Spannung zwischen

Sekundäranfang und Masse ist so groß wie die Spannung zwischen Sekundärende und Masse eines normalen Ankers. Die isolierte Herausführung des Sekundäranfangs aus der Wicklung ist darum durchaus nicht einfach und erfordert besondere Sorgfalt.

In den letzten Jahren ist die feststehende Zünderwicklung neben dem umlaufenden Anker zu immer stärkerer Bedeutung gelangt. Ihre Isolierung ist einfacher als die des Umlaufankers, da zumeist mehr Raum für die Wicklung vorhanden ist und sie nicht durch Fliehkräfte beansprucht wird. Grundsätzlich ist aber auch dieser Anker nach den oben beschriebenen Gesichtspunkten aufgebaut; die Wicklung wird in der Regel durch Isolierscheiben, die auf einen Kern aufgepreßt sind, abgeschlossen und gehalten.

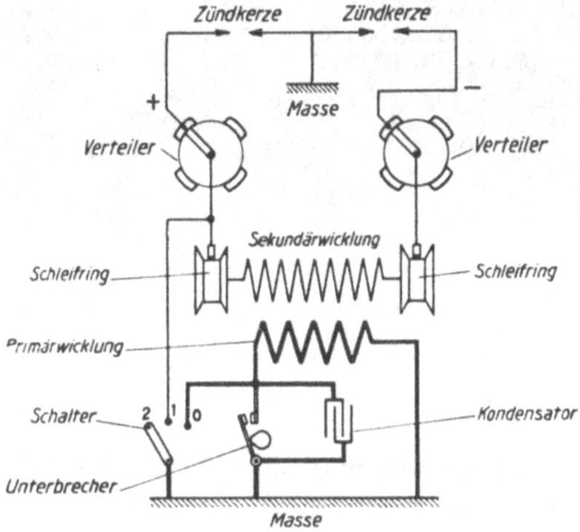

Bild 51. Schaltbild der Zweifunkenzündung

Eine feststehende Wicklung ist auch die Zündspule, deren Aufbau infolge des zur Verfügung stehenden Raumes noch einfacher als die feststehende Wicklung des Magnetzünders gehalten werden kann. Die heutige Normalausführung der Zündspule hat eine sogenannte Röhrenwicklung ohne irgendwelche begrenzenden Teile an den Stirnseiten der Wicklung (einen Schnitt zeigt Bild 52). Die einzelnen Lagen laufen glatt durch; der Abstand der Wicklung vom Spulenrand (der sogenannte Randabstand) ist aus Herstellungsgründen über alle Lagen gleich und so groß, daß kein Überschlag zur Primärwicklung oder von Lage zu Lage vorkommen kann. Die einzelnen Lagen der Sekundärwicklung sind durch mehrere Schichten Papier voneinander getrennt; außerdem ist die fertige Wicklung mit einer geeigneten M a s s e getränkt, am besten im Vakuum. Die Einfachheit im Aufbau der Wicklung ist mit bedingt durch ihre vollautomatische Herstellung auf mechanischen Wickelmaschinen. Aus dem gleichen Grund und um die Wärmeabfuhr zu verbessern, ist neuerdings die Primär- über die Sekundärwicklung gewickelt. Die ganze Wicklung sitzt in einem Blechgehäuse, das mit Vergußmasse ausgegossen ist. Da der Kern der Spule an Hochspannung liegt, muß er gegen das Gehäuse isoliert werden; dies geschieht durch einen Boden-Isolierstein und den Deckel, der gleichfalls aus Isolierstoff besteht.

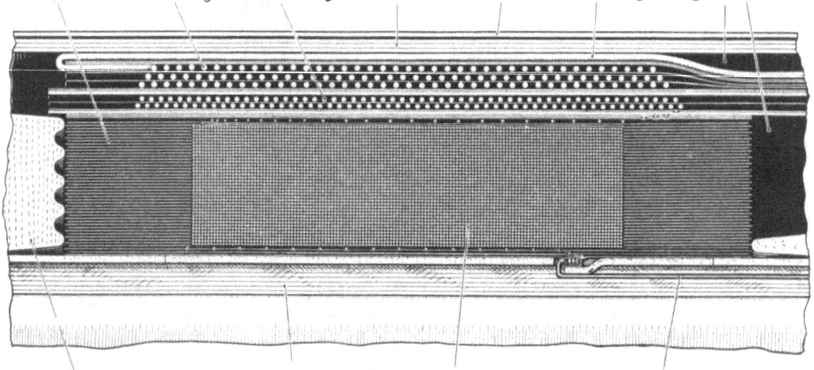

Bild 52. Schnitt durch eine Zündspulenwicklung

Auch der **Weg der Hochspannnng** von der Wicklung bis zu den Zündkerzen ist oft nicht einfach zu isolieren. Beim u m l a u f e n d e n A n k e r ist es notwendig, den Sekundärstrom vom umlaufenden Teil zu einem feststehenden Teil überzuleiten, was in der Regel durch einen sogenannten S c h l e i f r i n g und mit Schleifkohle versehenen S t r o m a b n e h m e r (siehe die Bilder 53 u. 73) geschieht. Die Isolation dieser Teile (schwarze Flächen in den Abbildungen) besteht zumeist aus Hartgummi oder Bakelit, in das die Metallteile meist einvulkanisiert sind. Bild 53 zeigt deutlich die Einführung des Sekundärdrahtes in den auf dem Schleifring befindlichen Messingring, auf dem die Stromabnahmekohle schleift. Bei mehr als zwei Zylindern wird die Hochspannung vom Stromabnehmer aus über einen weiteren Kohleschleifkontakt zu dem sogenannten Verteilerläufer geführt, der die Hochspannung auf die Metallsegmente der Verteilerscheibe verteilt.

Die Zuführung der Hochspannung vom Anker zu den einzelnen Zylindern ist deshalb nicht einfach, weil die Verteilung in der Regel mit anderer Drehzahl erfolgen muß als der Ankerantrieb. Beim Ein- und Zweizylinder-Magnetzünder ist dies nicht erforderlich, und es

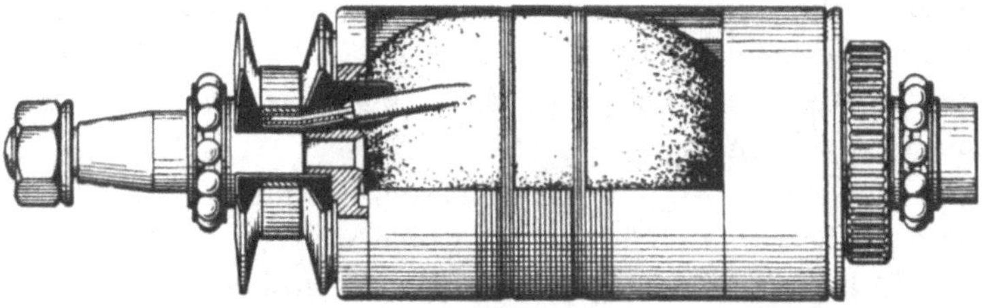

Bild 53. Einführung des Sekundärendes in den Schleifring

wird deshalb auch die Verteilung wesentlich einfacher. Beim Einzylindermodell wird die Zündkerze über ein Kabel ohne jede Verteilung an den Stromabnehmer angeschlossen, während beim Zweizylindermodell nach Bild 54 zwei um 180° versetzte Abnahmekohlen auf dem Schleifring schleifen. Der Schleifring enthält anstatt eines vollen Messingringes nur ein Messingsegment, das die Hoch-

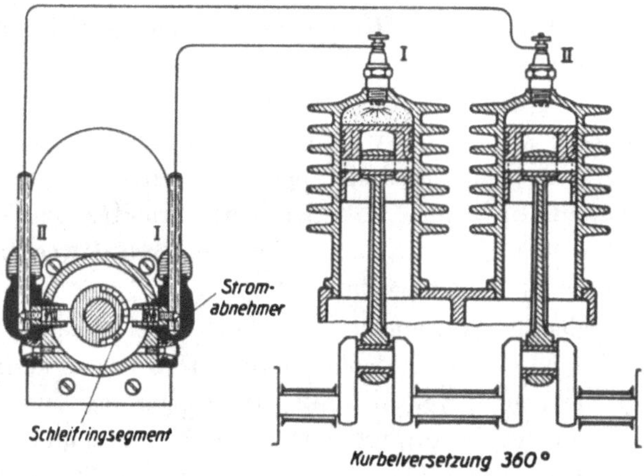

Bild 54. Magnetzünder für Zweizylinder-Motoren

spannung abwechslungsweise den beiden Schleifkohlen zuführt, an die die beiden Zylinder angeschlossen sind.

Wichtig sowohl für die Verteilerscheibe wie für den Schleifring ist die Forderung, daß sich der Isolierstoff gegenüber den Metallsegmenten durch das Schleifen der Kohle nicht stark abnutzen darf.

Diese Abnutzung ist, abgesehen von der Zusammensetzung und Bearbeitungsweise des Isolierstoffes in hohem Maße abhängig von dem Druck der Kohle und von deren Härte; zu hoher Kohlendruck kann ebenso wie zu geringer hier außerordentlich schädlich wirken. Geringe Härte der Kohle schont zwar im Gegensatz zu hoher Härte Verteilerscheibe und Schleifring, führt aber zum sogenannten Verschmieren der Schleifbahn, was einen Überschlag des Funkens von Segment zu Segment oder zur Masse und Verluste durch Kriechströme hervorrufen kann.

Ganz wesentlich ist, daß der Funke und damit der Sekundärstrom beendigt ist beim Herabgleiten der Kohle vom Segment und daß er noch nicht begonnen hat beim Auflaufen der Kohle auf das Segment, da sonst das sogenannte Nachbrennen bzw. Vorbrennen an den Segmenten entsteht und zu rascher Zerstörung des Isolierstoffes und der Gleitbahn führt. Hauptsächlich bei hoher Drehzahl und bei beschränktem Verteilerscheibendurchmesser, also kurzen Segmenten ist die Gefahr des Nachbrennens groß, und zwar bei Abrißverstellung (siehe Abschnitt II) um so größer, je mehr Spätzündung gegeben wird. Durch möglichst großen Sekundärwiderstand und große Schließungsdauer kann das Nachbrennen gemildert werden, überhaupt durch alle Mittel, mit denen der Lichtbogen des Funkens abgekürzt wird. Unter diesen Umständen versteht es sich von selbst, daß die Stellung der Kohle des Verteilerläufers in bezug auf die Ankerstellung und den Unterbrechungszeitpunkt auf den Winkelgrad genau stimmen muß. Es ist also beim Auseinandernehmen des Magnetzünders und hauptsächlich bei einem Drehrichtungswechsel besonders darauf zu achten, daß der Verteilerläufer und das Verteilerzahnrad wieder in der richtigen Lage eingesetzt werden, die in der Regel durch Marken bezeichnet ist.

Heute werden im allgemeinen nur noch Überschlagverteiler gebaut. Statt der umlaufenden Kohle wird ein ebenfalls umlaufender Metallfinger verwendet, von dem die Hochspannung auf die feststehenden Segmente überspringt, um von dort zur Zündkerze übergeleitet zu werden. (Die Bilder 73 auf Seite 132 und 76 auf Seite 135 zeigen Magnetzünder mit Überschlagverteiler.)

Der Überschlagverteiler hat den großen Vorteil, daß das Vor- und Nachbrennen, die mechanische Abnutzung und die Verschmierung der Schleifbahn wegfallen, daß die Segmente und die Segmentabstände wesentlich verkleinert werden können, und daß außerdem die Verteilerscheibe aus billigerem Isolierstoff hergestellt werden und wesentlich kleineren Durchmesser erhalten kann. Der Überschlagverteiler ist billiger und namentlich bei hoher Zylinderzahl konstruktiv leichter unterzubringen als der Schleifbahnverteiler.

Durch die im Innern des Magnetzünders überspringenden Funken bilden sich jedoch Säuredämpfe, die alle Metallteile so stark angreifen, daß unter Umständen die Betriebssicherheit gefährdet werden kann, wenn nicht bei der Konstruktion besondere Vorsicht der genügenden Durchlüftung der Verteilerscheibe gewidmet wird.

Wo diese Lüftung des Verteilers nicht möglich ist, also z. B. bei Traktoren wegen der Staubgefahr, verwendet man in der Regel den Schleifbahnverteiler. Dort jedoch, wo die Anwendung eines Überschlagverteilers mit Rücksicht auf die Versäuerung irgend möglich ist, wird diesem heute in der Regel der Vorzug gegeben, denn der Vorteil seines geringeren Raumbedarfs überwiegt den Nachteil bei weitem, der sich durch die Einschaltung einer weiteren kleinen Überschlagstelle und die dadurch bewirkte Erhöhung der vom Zünder geforderten Spannung ergibt.

Die feststehende Zünderwicklung bedarf zur Abnahme der Hochspannung nur eines Kontaktes, der in der Spule selbst befestigt wird; die andere Seite der Wicklung liegt über dem Kern an Masse. Mit dem Verteiler ist der Anker über einen Stromabnehmer und ein Zündkabel oder einen Leiter in einem festen Isolierkörper federnd verbunden; der Verteiler selbst ist in gleicher Weise aufgebaut wie bei Magnetzündern mit umlaufendem Anker.

Bei der Batteriezündung wird fast stets ein Überschlagverteiler verwendet, der räumlich von der Zündspule getrennt angeordnet ist. Die Hochspannung der Zündspule wird über den als Stromabnehmer ausgebildeten Zündspulendeckel in einem Hochspannungskabel dem Verteiler zugeführt.

Die Fortleitung der Hochspannung, also besonders ihre Zuführung zu den Kerzen übernehmen gummiisolierte Kabel, die in den Verteiler eingeführt, mit seinen Segmenten verbunden und an ihrem anderen Ende an die Mittelelektroden der Zündkerzen angeschlossen werden. Schlechte Isolierung der Kabel ist hin und wieder der Anlaß von Durchschlägen zum Motorgehäuse und von Zündungsaussetzern.

Es wurde bisher lediglich die Wicklung und ihr Anschluß an die isolierte Elektrode der Zündkerze besprochen. Nicht minder wichtig ist der Anschluß des Wicklungsanfangs an den Motorkörper, die sogenannte M a s s e. Bei der feststehenden Wicklung macht dieser Massenschluß keine Schwierigkeit, dagegen ist ihm beim Umlaufanker Beachtung zu schenken. Der Sekundärstrom darf unter keinen Umständen über die Lagerstellen des Ankers oder die Verteilerzahnräder geführt werden, da diese von ihm angegriffen und zerstört werden. Aus diesem Grunde wird der Ankerkern, an den der Wicklungsanfang angeschlossen ist, durch besondere Schleifkohlen mit Masse gut leitend verbunden. Außerdem werden die K u g e l l a g e r des Zündankers zumeist besonders i s o l i e r t eingesetzt. Diese Vorsichtsmaßregeln sind unbedingt nötig, will man nicht Lebensdauer und Betriebssicherheit des Zünders unnötig vermindern. Auch zwischen Zünder und Motorkörper ist eine gute metallische Verbindung erforderlich. Dies ist besonders zu beachten bei den Zündverteilern der Batteriezündung, bei denen die Verstellung häufig durch Verdrehen des ganzen Verteilers erfolgt.

Wenn über Isolationsteile des Zünders gesprochen wird, so ist auch eine Einrichtung zum Schutz der Isolierung, die **Sicherheitsfunkenstrecke** zu erwähnen. Sie hat allerdings nicht mehr die Bedeutung, die sie in früheren Jahren einmal gehabt hat, denn bei der Batteriezündung wird sie in der Regel überhaupt nicht verwendet, und bei neueren Magnetzündern begnügt man sich vielfach damit, an irgendeiner Stelle den Abstand zwischen einem spannungführenden Teil und Masse so klein zu machen, daß hier Funken überspringen können, ohne irgendwelche Isolationsteile zu beschädigen. Bei vielen Zündern hat man früher diesen Abstand besonders klein gehalten und an der Überschlagstelle ein Paar spitze Elektroden mit einstellbarer Entfernung angebracht. Diese Sicherheitsfunkenstrecke hatte nicht nur die Aufgabe, die Überschläge an einer besonders günstigen Stelle auftreten zu lassen, sondern auch die, die Wicklung vor zu hoher Beanspruchung zu schützen. Die Sicherheitsfunkenstrecke mußte also so eingestellt werden, daß die Überschlagspannung über der normalen Überschlagspannung der Kerzen lag; sie durfte andererseits nicht zu hoch sein, damit bei großer Außenspannung, also z. B. bei Wegfall eines Zündkerzenkabels, die Überschläge an der Sicherheitsfunkenstrecke auftraten und die Isolationsteile vor Durchschlägen und Brandstellen geschützt waren. Es war allerdings nicht immer leicht, die Sicherheitsfunkenstrecke so einzustellen, daß sie einerseits den normalen Betrieb nicht störte, andererseits die Isolationsteile genügend schützte. Die erforderliche Außenfunkenlänge ist nämlich häufig stoßweise sehr hoch; jedoch macht eine kurzzeitige derartige Belastung einer guten Wicklung noch nichts aus. Die Sicherheitsfunkenstrecke hingegen, die die Wicklung vor dauernd auftretenden Spannungsstößen dieser Höhe schützen soll, spricht schon bei kurzzeitigen Spannungsstößen an, muß also zu Aussetzern führen. Aus diesem Grunde begnügt man sich neuerdings vielfach mit der oben genannten Anordnung.

3. Unterbrecher und Kondensator

Wie im theoretischen Teil gezeigt wurde, entsteht die für den Überschlag an der Zündkerze notwendige Sekundärspannung dadurch, daß der Primärstrom plötzlich unterbrochen wird.

Da es nicht einfach ist, einen mechanisch gesteuerten Unterbrecher so zu bauen, daß er bei den sehr hohen Unterbrechungszahlen, die heute verlangt werden, noch einwandfrei arbeitet, hat man schon oft, aber vergeblich versucht, Magnetzünder ohne Unterbrecher zu konstruieren. Man hat dabei hauptsächlich den magnetischen Kreis so bauen wollen, daß der Flußwechsel sehr rasch vor sich geht. Dieser rasche Flußwechsel sollte in einer einzigen Wicklung sehr hoher Windungszahl die zum Überschlag an der Kerze genügende Spannung erzeugen. Dieser Gedanke scheiterte aber jedesmal an der unzureichenden Genauigkeit des Zündzeitpunktes und an der Unmöglichkeit, bei niederer Drehzahl und brauchbaren Größenverhältnissen des Magnetzünders genügende Spannungen hervorzubringen. So ist man immer wieder zum Unterbrecher zurückgekehrt und hat versucht, ihn so auszubilden, daß er auch noch sehr hohen Unterbrechungszahlen genügt. In der grundsätzlichen Bauart stimmen die Unterbrecher für Magnet- und Batteriezünder überein; nur steht der Unterbrecher bei der Batteriezündung immer fest und ist mit dem Verteiler zusammengebaut, während der Unterbrecher beim Magnetzünder je nach dessen Bauart feststeht oder umläuft.

Man kann die verschiedenen **Unterbrecherbauarten** einteilen in feststehende und umlaufende Unterbrecher oder nach einem anderen Gesichtspunkt in Feder- und Lagerunterbrecher. Allen Bauarten gemeinsam ist der Grundgedanke des Unterbrechers: Der bewegliche Unterbrecherteil (Hammer) wird von einem Nocken abgelenkt und dadurch der Hammerkontakt von dem Amboßkontakt abgehoben. Nach einem bestimmten Drehwinkel gleitet der Hammer wieder vom Nocken ab und schließt unter dem Druck der Feder die Kontakte. Der den Amboßkontakt tragende Teil muß dabei auf irgendeine Weise von dem den Hammerkontakt tragenden Teil elektrisch isoliert sein. Beide Teile müssen dagegen mit dem Anfang bzw. dem Ende der Zünderwicklung in Verbindung stehen.

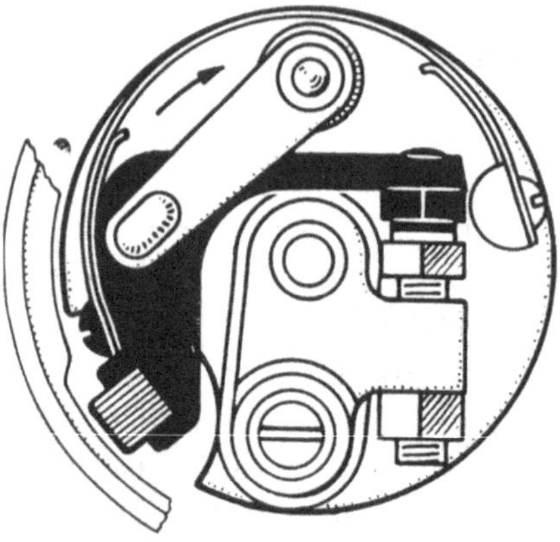

Bild 55. Umlaufender Lagerunterbrecher mit Stahlhebel

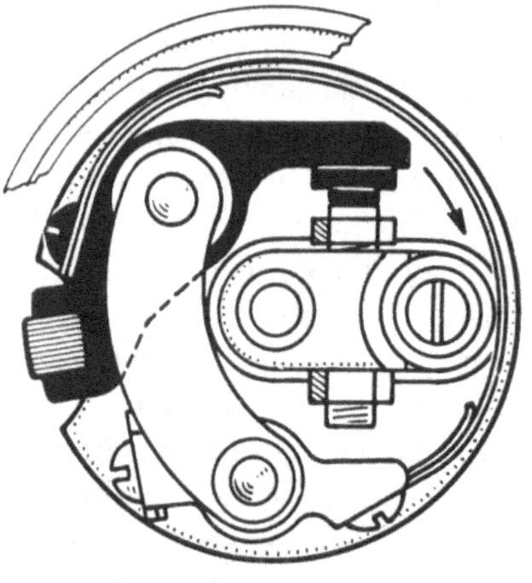

Bild 56. Umlaufender Lagerunterbrecher mit Duraluminiumhebel

Beim feststehenden Unterbrecher stehen Hammer und Amboß fest, wogegen der Nocken sich mit den übrigen umlaufenden Teilen des Zünders dreht. Beim umlaufenden Unterbrecher steht der oder stehen die Nocken fest, wogegen die übrigen Unterbrecherteile umlaufen. Die Firma Bosch hat als erste erkannt, daß im Primärstromkreis alle unnötigen Widerstände und unsicheren Kontakte zu vermeiden sind und daß eine umlaufende Zünderwicklung einen umlaufenden Unterbrecher, eine feststehende Wicklung einen feststehenden Unterbrecher erfordert, da andernfalls Schleifkontakte im Primärstromkreis notwendig werden.

Beide Arten von Unterbrechern, der feststehende und der umlaufende, können als Lager- oder als Federunterbrecher ausgebildet werden, wie die nachstehenden Konstruktionsbeispiele zeigen. Betrachten wir zunächst die Lagerunterbrecher; bei ihnen trägt ein Hebel, der in einem Gleitlager um einen Zapfen drehbar ist, den Kontakt. Wird durch die Kuppe des Nockens der Hebel abgelenkt, so unterbricht der Kontakt, durch eine Feder wird er wieder geschlossen.

Ein Beispiel eines umlaufenden Lagerunterbrechers zeigt Bild 55[2]); er wurde in den ersten Jahren des Hochspannungsmagnetzünders von der Firma Robert Bosch entwickelt und war lange Zeit vorherrschend. Ein Stahlhebel mit angefrästem Lagerzapfen ist in einer Büchse aus Fiber gelagert und durch eine Haltefeder gegen axiale Verschiebung gesichert; er trägt ein Gleitstück, gleichfalls aus Fiber, während der Nocken am Umfang des Gehäuses aus Stahl besteht. Dieser Unterbrecher wurde später von Bosch weiterentwickelt und die Lagerbüchse aus Fiber durch eine solche aus Resitex, einem bakelitisiertem Stoffgewebe, ersetzt. Diese gestattet eine kleinere Lagerluft im Unterbrecherlager, da sie nicht so hygroskopisch ist wie die Fiberbüchse; sie quillt daher in Feuchtigkeit weniger auf, und die Gefahr, daß der Hebel sich festklemmt, ist erheblich geringer. Je kleiner andererseits die Lagerluft ist, desto weniger können die Kontakte aufeinander schieben, desto weniger nutzen sie sich also ab. Auch trat später an die Stelle des Stahlhebels zur Verringerung der Masse ein Duraluminiumhebel, und so entstand der seit 1924 zu weiter Verbreitung gekommene und in der Herstellung einfachere umlaufende Lagerunterbrecher Bild 56. Durch die Verringerung der Lagerluft und der Masse werden die Kontakte erheblich geschont, und es ist möglich, höhere Drehzahlen zu erzielen. Eine Abart der umlaufenden Lagerunterbrecher ist der in Bild 57 gezeigte Unterbrecher der Firma Marelli, bei dem der Kontaktträger in einer Schneide gelagert ist; eine Schraubenfeder drückt die Kontakte zusammen. Das Gleitstück aus Resitex ist in einem Gleitlager drehbar und umgreift zangenförmig den Kontaktträger.

---

[2]) Der Hammer mit seinem Kontakt ist bei den folgenden Bildern schwarz gezeichnet.

Diese Bauart eignet sich für sehr hohe Drehzahlen, die Zange nutzt sich aber verhältnismäßig rasch ab.

Zahlreicher sind die Konstruktionen in der Gruppe der feststehenden Lagerunterbrecher. Die Bilder 58 und 59 zeigen zwei Ausführungen; (Bild 58) hat Duraluminiumhebel und Resitexlagergehäuse, einen umlaufenden Fibernocken und ein Gleitstück aus Stahl. Das Axialspiel wird nicht durch eine Haltefeder, sondern durch Scheibe und Splint begrenzt; die Kontakte sind durch eine Schraube verstellbar. Eine billigere Konstruktion (Bild 59) verwendet einen aus Blech gezogenen Hebel mit Resitexlager und Resitexgleitstück; der umlaufende Nocken ist aus Stahl. Durch Verschieben eines Kontaktträgers sind die Kontakte verstellbar.

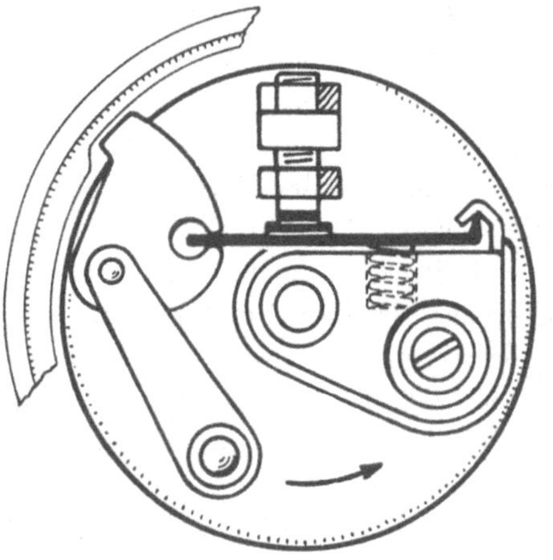

Bild 57. Schneidengelagerter Unterbrecher (umlaufend)

In neuester Zeit wurde von der Firma Bosch eine andere Bauart des feststehenden Lagerunterbrechers entwickelt, der sogenannte Federbandunterbrecher. Dieser ist in Bild 60 als Doppelunterbrecher gezeigt; er wird aber auch als Einzelunterbrecher ausgeführt. Im Resitexlager dreht sich ein Klötzchen, das einen Federstahlbandhebel mit angebogener Öse als Gleitfeder trägt. Der Nocken ist aus Fiber. Dieser Typ ist etwas teurer als die vorherigen, hat jedoch eine größere Lebensdauer, vor allem auch bei hohen Drehzahlen. Eine Konstruktion der Firma Splitdorf hat in einem Messinglager einen gehärteten Blechhebel, an dem unmittelbar der umlaufende Resitexnocken angreift. Eine Schraubenfeder sorgt dafür, daß der Hebel federt und der Kontakt wieder schließt. Durch die Lage des Hebels wird die Schiebung und damit die Kontaktabnützung ziemlich groß (Bild 61).

Von grundsätzlich anderer Bauart sind die lagerlosen, die Federunterbrecher, bei denen der Hammer lediglich an einer Stahlfederkonstruktion aufgehängt und für seine Beweglichkeit nur

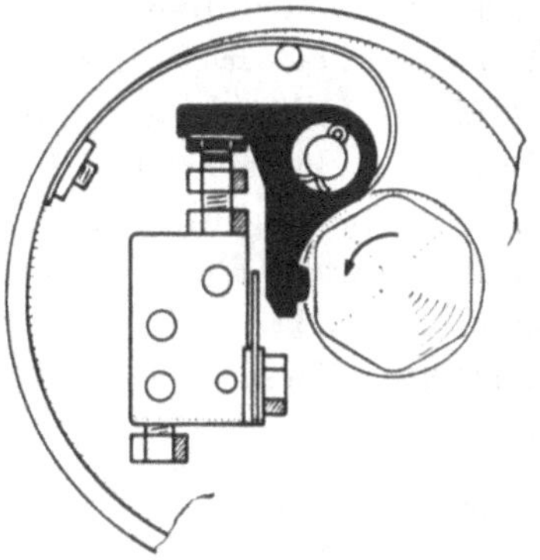

Bild 58. Feststehender Lagerunterbrecher mit Duraluminiumhebel

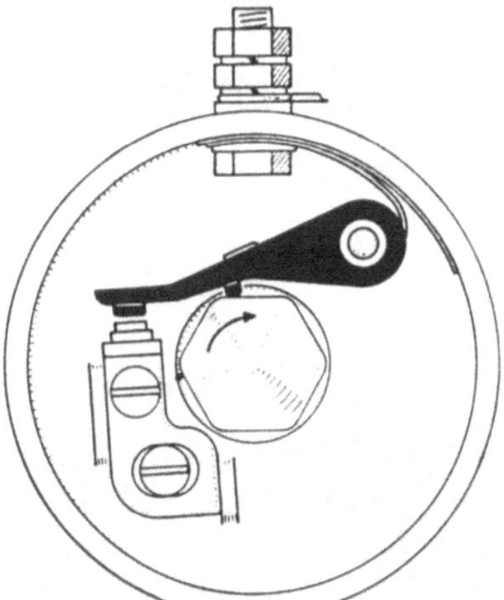

Bild 59. Feststehender Lagerunterbrecher mit Blechhebel

die Nachgiebigkeit der Aufhängefeder maßgebend ist. Einen umlaufenden Unterbrecher dieser Bauart (Bild 62) entwickelte die Robert Bosch A.-G., um die Kontaktabnützung und das Klemmen des Hebels beim seitherigen Lagerunterbrecher zu vermeiden. Nocken und Gleitstück sind in gleicher Weise ausgebildet wie beim Lagerunterbrecher, dagegen ist der schwingende Hebel an einem Federsystem aufgehängt. Den oben erwähnten Vorteilen steht eine schwierigere und deshalb teure Herstellung und Einstellung des Federsystems gegeünber. Dasselbe gilt für den in Bild 63 gezeigten feststehenden Unterbrecher, bei dem der Hebel in gleicher Weise aufgehängt ist.

Die auf Seite 109 erwähnte grundsätzliche Bauart, die Kontaktträger und Ablenkstück voneinander trennt, ist auch in der Gruppe der feststehenden Federunterbrecher vertreten, und zwar in einer bemerkenswerten Ausführung, die von dem Amerikaner Shoemaker entwickelt wurde (Bild 64). Die eine von zwei Federn trägt das Resitexgleitstück und wird vom umlaufenden Stahlnocken abgelenkt; sie stößt dann ihrerseits die zweite Feder an, die den Kontakt trägt. Eine besondere Unterbrecherrückzugfeder ist nicht vorhanden; der Kontaktträger zittert infolge seiner geringen Masse nur wenig nach.

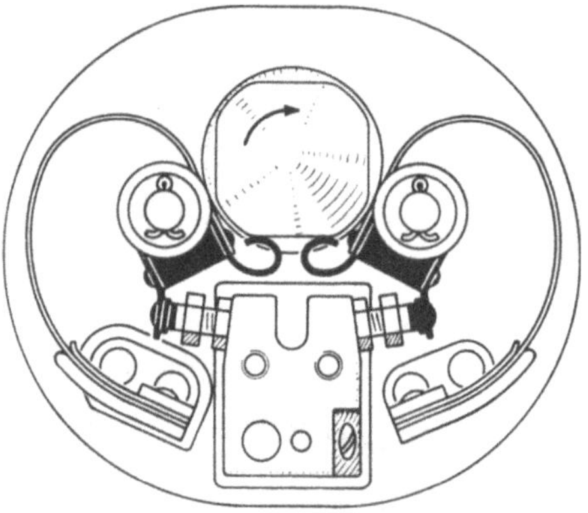

Bild 60. Feststehender Federbandunterbrecher (Doppelunterbrecher)

Der Kontaktdruck hängt bei derartigen Unterbrechern im allgemeinen von der Stellung des Kontaktträgers und damit von der Kontaktabnützung mehr ab als bei den sonst üblichen Unterbrechern.

Der Federunterbrecher wurde eine Zeitlang sehr viel verwendet, da er von den Schwierigkeiten frei ist, die die Lagerung des Unterbrecherhebels damals noch mit sich brachte (Hängenbleiben des Unterbrechers durch Quellen der Lagerbüchsen, starke Kontaktabnutzung durch Reiben der Kontakte aufeinander bei großer Lagerluft!). Dagegen ist er in der Regel teurer in der Herstellung und vor allem ist das Einstellen und Auswechseln der Feder schwieriger. Man ist auch weit mehr von der Streuung der Eigenschaften des Federmaterials abhängig als beim Lagerunterbrecher; dies kann sich unangenehm auswirken, weil ein Bruch der verhältnismäßig hoch beanspruchten Hebelfeder zum Versagen des ganzen Zünders führt.

Die Vorteile des Lagerunterbrechers liegen in seiner durch die Lagerreibung verursachten stärkeren Dämpfung und darin, daß er

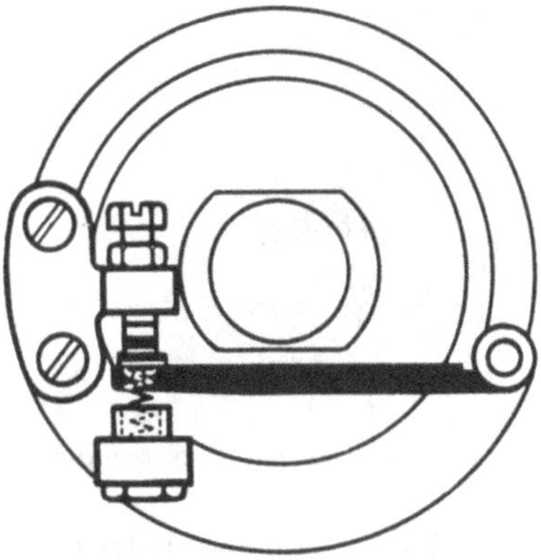

Bild 61. Splitdorf-Unterbrecher

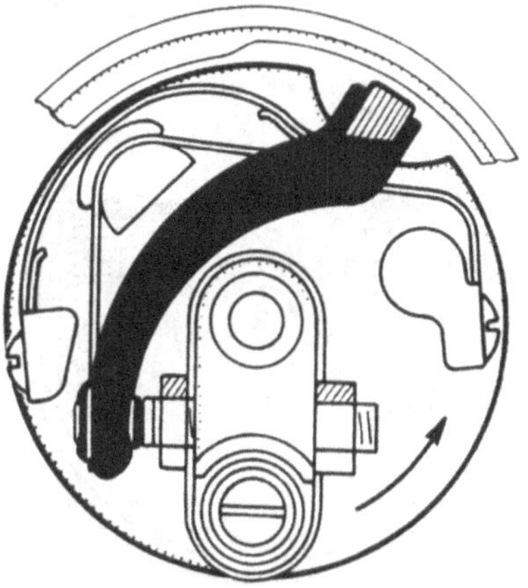

Bild 62. Umlaufender Federunterbrecher

von Werkstoff- und Herstellungsfehlern weniger abhängig ist als der Federunterbrecher. Nachdem die Schwierigkeiten der Lagerung dadurch überwunden sind, daß man heute Stoffe für die Lagerbüchsen kennt, die genügend Schmierfähigkeit besitzen und doch nicht unter dem Einfluß von Feuchtigkeit quellen, wird der Lagerunterbrecher wieder fast allgemein verwendet.

In der Regel erfolgt die Unterbrecherbewegung radial zur Zünderachse, ausnahmsweise auch axial, wie Bild 65 zeigt. Unter Umständen ist es möglich, die Länge des Magnetzünders durch axiale Unterbrecherbauart ein wenig zu verringern. Die axial arbeitenden Unterbrecher haben sich jedoch nicht durch-

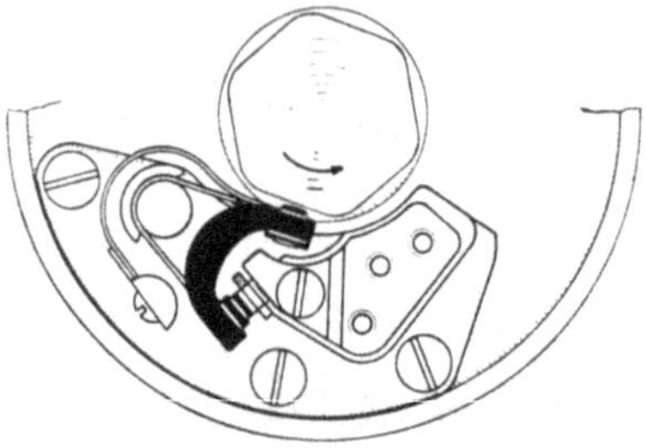

Bild 63. Feststehender Federunterbrecher

setzen können, da die radial arbeitenden betriebssicherer sind. Hauptsächlich das Längsspiel der Zünderachse bringt beim axialen Unterbrecher eine Ungenauigkeit des Öffnungspunktes mit sich.

Bild 64. Doppelhebel-Unterbrecher

Ausschlaggebend für die Form des Nockens sind sein Anstieg- und Abstiegwinkel sowie die (zur Erreichung einer gegebenen Höchstdrehzahl notwendige) Schließungsdauer des Unterbrechers; diese sind ihrerseits wieder bestimmt durch die höchstzulässige Kontaktabhubgeschwindigkeit und durch Konstruktionsrücksichten. Den Abstiegwinkel sucht man so flach wie möglich zu machen, um die

Auftreffgeschwindigkeit der Kontakte und damit das Geräusch herabzusetzen. Die Oberfläche des Nockens soll möglichst glatt sein, z. B. bei Metallnocken guten, gleichmäßigen Schliff aufweisen. Als Werkstoff für den Nocken wird Stahl, Fiber oder Resitex verwendet;

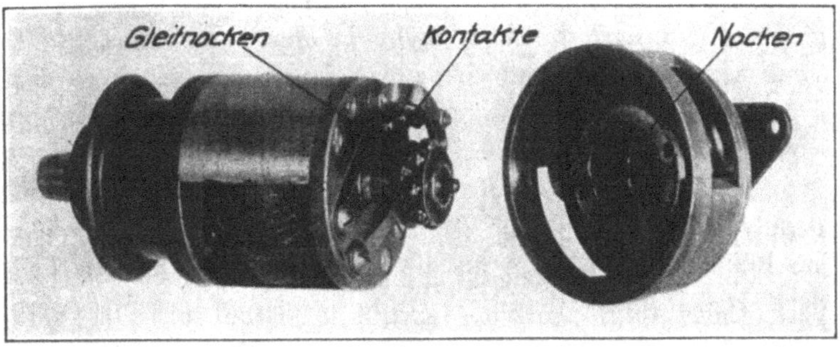

Bild 65. Axial arbeitender Federunterbrecher

bei besonders hoch beanspruchten Stahlnocken wird die Oberfläche gehärtet.

Die fabrikmäßige Herstellung guter Fibernocken ist ziemlich schwierig, wenn gleichmäßige Güte erreicht werden soll; einen

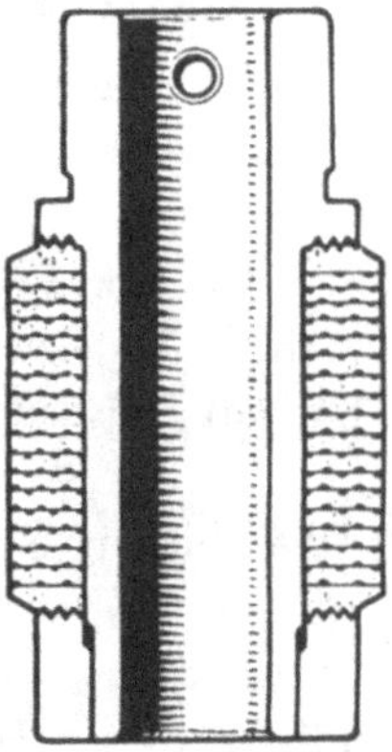

Bild 66. Nockenschnitt

Schnitt durch einen Fibernocken zeigt Bild 66. Der Schmierung der Nocken ist besondere Aufmerksamkeit zu widmen, wenn einwandfreier Dauerbetrieb des Unterbrechers gewährleistet sein soll. Bei Fibernocken ist allerdings keine besondere Schmiereinrichtung nötig, da die Tränkung eine ausreichende Dauerschmierung ohne jedes

Nachschmieren ergibt. Resitex nimmt bei weitem nicht so viel Fett auf wie Fiber, deshalb ist eine Nachschmierung meist nicht zu umgehen. Sie kann z. B. auf die Weise erfolgen, daß an der Auflagestelle des Nockens in einer kleinen Bohrung ein fettgetränkter Schmierfilz sitzt. Am sorgfältigsten ist bei Stahlnocken auf gute und anhaltende Schmierung zu achten. Der feststehende Nockenring des Umlaufunterbrechers trägt in der Regel in einer Aussparung einen kleinen Öldocht zur Schmierung der Nockenbahn. Auf dem umlaufenden Stahlnocken schleift entweder ein Schmierfilz oder es wird sonst in geeigneter Weise für die Unterbringung eines ausreichenden Fettvorrats in der Nockenbohrung gesorgt; dieser wird unter dem Einfluß der Zentrifugalkraft allmählich durch eine kleine Bohrung im Nocken an die zu schmierende Oberfläche befördert. Dabei muß allerdings sorgfältig darauf geachtet werden, daß kein fortgeschleudertes Öl oder Fett an die Kontakte gelangen kann. Diese sind erfahrungsgemäß beim Umlaufunterbrecher leichter vor Öl zu schützen als beim feststehenden Unterbrecher, der in manchen Fällen besondere Schutzringe oder -schirme erhalten muß.

Mit Rücksicht auf die Laufeigenschaften muß man für den Nocken und das Ablenkstück an Hebel oder Feder verschiedene Stoffe wählen; ist der Nocken aus Stahl, so nimmt man für das Ablenkstück Fiber oder Resitex und umgekehrt.

Es muß jedoch immer wieder betont werden, daß die Betriebssicherheit des Unterbrechers nicht nur sehr von der Zweckmäßigkeit der Konstruktion abhängt, sondern in noch höherem Maße als bei allen anderen Zünderteilen von der Präzision, mit der jedes einzelne Exemplar hergestellt wird. Unterbrecher der verschiedensten Bauarten haben sich schon auf ausgedehnten Rennen sehr gut bewährt.

Ohne Rücksicht auf die bisher beschriebenen verschiedenen Systeme soll die Frage aufgeworfen werden: Welche **Bedingungen** hat ein Unterbrecher zu erfüllen und welche Faktoren sind auf die Erfüllung dieser Bedingungen von Einfluß? Man verlangt von einem Unterbrecher:

1. daß er die höchste Betriebsdrehzahl, die der Motor dem Magnetzünder aufdrückt, mechanisch aushält;
2. daß er bei dieser Höchstdrehzahl eine so gute Schließung während der Schließungsdauer erzielt, daß aussetzerfreies Arbeiten des Zünders gewährleistet ist;

3. daß er bei den gegebenen durchschnittlichen Betriebsdrehzahlen eine bestimmte Lebensdauer aufweist;

4. daß die Kontakte genau und ohne aufeinander zu reiben öffnen;

5. daß er bei niederen und mittleren Drehzahlen nicht zu starkes Geräusch verursacht.

Die Anforderungen, die an die Höchstdrehzahl der Magnetzünder und damit der Unterbrecher gestellt werden, sind in Abschnitt I erwähnt. Ein Sechzehnzylinder-Magnetzünder für einen Viertakt-Rennmotor mit der Höchstdrehzahl 6000 Umdr./min hat 48 000 Unterbrechungen/min zu leisten. Dies sind freilich Ausnahmefälle, aber auch schon bei wesentlich geringeren Unterbrechungszahlen stößt man vielfach auf Schwierigkeiten. Der Unterbrecher kann dabei nicht nur hinsichtlich seiner mechanischen Haltbarkeit versagen, sondern es kann auch der Hammer beim Ablenken durch den Nocken (Öffnungsmoment) und beim Aufschlagen der Kontakte aufeinander (Schließungsmoment) so starke Stöße erleiden, daß er, wie man sagt, nachzittert und während eines wesentlichen Teils der Schließungsdauer nicht zur Ruhe kommt, sondern auf- und abschwingt. In diesem Falle kann sich gerade bei hoher Drehzahl, wo die zur Verfügung stehende Schließungszeit an sich gering ist, der Primärstrom nicht genügend ausbilden, was ein Versagen der Zündung zur Folge hat.

In Bild 67 sind die Oszillogramme eines brauchbaren und eines schlechten Unterbrechers dargestellt, und zwar zum Vergleich bei 200 Umdr./min gleich 400 Unterbrechungen/min und bei 4000 und 6000 Umdr./min gleich 8000 bzw. 12 000 Unterbrechungen/min. Die untere Linie jedes Oszillogramms stellt die Öffnung, die obere die Schließung dar. Man sieht deutlich genug, wie der Unterbrecher bei niederer Drehzahl während der Schließungszeit ganz in Ruhe ist, während er bei hoher Drehzahl immer wieder öffnet, nachzittert.

Bei der Frage nach der Lebensdauer des Unterbrechers ist nun freilich im Gegensatz zur Frage des Aussetzens nicht nur die Höchstdrehzahl von Wichtigkeit, sondern hauptsächlich die Durchschnittsdrehzahl, mit der der Unterbrecher während seines Betriebes beansprucht wird. Die Höchstdrehzahlen, die von den Motorkonstrukteuren angegeben werden, beziehen sich in der Regel auf die höchste Drehzahl, mit der der Motor auf dem

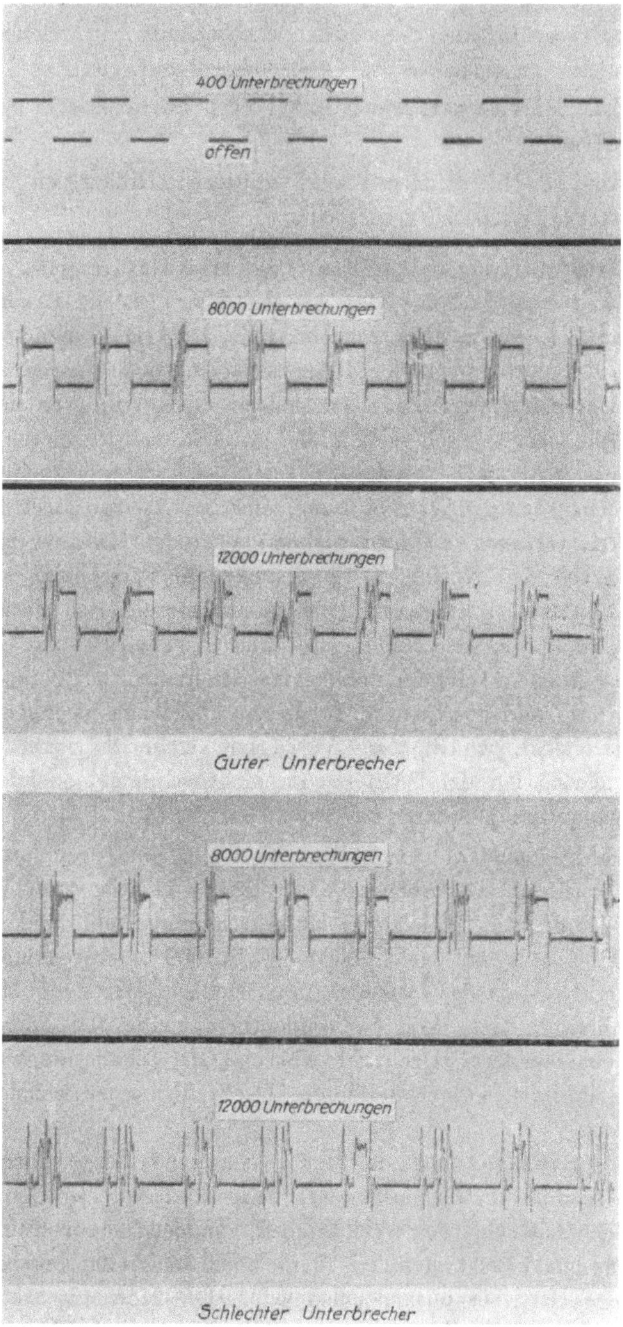

Bild 67. Unterbrecheroszillogramme

Prüfstand läuft, und werden im praktischen Fahrbetrieb häufig gar nicht oder doch nur selten und kurzzeitig erreicht. Es hat also keinen Sinn, vom Unterbrecher vielstündige Lebensdauer bei diesen Höchstdrehzahlen zu fordern, vielmehr muß der Unterbrecher bei einer gewissen Durchschnittsdrehzahl eine genügend lange Betriebsdauer aushalten. Bei Bestellung von Zündern für raschlaufende Motoren ist es also empfehlenswert, der Zünderfirma nicht nur die Höchstdrehzahl anzugeben, sondern mitzuteilen, welche Drehzahlen bei einer bestimmten Fahrzeuggeschwindigkeit (z. B. 60 km/Std.) vom Motor im direkten und nächstniederen Gang erreicht werden. Erst dann hat man ein richtiges Maß für die Beanspruchung von Zünder und Unterbrecher. Es ist uns bekannt, daß vielfach die Meinung verbreitet ist, je höher die Drehzahl bei Bestellung eines Zünders angegeben werde, desto mehr Sicherheit hinsichtlich Qualität des Zünders und besonders des Unterbrechers habe man. Diese Meinung ist aber als ganz irrig zu bezeichnen. Man läuft z. B. bei Angabe zu hoher Drehzahlen Gefahr, einen Unterbrecher zu erhalten, der zwar besonders hohe Drehzahlen aussetzerfrei erreicht, dagegen eine wesentlich kleinere Lebensdauer auch bei mittleren Drehzahlen hat als ein anderer, der für vernünftig bemessene Drehzahlen konstruiert ist und vielleicht in dem vorliegenden Fall vollauf genügt. Es ist davor zu warnen, die Qualität eines Magnetzünders lediglich nach Angabe seiner Höchstdrehzahl zu beurteilen.

Die Forderung nach genauem Abheben der Kontakte wird am besten vom Federunterbrecher erfüllt, doch genügt ihr auch der Lagerunterbrecher hinreichend, vorausgesetzt, daß keine zu große Lagerluft vorhanden ist. Bei großer Lagerluft allerdings verschiebt sich der Hammer nicht nur in der Öffnungsrichtung, sondern auch in der Richtung der Kontakt-Oberfläche. Die Kontakte schieben aufeinander und nutzen sich auffallend schnell ab, eine Erscheinung, die für das richtige Arbeiten des Zünders rasch gefährlich wird. Außerdem entsteht dadurch ein ungeregeltes Öffnen und Wiederschließen unmittelbar vor dem Unterbrechungsmoment, wodurch hin und wieder zwei Funken hintereinander, sogenannte Spaltfunken, auftreten und die niederste Drehzahl nicht unbeträchtlich erhöht werden kann.

Die letzte Forderung, geräuschloses Arbeiten des Unterbrechers, wird von fast allen Motorfirmen gestellt. Sie gewinnt Bedeutung, seitdem die Motoren bei niederen Drehzahlen immer mehr geräuschlos arbeiten. Der Unterbrecher arbeitet um so geräuschloser, je sanfter der Nocken abläuft, wenn man auch natürlich in der Formgebung des Nockens sehr wesentlich von anderen Bedingungen abhängig ist. Wir sind allerdings auch der Ansicht, daß dieser — man könnte sagen Schönheitsfehler des Unterbrechergeräusches bei der Konstruktion des Unterbrechers gegenüber der Betriebssicherheit und Lebensdauer nicht allzusehr berücksichtigt werden sollte. Häufig tritt auch das Unterbrechergeräusch zurück hinter dem Geräusch, das durch die Zahnradübersetzung zum Verteiler verursacht wird. Dieses Geräusch der Zahnräder freilich kann ohne jeden Nachteil durch zweckmäßige Zahnradformgebung und richtiges Einstellen der Zahnluft nahezu vermieden werden. In diesem Zusammenhang mag erwähnt sein, daß zur Verringerung des Zahnradgeräuschs heute die Verteilerzahnräder häufig nicht mehr aus Bronze, sondern aus gepreßten Stoffen, die unter den Namen Formika, Resitex, Novotext und dergl. laufen, hergestellt werden. Diese Stoffräder sind den Bronzerädern hinsichtlich mechanischer Lebensdauer ebenbürtig oder sogar überlegen, vorausgesetzt, daß die Zähne nicht mit roher Gewalt von außen zerstört werden.

Von wesentlichem Einfluß auf das Arbeiten des Unterbrechers und damit auf die Erfüllung der genannten Forderungen sind die folgenden Punkte: Kontaktdruck, Trägheit und Dämpfung des beweglichen Systems, Schließungsdauer, Kontaktöffnung und Abhubgeschwindigkeit des Hammerkontakts von dem Amboßkontakt.

Je höher der Kontaktdruck ist, desto höher ist die aussetzerfrei erreichbare Drehzahl, desto geringer aber ist die mechanische Haltbarkeit und Lebensdauer des Unterbrechers und der Kontakte. Der Kontaktdruck der geläufigen Unterbrecherbauarten schwankt etwa zwischen 300 und 1000 g, gemessen an der Kontaktstelle. Er ist häufig beim umlaufenden Unterbrecher abhängig von der Drehzahl infolge der auf den Hammer wirkenden Fliehkräfte. In der Regel wird der Umlaufunterbrecher so gebaut, daß der Kontaktdruck mit steigender Drehzahl zunimmt. Die Trägheit des beweglichen Systems, also hauptsächlich die Masse des Hammers, soll mit Rücksicht auf das Nachzittern, die Lebensdauer und das Unterbrechergeräusch so klein wie möglich gehalten werden; dabei darf freilich die Festigkeit des Hammers nicht leiden. Um bei genügender Festigkeit geringe Masse zu erhalten, wählt man als Baustoff für den beweglichen Teil häufig Leichtmetall, z. B. Duralumin, leichte Eisendrückteile oder Stoffgewebestücke.

Wir haben nun noch auf die Einflüsse einzugehen, die auf das Nachzittern und die Haltbarkeit gleichartig wirken, aber aus anderen Gründen nicht frei wählbar sind: es ist dies die sogenannte Kontaktöffnung, d. h. der maximale Abstand der beiden Kontakte im geöffneten Zustand und die Kontaktabhubgeschwindigkeit. Die Kontaktöffnung beträgt zumeist 0,3...0,5 mm. Die Kontaktöffnung geringer zu halten, würde auf die Lebensdauer des Unterbrechers günstig wirken, dabei besteht aber die Gefahr, daß bei

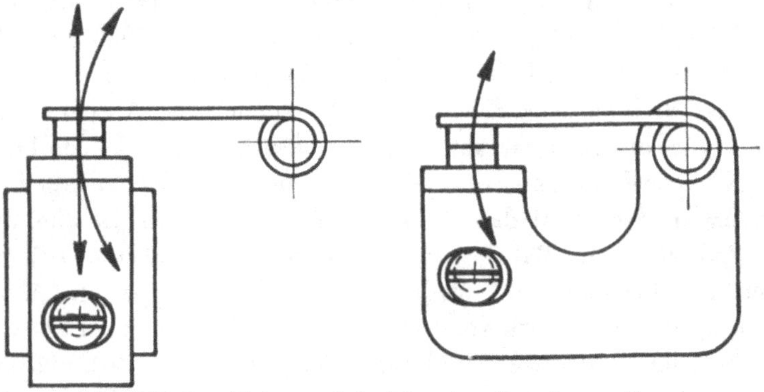

Bild 68. Geradlinige und kreisförmige Kontaktverstellung

geringen Veränderungen, hauptsächlich bei leichter Nockenabnutzung, der Unterbrecher dauernd geschlossen bleibt. Das Einstellen der Kontaktöffnung geschieht durch Verstellen des Ambosses, indem dieser entweder in Richtung seiner Achse geradlinig verschoben oder aber um den Mittelpunkt der Hebelbewegung verdreht wird. Bild 68 zeigt diese beiden Verstellarten. Im ersten Fall wird der Kontakt entweder durch Löten oder Schweißen auf einer Schraube befestigt, die im Amboß verdreht werden kann, oder der Amboß selbst wird nach Lösen einer Schraube geradlinig verschoben. Die zweite Art wird meistens so ausgeführt, daß der Amboß zweischenklig ist und mit einer Exzenterschraube um den Mittelpunkt des Hebels gedreht wird.

Ist der Kontakt auf einer Schraube befestigt und wird diese verdreht, so kann leicht der Fall eintreten, daß sich die Kontakte infolge ungleichmäßiger Abnutzung nicht mehr mit ihrer ganzen Fläche, sondern nur noch punktförmig berühren. Deshalb werden heute weitgehend die beiden anderen Verstellarten angewendet. Viele Zünderfirmen geben ihren Erzeugnissen kleine Lehren zur Kontakteinstellung mit.

Die Geschwindigkeit, mit der die Unterbrecherkontakte geöffnet werden, hängt nicht nur von der Drehzahl ab, sondern auch von dem Anstiegwinkel des Nockens, dem Durchmesser der Nockenbahn und von dem Hebelarmverhältnis des Unterbrecherhebels. Häufig wird das Hebelverhältnis etwa gleich 1 gewählt, damit bei einseitiger Abnutzung der Kontakte oder des Nockens die Kontaktöffnung sich nicht zu sehr verändert. Je steiler der Anstiegwinkel und je größer der Nockenbahndurchmesser ist, desto rascher erfolgt die Unterbrecheröffnung, desto stärker sind Nachzittern und mechanische Beanspruchung. Da aber andererseits jede Abnutzung der Unterbrecherkontakte oder des Nockens den Zündzeitpunkt und die Ankerstellung im Augenblick des Abrisses verändert, und zwar um so stärker, je flacher der Anstiegwinkel, je kleiner der Nockenbahndurchmesser ist, ist man auch hier ziemlich eng begrenzt in der Wahl der Maße. Beim Magnetzünder ist dies mehr der Fall als beim Batteriezünder, da dort die Ankerstellung und damit die Leistung und niederste Drehzahl bei geringer Abhubgeschwindigkeit zu stark von den genannten Zufälligkeiten abhängig werden, beim Batteriezünder dagegen lediglich die Schließungsdauer und der Zündzeitpunkt hiervon beeinflußt werden. Dafür ist es aber auch gerade beim Batteriezünder besonders wichtig, eine gute Schließung bei hoher Drehzahl sicherzustellen, da gerade hier die Leistung mit zunehmender Drehzahl an sich sinkt, weil die Schließungszeit, die für das Anwachsen des Stromes erforderlich ist, mit zunehmender Drehzahl immer ungenügender wird (s. Abschnitt II). Man wird also für den Batteriezünder zweckmäßigerweise eine etwas kleinere Abhubgeschwindigkeit vorsehen als für den Magnetzünder. Die Abhubgeschwindigkeit an den Kontakten liegt bei den meisten Zündern etwa zwischen 15 und 30 m/sek bei 3000 Unterbrechungen/min.

Das Nachzittern kann natürlich um so mehr die Leistung des Zünders beeinflussen, je kürzer die Schließungsdauer ist. Beim Batteriezünder ist, wie wir uns bereits vergegenwärtigt haben, die Schließungsdauer durch den Wattverbrauch begrenzt, beim Magnetzünder dagegen durch Reststromwirkung und durch die Tatsache, daß die Schließung nicht erfolgen darf, ehe der Fluß seinen vollen Wert erreicht hat, da sonst zu Anfang der Schließungsperiode ein Gegenstrom auftritt. Endlich ist man bei vielen Unterbrecherbauarten aus mechanischen Gründen gezwungen, die Schließungsdauer nicht zu groß, die Öffnungsdauer nicht zu klein zu wählen, da sonst der Nocken zu spitz wird und zu starker Abnutzung unterworfen ist. Man verwendet manchmal, um den Einfluß des Nachzitterns auszuschalten, bei Zündern, die sehr hohen Beanspruchungen ausgesetzt sind, vor allem also für Motoren mit acht und mehr Zylindern, zwei Unterbrecher, die sich in Parallelschaltung gegenseitig ergänzen. Man versetzt dabei die Unterbrecher so gegeneinander, daß sie abwechslungsweise das Öffnen des Primärkreises vornehmen, und gibt also dem Umlaufnocken die Hälfte der Kuppen, die bei nur einem Unterbrecher nötig wäre (siehe Abschnitt IV). Bei einem Achtzylinder-Motor z. B. hat der Unterbrecher zwei Federbandhebel, die um 45° versetzt auf einem Nocken mit vier Kuppen schleifen. Um den Nocken möglichst wenig abzunutzen, laufen die Ablenknocken auf zwei getrennten Nockenbahnen übereinander. Die Unterbrechungszahl jedes einzelnen Unterbrechers erniedrigt sich auf diese Weise um die Hälfte. Die Schließungsdauer wird genügend groß, ohne daß der Nocken zu spitz wird.

Mit die wichtigsten Teile des Unterbrechers sind die **Kontakte,** d. h. die Metallstücke, die die Schließung und Unterbrechung des Stromes unmittelbar übernehmen. Man stellt an die Kontakte 4 Forderungen:

1. sie sollen in geschlossenem, d. h. aufeinandergedrücktem Zustand stets tadellosen Kontakt geben;
2. sie sollen sich wenig abnutzen;
3. sie sollen wenig „feuern“, um Aussetzer zu vermeiden; und
4. sie sollen mechanisch haltbar sein.

Das Unterbrecherfeuer ist, wie wir wissen, nicht nur vom Kontaktwerkstoff, sondern noch von vielen anderen Faktoren abhängig. Immerhin ist es Tatsache, daß der Kontaktwerkstoff selbst einen sehr wesentlichen Einfluß auf das Feuer hat.

Man hat für die Kontakte schon die verschiedensten Werkstoffe verwendet, findet aber vor allem, daß viele sonst als Kontaktmaterial in der Elektrotechnik gebräuchlichen Werkstoffe, wie z. B. Silber, für diesen Zweck zu weich sind. Auch die vorübergehend verwendeten Legierungen aus Platin und Osmium sind zu weich, was zur Folge hat, daß sich die Kontakte bald deformieren und den Betrieb des Zünders stören. Von den heute gebräuchlichen Kontaktwerkstoffen nennen wir nur die zwei wichtigsten: Die Platin-Iridium-Legierung (aus Platin mit etwa 20 % Iridium) und das Wolfram.

Im allgemeinen kann der Platin-Iridiumkontakt als der ungleich bessere, aber sehr viel teurere Kontakt angesprochen werden. Sein Vorzug ist, daß er im Gegensatz zu Wolfram kein isolierendes Oxyd an seiner Oberfläche bildet, was seine besondere Zuverlässigkeit hinsichtlich guten Kontakts und damit unbedingte Betriebssicherheit ergibt. Auch hinsichtlich des Unterbrecherfeuers ist der Platin-Iridiumkontakt dem Wolframkontakt weit überlegen. Ein Magnetzünder, bei dem mit Platinkontakten bei den höchsten Drehzahlen noch keine Aussetzer durch Unterbrecherfeuer auftreten, kann schon bei mittlerer Drehzahl mit Wolframkontakten bedenklich aussetzen. Das Feuern ist an den Kontakten selbst bei Wolfram ungleich viel stärker wahrzunehmen als bei Platin-Iridium. Auffallenderweise ist dies aber kein Maßstab für die Kontaktabnutzung. Man findet vielmehr sehr häufig, daß in einem Magnetzünder sich Platinkontakte sehr rasch abnutzen, wogegen Wolframkontakte eine ungleich größere Lebensdauer haben.

Hauptsächlich — und das ist ein für den praktischen Betrieb sehr wichtiger Punkt — sind Platinkontakte sehr empfindlich gegen Öl- und Benzindämpfe. Geringe Mengen solcher Dämpfe im Unterbrechergehäuse führen zu ganz erstaunlich rascher Kontaktabnutzung. Versuche haben gezeigt, daß sich die Lebensdauer eines Kontaktpaares unter Benzindampfeinfluß auf $^1/_{10}$ der normalen Lebensdauer erniedrigen kann. Dies erheischt von dem Zünderkonstrukteur: gute Lüftung des Unterbrechergehäuses und Vorsicht bei der Konstruktion der Schmierung; von dem Motorkonstrukteur: weg mit dem Zünder von Vergaser und Benzinleitungen, weg von ölreichen Stellen, insbesondere von der Entlüftungsöffnung, sorge für gute Luftzufuhr!, und endlich von dem Kraftfahrer: Sauberkeit und Vorsicht in der Behandlung des Zünders. Vor allem leuchtet jetzt ein, daß ein Schmieren des Hebellagers des Lagerunterbrechers von außen nicht in Frage kommt, daß man also auf Lagerbüchsen mit Fettgehalt zur Selbstschmierung angewiesen ist.

Während also die Platinkontakte sehr stark durch Benzin- und Öldämpfe geschädigt werden, ist dies bei Wolframkontakten weniger der Fall, und dies ist nächst dem Preis ihr großer Vorteil. Für den Batteriezünder und den Einzylinder-Magnetzünder kommt noch ein weiterer, bisher nicht erwähnter Nachteil des Platinkontakts gegenüber dem Wolframkontakt zur Geltung: Die Eigenschaft, stark mit dem Strom zu wandern. Das Platin-Iridium wandert bei Apparaten, bei denen die Stromrichtung immer ein und dieselbe ist (Einzylinder-

Magnetzünder und alle Batteriezünder), von einem Kontakt mit dem Öffnungs-Lichtbogen weg und zu dem andern Kontakt hin, so daß sich dort ein tiefer Krater, hier eine Erhöhung bildet. Diese Erscheinung der Materialwanderung mit dem Lichtbogen ist von jeder Gleichstrombogenlampe hinlänglich bekannt. Kontakte mit starker Wanderung sind im Schnitt in Bild 69 dargestellt. Diese Wanderung führt zu Anständen, da mit der Zeit der eine Kontakt ganz

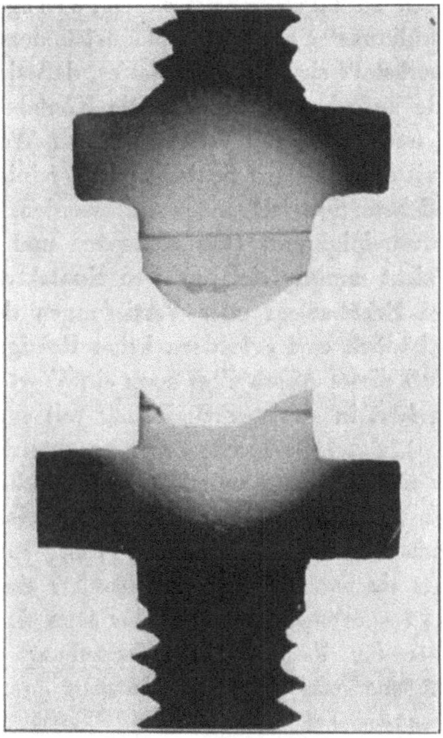

Bild 69. Kontaktwanderung

aufgezehrt wird (beachte die Schweißstelle des Kontakts im Bild) und auch leicht gegenseitige Verhakungen der Kontakte in der löchrigen Oberfläche auftreten. Wolfram hat die Eigenschaft, wesentlich weniger zu wandern und ist darum der für den Batteriezünder nahezu allein brauchbare Kontakt.

Die Forderung 4 nach mechanischer Festigkeit der Kontakte ist zum Teil schon beleuchtet. Es ist hinzuzufügen, daß Wolfram spröder ist als Platin-Iridium und deshalb leicht abbröckelt.

Erwähnt sei an dieser Stelle auch, daß man bei Platin-Iridium- und Wolframkontakten zweierlei Strukturen verwendet. Zum Teil hat man Kontakte, die aus Blechen ausgestanzt sind und parallel zu ihrer Auflagefläche geschichtet sind, zum Teil hat man aber auch aus Stangenmaterial abgesägte, also senkrecht zu ihrer Oberfläche geschichtete Kontakte. Bild 70 zeigt die Struktur der beiden Kontaktarten. Die senkrecht geschichteten Kontakte haben sich in der Regel besser bewährt.

Es bleibt noch zu sagen, daß Verunreinigungen in den Kontakten die schlimmsten Feinde des Magnetzünders sind, sei es, daß sie im Kontaktwerkstoff sich befinden, sei es, daß sie erst von außen auf die Kontakte aufgebracht werden. Die Kontakte eines Magnetzünders dürfen und sollen zwar (hauptsächlich Wolframkontakte!) bei Anständen mit einer kleinen Schlichtfeile gereinigt werden, dabei muß aber peinlichste Sorgfalt angewandt werden, um jedes Eindringen von Verunreinigungen (Eisenfeilspäne und dergleichen) zu vermeiden und nicht unnötig viel von dem Kontaktwerkstoff wegzuschaben. Geringe Erhöhungen oder Vertiefungen der Kontaktoberfläche sind unschädlich und erfordern keine Reinigung.

Zum Abschluß dieses Abschnittes noch ein Wort über den **Kondensator.** Er gehört in gewisser Beziehung mit zum Unterbrecher, weil er dazu dient, das Unterbrecherfeuer zu unterdrücken. Wichtig ist hierbei, daß die Leitungen zwischen Unterbrecher und Kondensator so geringen Widerstand wie möglich haben, also kurz sind, und daß hauptsächlich unsichere Kontakte sorgfältig vermieden werden. Deshalb erfordert ein umlaufender Unterbrecher einen umlaufenden Kondensator, ein feststehender Unterbrecher stets einen feststehenden Kondensator. Bei der Zündzeitpunkt-Verstellung muß der feststehende Unterbrecher um den Umlaufnocken geschwenkt werden, es müssen also entweder Kondensator und Unterbrecher gemeinsam verstellbar sein oder eine bewegliche Verbindung zwischen Unterbrecher und Kondensator vorgesehen werden. Vielfach wird diese Verbindung durch eine Metallitze oder ein Federband hergestellt, um jeden unsicheren Kontakt auszuschließen. Von dieser Schwierigkeit ist der Umlaufunterbrecher frei, da hier der feststehende Nocken verstellt wird. Beim umlaufenden Anker ist der Kondensator in einem der Ankerdeckel untergebracht, wie aus Bild 73 zu ersehen ist.

Die Kondensatoren selbst kann man grundsätzlich nach ihrer Bauart in zwei Gruppen einteilen: in Glimmer- und Papier-Kondensatoren, je nachdem als Isolierstoff Glimmer oder mit einem Isoliermittel getränktes Papier verwendet wird. Der Glimmerkondensator besteht aus einer großen Anzahl dünner Glimmerblättchen, zwischen die dünne Metallfolien (meist Zinn oder Aluminium) so gelegt werden, daß die Folien immer abwechselnd auf entgegengesetzten

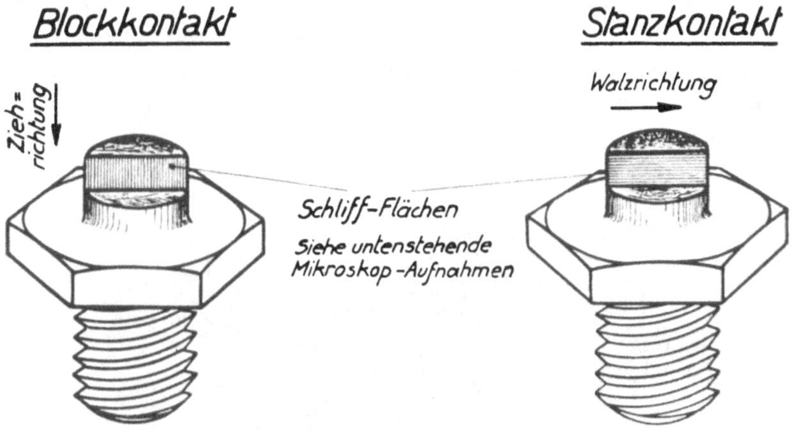

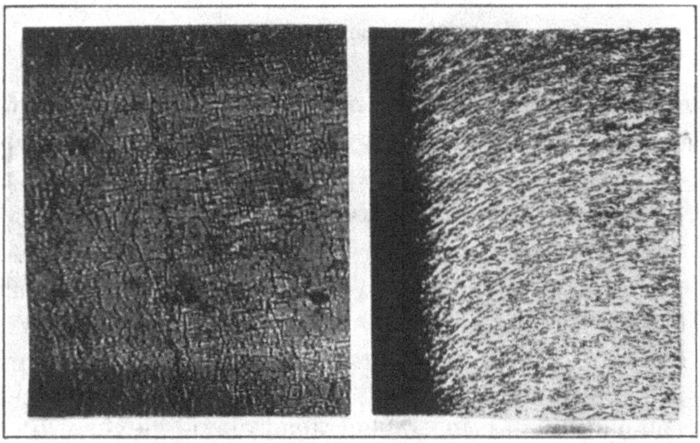

Bild 70. Stanz- und Blockkontakt

Seiten aus dem Glimmerpaket herausragen (Bild 71). Dabei ist darauf zu achten, daß die unmittelbar benachbarten Folien einander nicht berühren, dagegen jede Folie mit der übernächsten verbunden ist. Glimmerplättchen und Folien werden meist mit Schellack aufeinandergeklebt und in warmem Zustand noch besonders zusammengepreßt.

Beim Papierkondensator dient als Isolierstoff Papier, das mit Öl, Lack oder Wachs getränkt wird. Ursprünglich war er genau so geschichtet wie der Glimmerkondensator, bis man erkannte, daß sich auf diese Weise kein brauchbarer Kondensator ergab; die Schichten verzogen sich. Man ging daher dazu über, den Kondensator zu wickeln; dabei werden in der Regel zwei Papierstreifen und zwei Stanniolstreifen so aufeinandergewickelt, daß der eine Stanniolstreifen auf der einen, der andere auf der anderen Seite über das Papier hervorsteht.

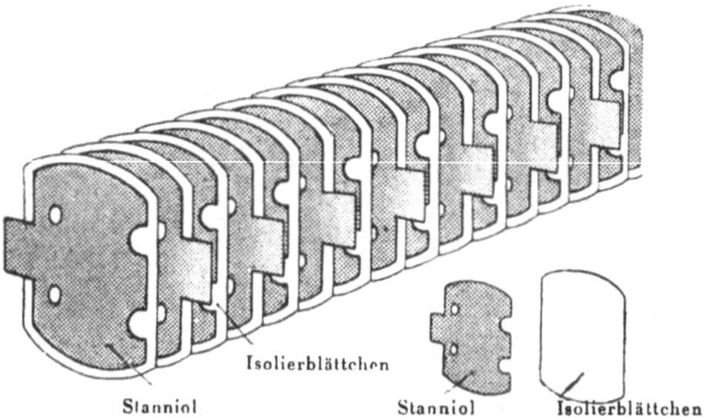

Bild 71. Glimmerkondensator

Der Kondensator wird neuerdings meist mit Rohpapier gewickelt, erst nach dem Wickeln mit einem geeigneten Öl oder Wachs getränkt und dann ganz dicht eingekapselt. Dies ist wichtig, weil das Papier auch in getränktem oder lackiertem Zustande äußerst hygroskopisch ist. Wenn man jedoch die Vorsichtsmaßregeln einer dichten Einkapselung und eines geeigneten Tränkmittels anwendet, also den Papierkondensator unabhängig von Feuchtigkeitseinflüssen und unabhängig von der Temperatur macht, besitzt er eine ausreichende Durchschlagfestigkeit und Isolierfähigkeit. Der Papierkondensator kann dann nicht nur dem Glimmerkondensator gleichwertig gebaut werden, sondern ist ihm unter Umständen wesentlich überlegen.

Einen solchen dichtgekapselten Papierkondensator zeigt Bild 72. Er besteht aus einem mit Spezialöl getränkten Wickel aus Papier- und Aluminiumfolie; die Folie steht abwechselnd auf den beiden Seiten des Belages über, ist dort plattgedrückt und erhält durch Federscheiben Kontakt, auf der einen Seite mit dem im Gehäuseboden isoliert, aber vollkommen dicht eingenieteten Primäranschluß, auf der anderen Seite mit dem Gehäusedeckel, also mit Masse.

Der Gehäusedeckel ist mit dem Gehäuse luftdicht verlötet. Diese Bauart hat sich sehr gut bewährt; neben ihr bestehen noch einige ähnliche Lösungen, die sich insbesondere in der Art der isolierten Durchführung des Primäranschlusses unterscheiden. Eine Sonderbauart hat die Firma Scintilla geschaffen, die den Kondensator in die Zünderwicklung einwickelt.

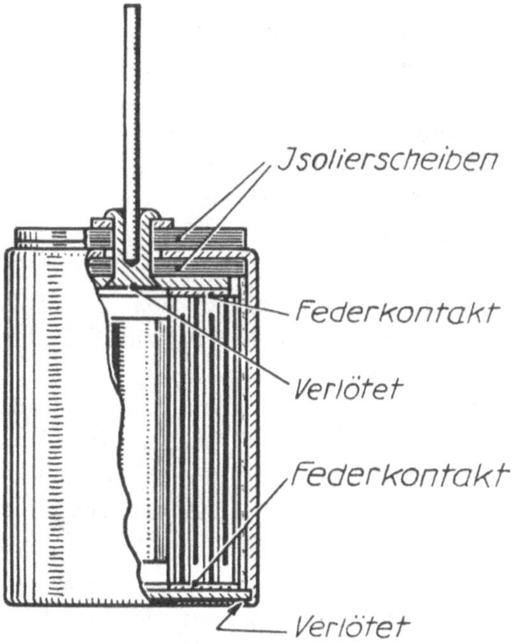

Bild 72. Ölgetränkter Papierkondensator

Von einem guten Kondensator verlangt man zwischen den Belegen einen Widerstand von mehr als 10 Megohm und eine Durchschlagfestigkeit von mindestens 900 Volt, während die Kapazität von der Zünderbauart abhängig ist und zwischen 0,05 und 0,35 μF schwankt.

IV. Verschiedene Zünderbauarten

1. Magnetzünder

Wir wenden uns zuerst den verschiedenen Magnetzünderbauarten zu. Wenn auch der Magnetzünder im normalen Personenkraftwagen heute nur noch eine wirtschaftlich untergeordnete Rolle spielt, so rechtfertigen seine geschichtliche Bedeutung und seine heutige Verwendung an Krafträdern und auf wichtigen Sondergebieten (s. a. Kap. II) es doch, die Haupttypen mehr oder weniger ausführlich zu beschreiben.

Da die **Anforderungen**, denen die Magnetzünder auf den verschiedenen Anwendungsgebieten gewachsen sein müssen, in einzelnen Punkten ziemlich weit auseinandergehen, seien sie zunächst kurz zusammengestellt, ehe wir auf die einzelnen Bauarten eingehen.

Bei Lastwagen muß der Magnetzünder den rauhen Betrieb aushalten, bei niederer Anwerfdrehzahl schon eine große Schlagweite haben und unempfindlich gegen Verölen und Verrußen der Kerzen sein.

Von Omnibuszündern verlangt man, besonders in Überlandomnibussen, die oft Tag und Nacht gefahren werden, ganz außergewöhnlich lange Betriebszeiten ohne Abnützung wichtiger Teile, und zwar bei oft sehr hohen Drehzahlen und Temperaturen.

Traktoren müssen lange Zeit ohne Wartung laufen, werden von ungeschultem Personal bedient und sind sehr stark der Verstaubung und Verschmutzung ausgesetzt; sie brauchen Zünder, die zwar nicht für hohe Drehzahlen gebaut sind, aber ganz besondere Anspruchslosigkeit in Wartung und Betrieb über lange Zeit aufweisen.

Flugzeugzünder verlangen einen außerordentlich hohen Sicherheitsgrad. Sie müssen für die oft großen Zylinderzahlen der Motoren besonders gebaut sein, müssen in großen Höhen bei verdünnter Luft doch genügende Schlagweite hergeben; dabei soll das Gewicht möglichst klein sein. Die gefährlichen Folgen von Drehschwingungen müssen vermieden werden, und unbedingte Brandsicherheit sowie die Möglichkeit ständigen Überwachens werden verlangt.

Motorräder brauchen im allgemeinen sehr gute Anlaßleistung des Zünders, geringe Empfindlichkeit gegen Kerzenverschmutzung und hohe Schüttelsicherheit. Die Zünder müssen gegen Spritzwasser, Schmutz und Staub geschützt, außerdem leicht und klein sein, brauchen dafür allerdings keine besonders hohe Lebensdauer zu haben.

Rennwagenzünder sollen besonders hohen Anforderungen in bezug auf hohe Drehzahlen und Betriebssicherheit genügen und dabei möglichst leicht sein.

Diesen Anforderungen entsprechend weisen, wie wir sehen werden, die einzelnen Zünderbauarten charakteristische Merkmale auf.

Dem Aufbau nach unterscheiden wir zunächst die sogenannten Zweiabrißtypen und die Vier- und Mehrabrißtypen. Das Unterscheidungsmerkmal besteht darin, daß bei den Zweiabrißtypen der Erregerfluß im Anker zweimal und bei den Vier- und Mehrabrißtypen viermal oder öfter seine Richtung bei einer Umdrehung der Zünderachse wechselt. Wie schon die Betrachtung der Tafel, Bild 8, in Abschnitt I zeigen mußte, eignen sich die Vier- und Mehrabrißtypen in erster Linie für hohe Zylinderzahlen, z. B. für Renn- und Flugmagnetzünder.

Ein weiteres Unterscheidungsmerkmal ist das Verhältnis von Magnet und Ankerwicklung zueinander. Wie wir bereits auf Seite 11 ausführten, ist die ursprüngliche Form ein umlaufender Anker im Felde eines feststehenden Magneten. Der Flußwechsel kann aber auch erfolgen, wenn die Ankerwicklung feststeht und der Magnet umläuft, oder endlich, wenn Anker und Magnet feststehen und besondere Kraftlinienleitstücke umlaufen.

Auf Grund dieser Einteilung besprechen wir die einzelnen Bauarten in folgender Reihenfolge:

Zweiabriß-Typen mit
- Umlaufanker
- Umlaufmagnet

Vier- und Mehrabriß-Typen mit
- Umlaufmagnet
- Umlaufleitstücken.

Wir betrachten in Bild 73 zuerst einen weit verbreiteten **Zweiabrißtyp** der Robert Bosch A.-G. in Vierzylinderausführung.

Der Schnitt zeigt anschaulich die Einzelteile dieses Zweiabrißtyps mit **Umlaufanker.** Das Aluminiumgehäuse 103 trägt den Bügelmagneten 101, dessen Schenkel die geblätterten Polschuhe 102 berühren. Die Polschuhe sind bei dieser Bauart durch Messingringe zu einer in das Gehäuse einsteckbaren Einheit, dem Polring, ver-

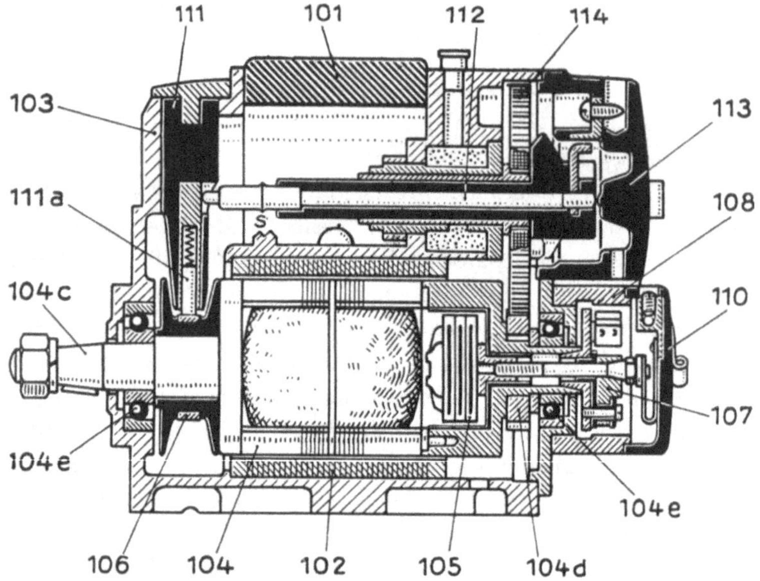

Bild 73. Schnitt durch einen Magnetzünder mit Umlaufanker

101	= Bügelmagnet	107	= Unterbrecher
102	= Polschuh	108	= Nockenring
103	= Gehäuse	110	= Unterbrecherdeckel
104	= Anker	111	= Stromabnehmer
104 c	= Ankerachse	111 a	= Schleifkohle
104 d	= Verteilerrad	112	= Verteilerläufer
104 e	= Kugellager	113	= Verteilerscheibe
105	= Kondensator	114	= Läuferrad
106	= Schleifring		(Isolierteile schwarz)

bunden. Im Polring läuft der im Gehäuse und hinteren Lagerdeckel in Kugellagern 104 e gelagerte Doppel-T-Anker 104. Er besteht aus dem Eisenkörper mit Lamellen und Endstücken, den auf diesem befindlichen Wicklungen und den Ankerdeckeln aus Messing. Der hintere Ankerdeckel enthält den gekapselten Wickelkondensator 105, dessen isolierter Kabelschuh mit dem Ende der Primärwicklung verbunden ist, während der Anfang der Primärwicklung in dem Ankerdeckel selbst verlötet ist. Der vordere Ankerdeckel trägt den Schleifring 106, zu dessen Metallsegment das Ende der Sekundärwicklung geführt ist. Endlich trägt er eine Stahlachse 104 c, die mit Konus und Keilnut zur Kupplung des ganzen Zünders mit der Antriebachse versehen ist. Der hintere Ankerdeckel dagegen trägt das Verteilerantriebszahnrad 104 d aus Stahl und ist mit einem konischen Loch mit Keilnut zur Befestigung des Unterbrechers versehen. Der umlaufende Lagerunterbrecher 107 selbst wird mit einer Stahlschraube an den Ankerdeckel gezogen. Die Schraube ist isoliert durch den Ankerdeckel hindurchgeführt und steht mit dem Primärdrahtende in Verbindung. Die Massekohle des Unterbrechers stellt die Verbindung zwischen Anker und Motorkörper her. Auf dem hinteren Lagerdeckel ist der Nockenring 108 mit dem Verstellhebel und den Unterbrechernocken zum Zwecke der Zündzeitpunktverstellung drehbar gelagert. Auf dem Nockenring sitzt, durch eine Blattfeder gehalten, der sogenannte Unterbrecherdeckel 110, der innen federnd eine Schleifkohle trägt, die auf der Unterbrecherschraube schleift und so Verbindung mit der Primärwicklung hat. An diese Schleifkohle kann ein zum Schlüsselschalter führendes Kabel angeschlossen werden, um das Kurzschließen der Primärwicklung und damit das Abschalten der Zündung durch den Schlüsselschalter zu ermöglichen. Auf dem Schleifring des Ankers schleift die Kohle 111 a des ruhenden Stromabnehmers 111 und führt die Hochspannung dem Verteilerläufer 112 zu. Der Verteilerläufer wird vom Anker her durch das Zahnrad 114 mit Übersetzung 1:2 angetrieben, da wir einen Vierzylinder-Magnetzünder vor uns haben. Das Zahnrad ist in einem Gleitlager im Gehäuse gelagert. Die Elektrode des Verteilerläufers läuft mit geringem Abstand an den vier Metallsegmenten der Verteilerscheibe 113 vorbei, so daß die Hochspannung auf die Segmente überspringen kann und in richtiger Reihenfolge den Motorzylindern über Kabel zugeführt

Bild 74. Marelli-Einzylinder-Magnetzünder

wird. Die Sicherheitsfunkenstrecke ist zwischen dem Verteilerläufer und dem Gehäuse gebildet.

Für ausreichende Lüftung des Überschlagverteilers und der Unterbrecherkammer sorgen besondere Öffnungen und Luftkanäle; zum Ablaufen etwa vorhandenen Öls oder Kondenswassers befindet sich im Boden des Zündergehäuses eine Ablauföffnung. Die Lager des Zünderläufers werden durch ein in den Kugellagerkäfigen enthaltenes Spezialfett geschmiert, das temperaturbeständig ist und wenig verharzt. Das Verteilergleitlager wird mit Öl geschmiert, das durch einen Klappöler in den Schmierbehälter gelangt, nämlich einen Filzring, der über das Gleitlager gezogen ist und durch eine Öffnung die Verteilerachse berührt.

Bild 75. BTH-Einzylinder-Magnetzünder

Bei Ein- und Zweizylindertypen ist, wie bereits an anderer Stelle erwähnt, die hier beschriebene umständliche Stromverteilung nicht notwendig, vielmehr dient der Stromabnehmer in etwas abgeänderter Ausführung zugleich als Anschlußstück für das zur Kerze führende Kabel. Bei Zweizylindertypen sind zwei Stromabnehmer vorhanden, auf denen das im Schleifring befindliche Metallsegment abwechselnd schleift. Die Außenansicht der vereinfachten Einzylinder-Bauart zeigen die Bilder 74 und 75.

Dieser Zweiabrißtyp mit Umlaufanker ist schon von den verschiedensten Firmen in den verschiedensten Ausführungen hergestellt worden, und es würde zu weit führen, hier alle Einzelheiten aufzuzählen. Daher wenden wir uns sogleich der Bauweise mit feststehendem Anker und **Umlaufmagnet** zu.

Der feststehende Anker hat gegenüber dem umlaufenden verschiedene Vorteile: Zur feststehenden Wicklung gehört der einfachere

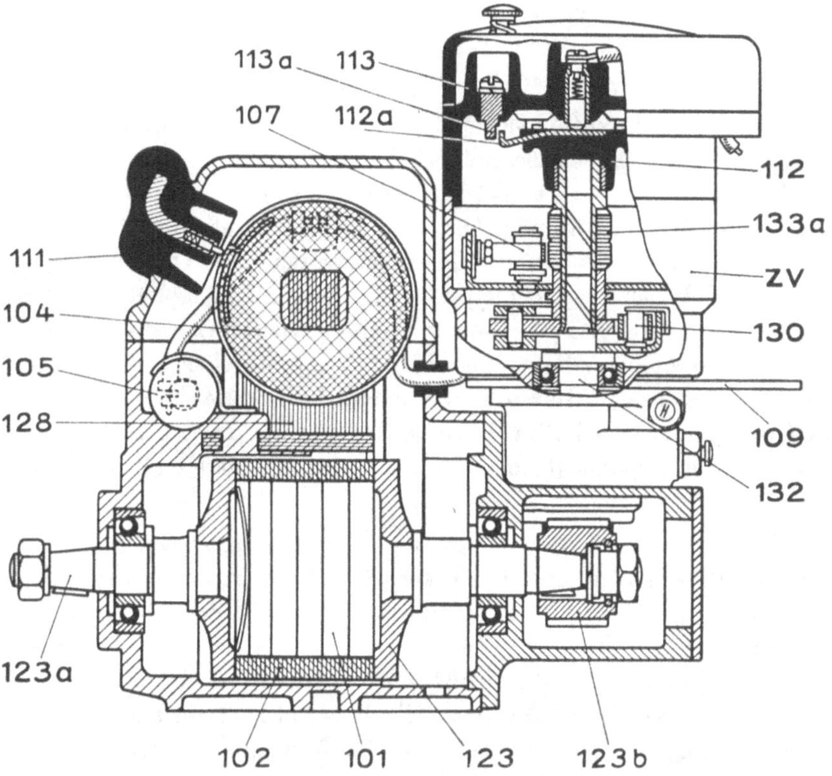

Bild 76. Schnitt durch einen Magnetzünder mit Umlaufmagnet

101	= Kobaltstahlmagnet	113 a	= Verteilersegment
102	= Magnetpolschuhe	114	= Schraubenrad auf der Zündverteilerwelle
104	= Anker	123	= Läufer
105	= Kondensator	123 a	= Antriebszapfen
107	= Unterbrecher	123 b	= Schraubenrad auf der Läuferwelle
109	= Verstellhebel	128	= Ankerschuhe
111	= Stromabnehmer	130	= Selbstversteller
112	= Verteilerläufer	132	= Zündverteilerwelle
112 a	= Verteilerelektrode	133 a	= Unterbrechernocken
113	= Verteilerscheibe	ZV	= Zündverteiler

feststehende Unterbrecher, der höhere Lebensdauer und Betriebssicherheit gewährleistet; man braucht keinen Schleifring, um den Strom vom Anker abzunehmen; die Wicklung ist einfacher herzustellen, da sie im Betrieb nur noch durch Schüttelkräfte, nicht auch durch Fliehkräfte beansprucht wird — auch hat man mehr Raum für die Wicklung zur Verfügung.

Die Bauart ist allerdings etwas teurer, da beim Umlaufmagneten die in der Regel geringe Magnetlänge einen hochwertigen, also teuren Magnetstahl oder schwierig herzustellende Magnetformen erfordert, wogegen bei Umlaufleitstücken zu Magnet und Anker neue Konstruktionsteile, die Leitstücke, hinzukommen.

Einen derartigen Magnetzünder mit umlaufendem Magneten, den die Firma Bosch für die besonders hohen Ansprüche des schweren Omnibus- und Lastwagenbetriebs erfolgreich verwendet, zeigt Bild 76 in Sechszylinderausführung. Der im Polring umlaufende Läufer enthält einen aus fünf Kobaltstahlplatten bestehenden Dauermagneten und zwei lamellierte Magnetpolschuhe. Zwei Messingplatten halten mit Nieten die Polschuhe und mit einer Federscheibe die Magnetplatten zusammen. Der Zünder hat keine durchlaufende Welle, sondern die beiden Stümpfe sind in die beiden Messingplatten eingenietet und einerseits im Gehäuse, andererseits im Lagerdeckel gelagert. Dies ermöglicht eine besonders einfache und haltbare Form des Kobaltmagneten.

Die Ankerpolschuhe sind in das Gehäuse eingegossen; zwischen ihren oberen Enden sitzt der Anker. Sein Kern ist außen rechteckig abgesetzt, damit ein möglichst großer Querschnitt den Übergang des magnetischen Flusses zu den Polschuhen erleichtert; aus dem gleichen Grund sind die Stoßflächen zwischen Joch und Ankerpolschuhen geschliffen. Zwischen die Polschuhe ist ein magnetischer Nebenschluß eingegossen, der den Läufermagneten vor der entmagnetisierenden Wirkung des Ankers schützt (siehe auch S. 89).

Am freien Ende der Sekundärwicklung des Ankers ist eine Messingfeder befestigt, von der der Sekundärstrom über einen gleichfalls federnden und isoliert im Gehäuse sitzenden Stromabnehmer und ein Hochspannungskabel dem Verteiler zugeführt wird; das Kabel ist mit Schraubanschluß und Spannfutter am Stromabnehmer befestigt.

An das Zündergehäuse ist das Getriebegehäuse angeschraubt; es trägt das hintere Läuferlager und in einem Halslager einen senkrecht zur Antriebsachse stehenden Zündverteiler, in dem sich Unterbrechernocken, Unterbrecher und die Verteilerteile befinden. Diese Anordnung bietet den großen Vorteil, daß man einen feststehenden, mit

Steuerwellendrehzahl angetriebenen Unterbrecher verwenden und so hohe Betriebsstundenzahlen bei hohen Drehzahlen erzielen kann.

Der Verteiler enthält einen Selbstversteller; außerdem hat der Zünder Handverstellung, die entweder dadurch erfolgt, daß das Schraubenrad, das die Verteilerachse antreibt, auf der Läuferachse verschiebbar ist, oder dadurch, daß der ganze Turm um seine Achse verdreht wird. Dieser Zünder wird vielfach für Doppel- und Zwillingszündung gebaut (näheres siehe Seite 199).

Bild 77. BTH-Lastwagen-Magnetzünder
(Gehäusedeckel abgenommen)

Ähnlich im elektromagnetischen Aufbau ist der in Bild 77 gezeigte BTH-Zünder, der ebenfalls für den schweren Lastkraftwagenverkehr bestimmt ist. Jedoch ist der Umlaufmagnet zweiteilig und glockenförmig ausgebildet; die beiden Teile sind über ein Eisenjoch verbunden. Dieses, sowie die beiden Läuferdeckel aus Messing sind auf die durchgehende Welle aus nichtmagnetischem Stahl aufgepreßt und verstiftet. Und während bei dem oben beschriebenen Bosch-Zünder Unterbrecher und Verteiler auf der gleichen Achse, senkrecht zur Magnetachse, sitzen, trägt hier die Läuferwelle den Nocken, und die Läuferachse und die Verteilerachse laufen parallel übereinander. Das Getriebe, das die beiden Achsen kuppelt, hat Schrägverzahnung; das große Verteilerzahnrad trägt angeschraubt den Verteilerläufer.

Für Flugmotoren mit acht und mehr Zylindern genügen im allgemeinen die Zweiabrißtypen nicht mehr, wohl aber für die kleineren Zylinderzahlen. Ein für diesen Zweck entwickelter Zünder ist der Typ JF der Robert Bosch A.-G. Der magnetische Kreis ist ähnlich ausgebildet wie beim oben beschriebenen Lastwagenzünder, dagegen sind Unterbrecher und Verteiler nicht in einem besonderen Verteilerturm untergebracht. Vielmehr sitzt der Unterbrecher, ein fest-

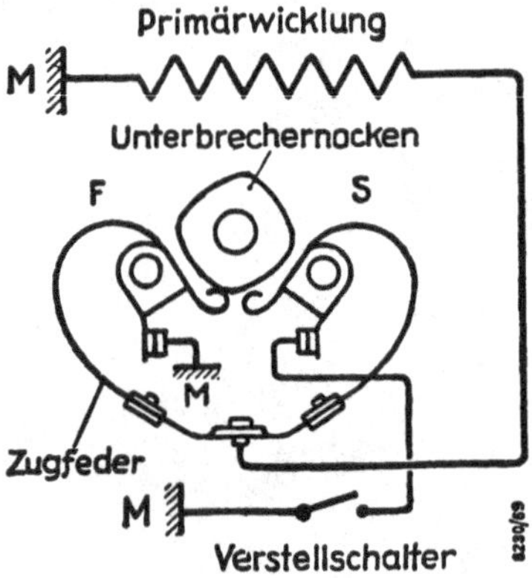

Bild 78. Elektrische Verstellung, Schaltbild

stehender Federbandunterbrecher, am hinteren Läuferende, darüber der Verteiler, ein Überschlagverteiler mit Stirnräderantrieb. Der Verteilerbogen ist halbkreisförmig und die Verteilersegmente liegen in zwei Bahnen hintereinander. Das umlaufende Verteilerstück hat eine durchgehende Überschlagelektrode; nachdem die eine Schneide die erste Verteilerbahn bestrichen hat, bestreicht die gegenüberliegende Schneide die zweite Verteilerbahn. Der Zünder wird mit elektrischer Verstellung, mit Handverstellung (durch Verdrehen des Unterbrechergehäuses) oder mit Selbstverstellung geliefert. Der Selbstversteller sitzt auf der Läuferachse zwischen Magnet und Verteilerzahnrad, er verstellt den Nocken gegen den Magneten (Nockenverstellung, s. Seite 228). Die elektrische Verstellung wird häufig bei Flugzeugen angewendet, weil diese in der Regel mit zwei Drehzahlbereichen auskommen, einem für die Start- und Landegeschwindigkeit und einem für die Reisegeschwindigkeit. In diesem Falle braucht man die

Verstellung nicht stetig zu ändern, sondern kann sich mit zwei Zündzeitpunkten, einem für Spät- und einem für Frühzündung begnügen. Läßt man in diesen beiden Zeitpunkten je einen wahlweise einschaltbaren Unterbrecher öffnen, so erreicht man in einfacher Weise eine für den Flugzeugbetrieb völlig ausreichende Verstellung. Die Schaltung zeigt Bild 78.

Flugzeuge werden in vielen Fällen mit einem Anlaßmagneten ausgerüstet, der von Hand bedient wird (s. S. 240). Dann wird das Kabel, das vom Anlaßmagneten zum Verteiler führt, an eine besondere Klemme der Verteilerscheibe angeschlossen. Von dieser Klemme wird der Anlaßzündstrom zu einem Messingstift geführt und springt von diesem auf einen Messingring über, der in den Verteilerläufer eingegossen ist. Der Messingring ist mit zwei Anlaßelektroden verbunden, die um etwa 50° hinter die Hauptelektroden versetzt sind. Der Abstand zwischen Anlaß- und Hauptelektrode ist so gewählt, daß die Zündung zuverlässig sicher in dem Zylinder erfolgt, der den Explosionshub ausführt. (Näheres über die Anlaßzündung siehe Seite 240.)

Wie bereits im Kapitel III erwähnt, müssen Zünder, die in T r a k t o r e n verwendet werden sollen, gegen Staub und Spritzwasser unbedingt geschützt sein; ferner sollen sie möglichst lange ohne Wartung arbeiten können, denn sie werden vielfach in abgelegenen Gebieten und von ungeschulten Kräften benutzt. Aus dem gleichen Grunde müssen die Teile des Zünders, die der Traktorführer gelegentlich selbst mit primitiven Mitteln auszuwechseln oder einzustellen hat, einfach und sicher ausgeführt werden. Traktorzünder werden heute meist mit umlaufendem Magneten und feststehendem Anker gebaut; auf große Schlagweite ist beim Entwurf zu achten, da im Betrieb meist nicht auf den richtigen Elektrodenabstand geachtet wird und der Traktor oft bei großer Kälte angelassen werden muß.

Ein von der Robert Bosch A.-G. entwickelter Traktorzünder hat nahezu den gleichen Aufbau des magnetischen Kreises wie die oben beschriebenen Zünder mit Umlaufmagnet; ein wesentlicher Unterschied besteht vor allem in der Konstruktion des Verteilers. Es ist ein Schleifbahnverteiler, da ein Überschlagverteiler eine besonders gute Lüftung der Verteilerkammer erfordert und dies wegen der Verschmutzungsgefahr in staubigem Betrieb nicht erwünscht ist. Der Überschlagverteiler muß gut gelüftet werden, da sonst die Gefahr besteht, daß er durch die beim Überschlag entstehenden Säuredämpfe zerstört wird. Die Umdrehungszahl von Traktorzündern ist verhältnismäßig niedrig, so daß ein Schleifbahnverteiler bei besonders vorsichtiger Wahl des schleifenden Werkstoffs anstandslos und äußerst lange Zeit arbeitet. Um die Abnützung der Kohlen beim Auflaufen auf die Segmente wesentlich herabzusetzen, ist man dazu übergegangen, nicht mehr eine Kohle auf mehreren Segmenten (— je nach Zylinderzahl —) schleifen zu lassen, sondern entsprechend viele Kohlen auf einem Segment. Die Abnutzung des Segmentes ist gering, so daß der Verteiler sehr lange ohne Wartung laufen kann.

Bild 79. Scintilla-Bendix-Traktorzünder

Beim Scintilla-Bendix-Traktorzünder (Bild 79) ist der umlaufende Magnet als Glockenmagnet ausgebildet; der eine Wellenstumpf ist in den Magnetstahl eingepreßt und verstiftet, der andere, der aus einer Aluminiumlegierung besteht, ist an die Magnetpolschuhe geschraubt. Das Gehäuse besteht aus Aluminium-Spritzguß mit eingegossenen Polschuhen. Im Gegensatz zum vorher beschriebenen Bosch-Zünder hat diese Bauart keinen Schleifbahn-, sondern einen zweireihigen Überschlagverteiler, ist also auf gute Lüftung angewiesen. Diese wird durch Luftlöcher erreicht, die wiederum gegen das Eindringen von Schmutz und Staub durch Metallsiebe geschützt sind. Die Anker- und Verteilerkammer wird durch zwei Löcher seitlich im Gehäuse und eines am Boden (zugleich Ölablauf) entlüftet, die Unterbrecherkammer durch ein Loch im Verschlußdeckel. Um wartungslosen Dauerbetrieb ohne Nachschmieren zu erreichen, sitzen die Kugellager des Läufers und des Verteilers dauernd in Fettkammern; beim Läuferlager sitzt der Kugelkäfig auch bei herausgenommenem Läufer in der Fettkammer, das Verteilerlager ist sogar völlig abgeschlossen und unzugänglich. Der Shoemaker-Unterbrecher ist auf Seite 114 abgebildet und beschrieben, der Schnapper auf Seite 238.

Bild 80. Wico-Traktorzünder
(Blechverkleidung abgenommen)

Der besonders billige amerikanische Wico-Traktorzünder (Bild 80) ist für kleinere Traktortypen und daher für kleinere Leistungen bestimmt; er hat kein Gußgehäuse, sondern die einzelnen Teile sind an einem winkelförmigen Träger befestigt, der das Rückgrat des ganzen Apparates bildet; Blechstücke bilden die äußere Umkleidung. An den senkrechten Schenkel des Winkels sind die Ankerpolschuhe angeschraubt: ein besonderer Ankerkern fehlt, statt dessen hat jeder der beiden Ankerpolschuhe einen Fortsatz, der eine Hälfte des Ankerkerns bildet. Auf diese Weise hat der magnetische Kreis nur eine Stoßfuge, die noch dazu an einer sehr günstigen Stelle innerhalb der Wicklung liegt. Primär- und Sekundärwicklung sind getrennt gewickelt und dann ineinander geschoben; in den so gebildeten Hohlraum im Wicklungszylinder werden beim Zusammenbau die Fortsätze der beiden Ankerpolschuhe hineingeschoben. Diese Bauart ist billiger als die übliche Bauart, bei der die Wicklung auf einen Eisenkern aufgewickelt wird, dagegen ist die Befestigung der Wicklung nicht so schüttelsicher.

Außer den Ankerpolschuhen sitzt am senkrechten Schenkel des Trägers noch eine waagerechte Hohlachse, in der die Läuferwelle fliegend gelagert ist. Der Läufer besteht aus den Magnetpolschuhen, die mit zwei Messingdeckblechen vernietet sind, und den Dauermagneten; diese sitzen zwischen den Polschuhen, und zwar nicht senkrecht zur Achse, wie bei den vorher beschriebenen Typen, sondern in Richtung der Achse. Am freien Ende des waagerechten Schenkels ist senkrecht eine gußeiserne Lagerplatte angeschraubt; in dieser ist — ebenfalls fliegend — der Schnapper gelagert.

Nun zu den **Vier- und Mehrabrißtypen!**

Mit der Zylinderzahl des Motors wächst auch die Zahl der Funken, die er bei jeder Umdrehung der Kurbelwelle benötigt. Um diese Funkenzahl zu erzielen, muß entweder die Drehzahl des Zünders oder die Zahl der Abrisse bei einer Umdrehung gesteigert werden. Die Drehzahl läßt sich nur begrenzt steigern, da sonst die Zahnrad-Übersetzung zwischen Läufer und Verteiler und die Lagerung der Wellen, wie überhaupt Konstruktion und Konstruktionswerkstoffe im Zünder und seinem Antrieb Schwierigkeiten machen.

Bei den Mehrabrißtypen betrachten wir zunächst die Zünder mit **umlaufendem Magneten**; bei diesen ist der Magnet vier- oder mehrpolig. Die umlaufende Masse ist verhältnismäßig groß und damit die Gefahr, daß Drehschwingungen Zerstörungen hervorrufen, nicht immer leicht zu vermeiden. Demgegenüber zeichnet sich der Zünder mit Umlaufmagnet dadurch aus, daß er im übrigen leicht und einfach aufgebaut ist.

Eine der Konstruktionen, die auf diesem Grundsatz beruhen, hat die Firma Scintilla in Solothurn entwickelt, und zwar für vier und acht Abrisse aus dem ähnlich gebauten Zweiabrißtyp, der schon oben als Traktorzünder dargestellt ist. Als Läufer dient hier ein vierbzw. achtpoliger Bügelmagnet; je 2 diametral gegenüberliegende Schenkel weisen die gleiche Polarität auf und sind, wie Bild 81 zeigt,

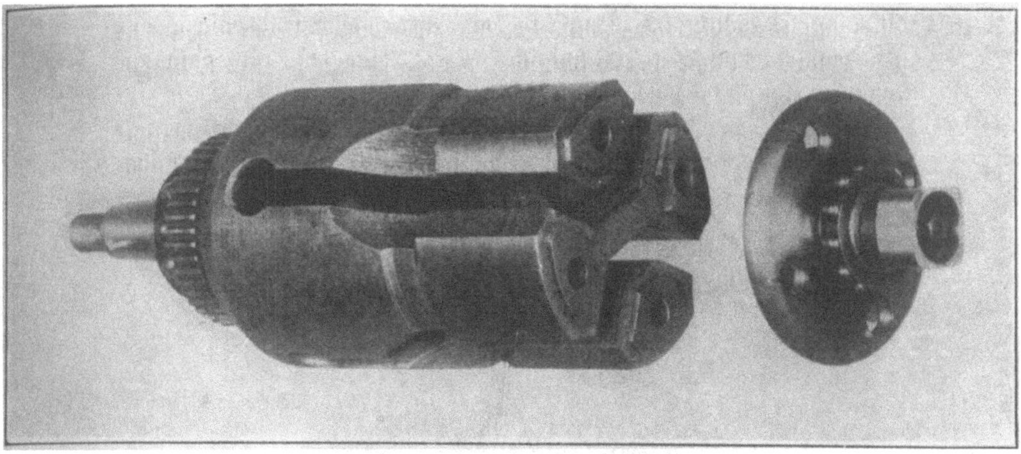

Bild 81. Vierpoliger Umlaufmagnet

durch die eigenartig ausgebildeten Polschuhe miteinander verbunden. Am Bügel des Magneten und mit ihm aus einem Stück geformt, sitzt ein Achsstumpf, der das Verteilerzahnrad und eines der Kugellager trägt und mit Konus und Gewinde zum Antrieb des Zünders versehen ist. Am Ende der Magnetschenkel sitzt ein Messingdeckel, der den anderen Achsstumpf bildet und das zweite Kugellager und den umlaufenden vierfachen Unterbrechernocken trägt.

Der Unterbrecher ist ein feststehender Lagerunterbrecher, der mit Hilfe eines Verstellhebels um den Nocken schwenkbar angeordnet ist. Unterbrecher und Verstelleinrichtung sind gemeinsam sehr einfach aus dem Zünder durch Lösen eines Bajonettverschlusses herausnehmbar. Der ruhende Anker sitzt über dem Umlaufmagneten; der magnetische Fluß wird ihm durch einen geblätterten Eisenweg zugeführt.

Die Scintilla-Bauart hat noch zwei weitere Besonderheiten. Erstens ist der Kondensator als Papierwickelkondensator zum Schutz gegen Eindringen von Feuchtigkeit in den Anker zwischen Primär- und Sekundärwicklung eingewickelt. Man muß dabei allerdings in Kauf nehmen, daß der Kondensator durch die Wicklung erwärmt wird, hauptsächlich aber, daß ein Schaden im Kondensator gleich Ersatz der ganzen Wicklung erforderlich macht. Eine weitere Besonderheit zeigt die Verteilereinrichtung, ein zweibahniger Überschlagverteiler, dessen feststehender Teil aus zwei Viertelkreissegmenten besteht, die zwischen das Zündergehäuse und den vorderen Zünderdeckel eingesetzt werden können und an ihrem Platz durch einen federnden Verschluß festgehalten werden. Die Kurzschlußklemme steht über die zum Anschluß des Unterbrechers dienende Stromschiene mit der Primärwicklung in Verbindung. An sie kann das zum Schlüsselschalter führende Kabel angeschlossen werden.

Den gleichen Grundgedanken (Vierabrißtyp mit Umlaufmagnet) hat die Firma Scintilla für den Bau eines Zwillingsmagnetzünders verwendet, um für besonders strenge Anforderungen ein besonders

Bild 82. Scintilla-Zwillingsmagnetzünder

hohes Maß von Betriebssicherheit zu schaffen (Näheres über die Zwillingszündung siehe Seite 199). Ein solcher Zwillingsmagnetzünder ist in Bild 82 gezeigt. Für die Verteilung der Hochspannung ist ein getrennt angeordneter Verteiler vorgesehen.

Die Bauart des Magnetzünders mit Umlaufanker eignet sich schlecht für Mehrabrißtypen; dagegen wenden wir uns nun noch einer besonderen Bauart zu: den übrigens schon seit 1902 im Handel befindlichen Vierabrißtypen mit umlaufenden Kraftlinienleitstücken. Nimmt man einen normalen Magnetzünder mit feststehendem Magnet und Umlaufanker, läßt aber den Anker stillstehen und schiebt, nach

Bild 83, zwischen Anker und Polschuh eine sogenannte Umlaufhülse, so hat man den einfachsten Vierabrißapparat mit **umlaufenden Kraftlinienleitstücken.**

Die Umlaufhülse besteht aus zwei magnetisch voneinander isolierten, geblätterten Eisensegmenten, die die Aufgabe haben, den magnetischen Kreis zwischen den Polschuhen und dem Anker zu schließen bzw. zu öffnen. Bei Verfolgung des Wegs der Segmente der Umlaufhülse von 90 zu 90 Grad findet man, daß vier um 90° versetzte Flußwechsel entstehen und demnach pro Umdrehung vier Funken erzielt werden. Da der Anker feststeht, steht bei dieser Bauart auch der Unterbrecher fest und ein Schleifring ist nicht notwendig. Auf dem hier beschriebenen Prinzip waren die Bosch-Magnetzünder HDH, HL und FH aufgebaut. Der FH wurde als Vier-, Sechs-, Acht- und Zwölfzylinderapparat geliefert. Hauptsächlich der Bosch-FH 6 und FH 8 hat auf der ganzen Welt bei den Rennen

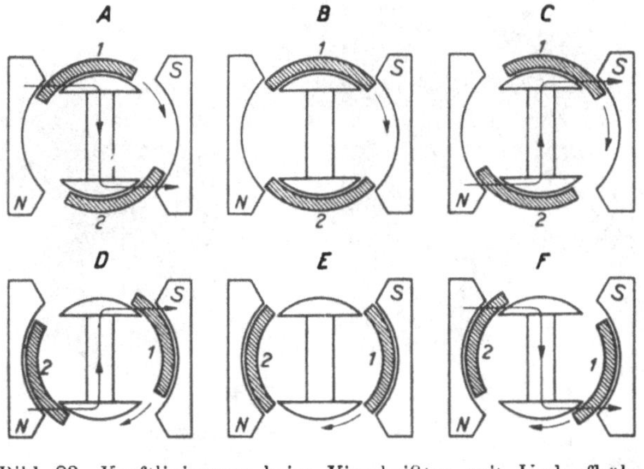

Bild 83. Kraftlinienweg beim Vierabrißtyp mit Umlaufhülse

früherer Jahre eine besondere Rolle gespielt vermöge der von ihm gelieferten sehr hohen Funkenzahlen und seiner hohen Betriebssicherheit. Der FH 8 z. B. beherrschte ein Gebiet bis zu 30 000 Funken/min bei 6 mm Funkenstrecke anstandslos. Diese Funkenzahl ist nun freilich nicht nur dadurch zu erreichen, daß die Umlaufhülse für eine Drehzahl von mehr als 7000 Uml./min gebaut wird, sondern hauptsächlich dadurch, daß der Unterbrecher 30 000 Unterbrech./min ohne Anstand zu leisten und auszuhalten vermag. Um dies zu erreichen, wird bei dem erwähnten Magnetzünder ein doppelter Unterbrecher angewandt. Die beiden Unterbrecherhebel sind gegeneinander versetzt angeordnet und werden von ein und demselben Umlaufnocken, der zwar mit Steuerwellendrehzahl läuft, aber nur vier Kuppen besitzt, betätigt. Die Unterbrecher sind parallel zueinander in den Primärstromkreis eingeschaltet und so gegeneinander versetzt, daß jeder zweite Funke von einem anderen Unterbrecher erzeugt wird. Die Reststromwirkung wird nicht nur durch eine Nickelinwicklung auf dem Anker, sondern noch durch einen besonderen, in den Sekundärstromkreis zwischen Hochspannungswicklung und Verteiler eingeschalteten Kondensator, den sogenannten Sperrkondensator, verhindert. Bild 84 zeigt den in seine wesentlichen Teile zerlegten Magnetzünder.

Bild 84. Bosch-Achtzylinder-Magnetzünder mit Umlaufhülse

Eine wieder ganz andere Art der Umlaufleitstücke weisen die Magnetzünder der amerikanischen Firma Splitdorf und der italienischen Firma Marelli auf. Die Kraftlinienwege sind hier ziemlich schwierig zu verfolgen und deshalb in dem halbschematischen Bild 85 eingezeichnet. Vier eisengeblätterte Kraftlinienleitstücke c sind, in der Umlaufrichtung und je zwei auch axial gegeneinander versetzt, in einen Aluminiumzylinder eingegossen und bilden den umlaufenden Teil des Zünders. Über diesem befindet sich, in axialer Richtung

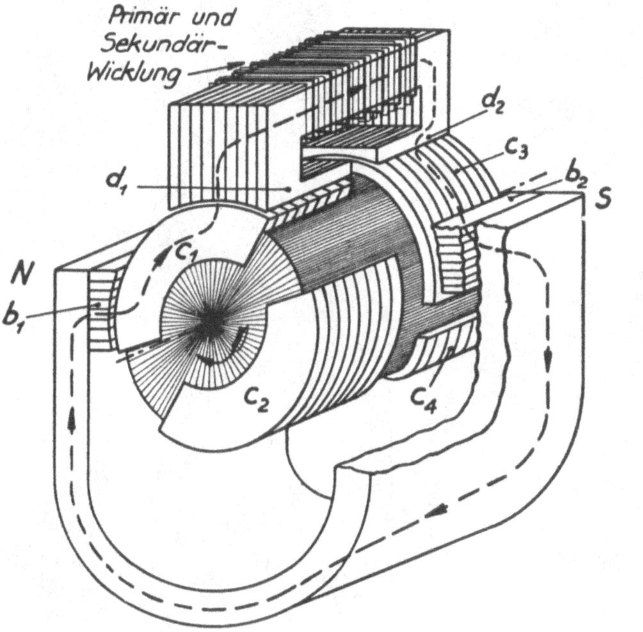

Bild 85. Schematische Darstellung des Erregerflußverlaufs beim Magnetzünder mit umlaufenden Leitstücken (Bauart Splitdorf)

liegend, der feststehende Anker. Das Ganze wird umgeben von einem Bügelmagnet mit Polschuhen b, der in der Skizze der besseren Übersichtlichkeit wegen auf den Kopf gestellt ist. Der Magnetfluß verläuft nach folgendem Schema:

	Pol-schuh	Leit-stück	Anker-schuh	Anker	Anker-schuh	Leit-stück	Pol-schuh
in der Skizze	b_1	c_1	d_1	—	d_2	c_3	b_2
nach Drehung um 90° nach rechts	b_1	c_4	d_2	—	d_1	c_1	b_2
nach Drehung um 180° nach rechts	b_1	c_2	d_1	—	d_2	c_4	b_2
nach Drehung um 270° nach rechts	b_1	c_3	d_2	—	d_1	c_2	b_2
nach Drehung um 360° nach rechts	b_1	c_1	d_1	—	d_2	c_3	b_2

Man sieht, daß während einer Umdrehung des Läufers um 360° der Fluß im Ankersteg viermal seine Richtung wechselt, indem er anstatt vom Ankerschuh d_1 nach d_2 von d_2 nach d_1 oder umgekehrt

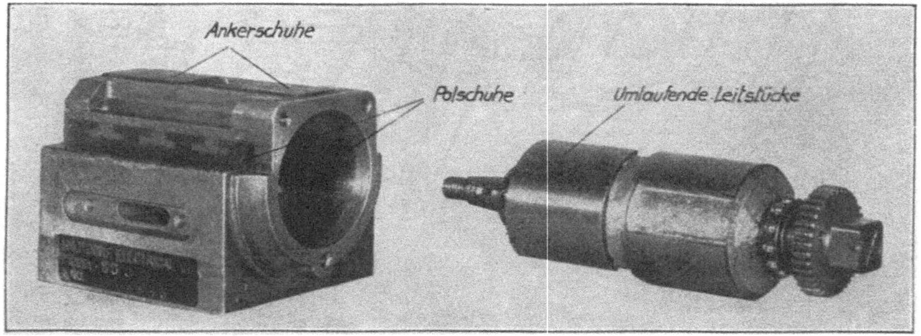

Bild 86. Splitdorf-Achtzylinder-Magnetzünder

verläuft. Bild 86 veranschaulicht den Splitdorf-Magnetzünder SS 8 und seine Teile, Bild 87 einen auf dem gleichen Prinzip aufgebauten Zwillingsmagnetzünder mit zwei feststehenden Ankern.

Bild 87. Splitdorf-Zwillingszünder

Auch die British Thomson Houston Co. baut einen Vierabriß-Magnetzünder mit Leitstücken, dessen Flußverlauf aus Bild 88 hervorgeht. Dabei steht der Magnet in Achsrichtung des Läufers, während der feststehende Anker senkrecht dazu steht. Für diese Bauart wird in der Regel kein Bügelmagnet, sondern ein Kobaltstahl-Stabmagnet angewandt.

Bild 89 zeigt eine neuere, eigenartige Bauart des Vierabrißtyps, den GE-Zünder der Robert Bosch A.-G., der für Flugmotoren besonders geschaffen, im Flugbetrieb weite Verbreitung gefunden hat und mit dem (in Zwölfzylinderausführung) z. B. auch das Luftschiff „Graf Zeppelin" ausgerüstet ist. Ein Paket aus Kobaltstahlmagneten wird von der Zünderachse durchsetzt; diese trägt zwei um 180° versetzte magnetisch isolierte Leitstücke, denen der Fluß axial durch oben und unten im Gehäuse eingegossene Polschuhe zugeführt wird. Radial um 90° gegen die Polschuhe versetzt liegen die Ankerschuhe, die den Fluß zum feststehenden Anker nach oben weiterleiten; die eigentlichen Ankerschuhe sind, um die Streuung zu verringern, möglichst breit gehalten, die Schenkel hingegen werden schmaler bis zur Breite des Ankerkerns. Die Sekundärspannung wird mit Blattfeder, Schleifkohle und Messingkontakt zum Verteiler-

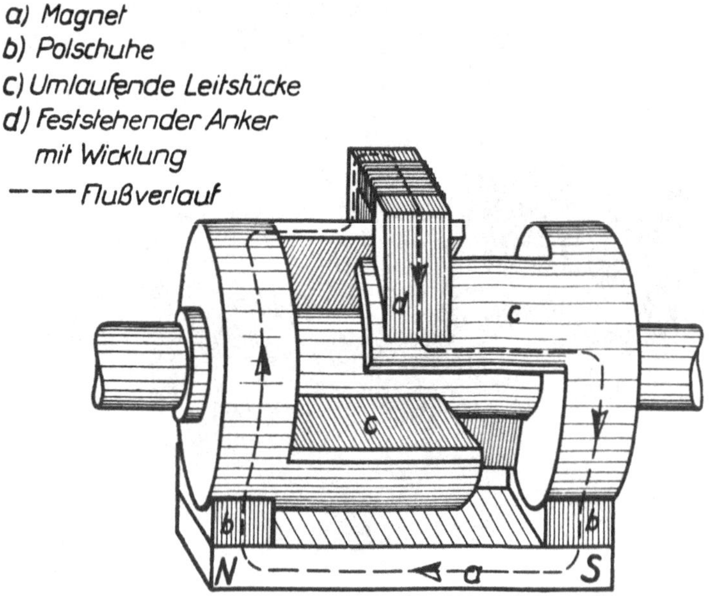

Bild 88. Schematische Darstellung des Erregerflußverlaufs beim Magnetzünder mit umlaufenden Leitstücken (Bauart B.T.H.)

läufer geführt. Dieser trägt noch eine zweite Elektrode, die Anlaßelektrode, die mit dem Anlaßmagneten betätigt wird (s. S. 240). Mit Rücksicht auf die Verwendung im Flugbetrieb hat der GE-Zünder in der Regel elektrische Zündzeitverstellung (s. S. 138), also je einen Früh- und Spätunterbrecher, die mit einem Verstellschalter geschaltet werden. Über die für Flugzeuge lebenswichtige Entstörung dieses Zünders berichtet Kap. V, S. 221.

Nach ähnlichen Prinzipien baut die französische Firma Société des Magnétos R. B. einen Vierabriß-Flugzeugzünder, der aber noch einige Besonderheiten aufweist. Zwischen den Polschuhen eines Bügelmagneten laufen die Leitstücke um, die an einer fliegend gelagerten Welle befestigt sind. Diese Anordnung ermöglicht auf Kosten verringerter Lagersicherheit ein sehr geringes Gewicht des

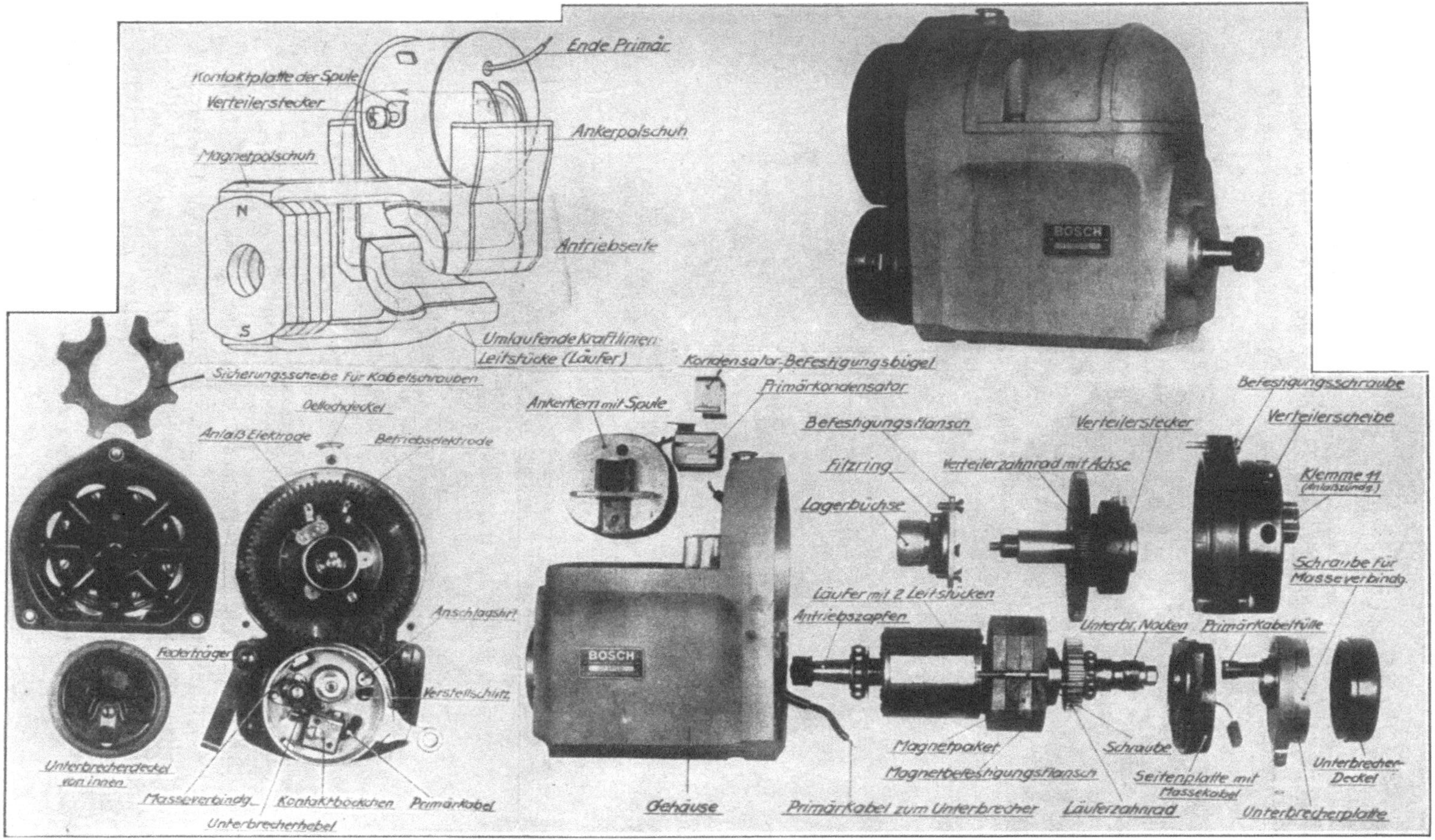

Bild 89. Bosch-Achtzylinder-Magnetzünder mit umlaufenden Leitstücken

Zünders. Im Bügel des Magneten ist der Anker untergebracht. Wegen der kurzen Kriech- und Überschlagwege zwischen Anker und Magnet ist die ganze Ankerwicklung in ein Bakelitgehäuse eingekapselt. Der

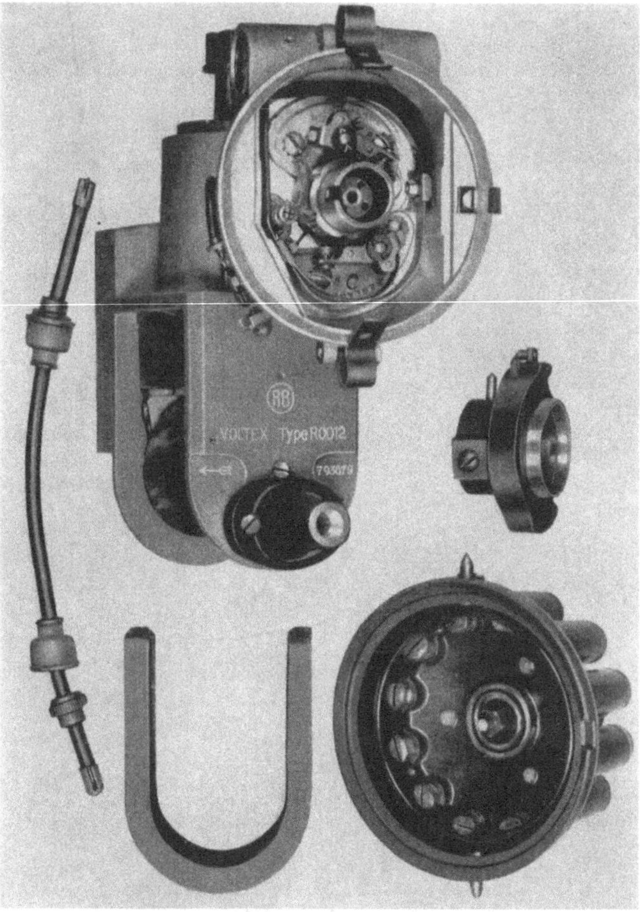

Bild 90. R.B.-Flugzeugzünder (zerlegt)

Verteiler ist ein normaler Batteriezündverteiler, dessen Achse senkrecht zur Läuferachse steht; er ist jedoch mit einer Anlaßelektrode ausgerüstet. Bild 90 zeigt diesen Zünder in zerlegtem Zustand.

Einen Magnetzünder für die neuesten Rennmotoren zeigt Bild 91; mit ihm sind z. B. die neuesten deutschen und italienischen Rennwagen ausgerüstet. Dieser GR-Zünder wurde von der Robert Bosch

A.-G. entwickelt, um auch den letzten, besonders hohen Ansprüchen an Schlagweite zu genügen. Die Bauart des magnetischen Kreises ist der des oben beschriebenen GE-Typs ähnlich, also feststehende Wicklung, feststehender Magnet aus Kobaltstahlplatten und umlaufende Leitstücke aus lamellierten Blechen. Dagegen ist die Verteilung anders ausgeführt als beim GE, und zwar in einem Verteilerturm, ähnlich wie beim Omnibuszünder JR.

Ebenso wie man bei einem Zweiabrißtyp häufig z. B. für einen Zylinder nur einen Abriß ausnützt, kann man bei einem Vierabrißtyp den Unterbrecher nur zweimal pro Umdrehung öffnen lassen, also nur zwei Abrisse ausnützen. Dies ist z. B. bei dem mit Kurbelwellendrehzahl anzutreibenden Vier-Zylinder-Boschtyp FH 4 der Fall.

Bild 91. Bosch-Renn-Magnetzünder

Bei dieser Gelegenheit sei erwähnt, daß man für den selten vorkommenden schnellaufenden Zweitakt-Vierzylindermotor einen Vierabriß-Achtzylinder-Magnetzünder verwenden und mit der Drehzahl der Kurbelwelle laufen lassen kann, wenn man die Verteilersegmente 1 und 5, 2 und 6, 3 und 7, 4 und 8 jeweils an dieselbe Kerze anschließt. Für langsam laufende Zweitakt-Vierzylinder-

Motoren dagegen wird fast stets der normale Zweiabriß-Vierzylinder-Magnetzünder mit doppelter Kurbelwellendrehzahl angetrieben.

Eine Reihe von Zünderfirmen baut neuerdings eine besondere Art von Mehrabriß-Magnetzündern: den sogenannten Steuerwellenmagnetzünder. Dieser soll an dieselbe Stelle gesetzt werden können, an der der Zündverteiler der Batteriezündung vorgesehen ist und soll den Zündverteiler dort ersetzen, wo die Batteriezündung aus irgendeinem Grund nicht betriebssicher genug erscheint. Da dieser Magnetzünder als Ersatz eines Zündverteilers mit Steuerwellendrehzahl angetrieben wird, muß er so viele Funken pro Umdrehung erzeugen, wie der Motor Zylinder hat. Der Steuerwellenzünder ist also je nach der Zylinderzahl ein Vier-, Sechs-, Acht- oder Zwölfabrißtyp.

Diese Bauart hat den Vorteil, daß die Erzeugung der Hochspannung ebenso wie die Verteilung der Funken mit der Steuerwellendrehzahl erfolgt, daß also zwischen dem Läufer des Magnetzünders und dem Verteilerläufer keine Untersetzung wie bei andern Mehrzylinder-Magnetzündern notwendig ist. Dies ermöglicht es, den Zünder verhältnismäßig klein und leicht zu gestalten. Andererseits hat aber diese Bauart auch grundsätzlich einige Mängel: zunächst ist sie auf gerade Abrißzahlen beschränkt, da man keine ungerade Zahl von Flußwechseln pro Umdrehung erzeugen kann. Man kann also mit derartigen Zündern z. B. Fünf-, Sieben- und Neunzylinder-Flugmotoren nicht ausrüsten. Weiterhin erfordert jede Zylinderzahl nicht nur eine andere Verteilereinrichtung, sondern einen anderen Grundtyp, weil für jede Zylinderzahl ein im Aufbau völlig verschiedener Magnetzünder geschaffen werden muß. Eine weitere Schwierigkeit ist die, daß je höher die Abrißzahl pro Umdrehung wird, um so empfindlicher der Zünder gegen die sogenannte Reststromwirkung (siehe Abschnitt II und III) ist und damit die Erzielung einer ausreichenden Höchstdrehzahl bei hohen Zylinderzahlen außerordentlich schwierig wird. Dies macht häufig schon bei den oben besprochenen Vierabriß-Apparaten Sonderlösungen notwendig und führt bei Sechs-, Acht- und Zwölfabrißtypen dazu, daß der Funke nicht, wie man gewöhnlich als Vorteil des Magnetzünders anzusehen geneigt ist, bei hohen Drehzahlen besonders kräftig ist, sondern wie bei der Batteriezündung bei hohen Drehzahlen besonders schwach wird; unter Umständen setzt er sogar aus, wenn nämlich die Elektrodenabstände der Kerzen oder die Gemischverhältnisse an den einzelnen Zylindern verschieden sind. Es ist ferner beim Steuerwellenmagnetzünder mit seinen vielen Abrissen nicht möglich, mit der Abrißverstellung, das heißt, lediglich durch Verdrehen des Unterbrechers, die für den Motor ausreichenden Verstellbereiche zu schaffen, weil der zwischen den einzelnen Flußwechseln zur Verfügung stehende Winkel zu klein ist, um außer den für Herstellung und Abnützung notwendigen Abrißtoleranzen noch einen genügenden Verstellbereich zu gestatten; deshalb muß beim Steuerwellenzünder der Selbstversteller in den Antrieb gelegt werden. Während es bei einem Batteriezünder leicht ist, einen Selbstversteller so zu bauen, daß die Verstellung sich genau den für den Motor erforderlichen Zündzeitpunkten anpaßt, ist es beim Antriebsversteller des Magnetzünders und insbesondere beim Antriebsversteller des Steuerwellenmagnetzünders, der nur mit der niedrigen Steuerwellendrehzahl angetrieben wird, sehr schwierig, eine rechtzeitig einsetzende Verstellung zu erzielen. Um diesem Übelstand abzuhelfen, verwendet man häufig für solche Steuerwellenzünder noch Handverstellung, so daß der ganze Zünder in seiner Lagerung im Motor gedreht wird, ähnlich wie ein Batteriezündverteiler. Dies kann wiederum dazu führen, daß durch den viel schwereren Magnetzünder das Schaftlager ausgeschlagen wird, so daß nicht nur die Betriebssicherheit leidet, sondern evtl. das Motorgehäuse zerstört werden kann. Es wird überhaupt viele Fälle geben, in denen der nachträgliche Ersatz eines Zündverteilers durch einen Steuerwellenmagnetzünder nicht möglich oder ratsam ist: nicht nur die Befestigung, sondern auch der Platzbedarf spielt eine Rolle — der Steuerwellenzünder braucht wesentlich mehr Raum — und außerdem sind die Antriebselemente meist nur für die unerheblichen Beanspruchungen durch den Zündverteiler bemessen, den wesentlich größeren des Magnetzünders, die durch seine umlaufenden Massen und den Abriß verursacht sind, jedoch nicht gewachsen. Verstellen im Antrieb, sei es durch Verdrehen des ganzen Zünders oder durch einen Antriebsselbstversteller, ist auf alle Fälle notwendig, schon deshalb, weil der Zünder nur mit Steuerwellengeschwindigkeit läuft und deshalb beim Anlassen mit so niedriger Drehzahl arbeitet, daß alles vermieden werden muß, was die Leistung des Zünders schwächen könnte. Die Abrißverstellung würde aber die Leistung erheblich herabsetzen.

Man bemüht sich, den Steuerwellenzünder so zu bauen, daß er eine ganz besonders gute niederste Drehzahl hat, d. h. schon bei äußerst niedriger Drehzahl eine hohe Schlagweite zu liefern vermag. Dies ist auch in vielen Fällen gelungen. Man darf bei einem Vergleich des Steuerwellenzünders mit einem Magnetzünder des Zweiabrißtyps allerdings nicht außer acht lassen, daß der Steuerwellenzünder im Verhältnis zum Motor viel langsamer angetrieben wird als der Zweiabrißtyp. Bei einem Sechszylindermotor z. B. läuft der normale Zweiabrißtyp mit $1^1/_2$facher Kurbelwellendrehzahl, also dreimal schneller als der Steuerwellenzünder. Der Steuerwellenmagnetzünder wird also gegenüber dem normalen Typ keine bessere Anwerfmöglichkeit ergeben, selbst dann nicht, wenn seine niederste Drehzahl dreimal so niedrig liegt wie die des Zweiabrißtyps.

Die vielfach vertretene Meinung, daß ein Steuerwellenmagnetzünder die Vorzüge der Batteriezündung, bei niederer Drehzahl gute Funken zu geben, mit den Vorzügen der Magnetzündung, bei hoher Drehzahl gute Funken zu geben, in sich vereinige, ist nicht richtig. Der Batteriezünder wird bei ganz niederen Anwerfdrehzahlen immer besser arbeiten als der Steuerwellenmagnetzünder, und gerade der Steuerwellenmagnetzünder mit seinen vielen Abrissen kann auch bei hoher Drehzahl nicht als besser als der Batteriezünder angesprochen werden. Dort, wo die Batterie versagt, ist natürlich jeder Magnetzünder der Batteriezündung überlegen. Es ist aber dringend zu empfehlen, dann den Einbau des Steuerwellenzünders so solid vorzunehmen, daß man nicht an Stelle der Unsicherheit der Batterie jetzt eine viel größere Unsicherheit, nämlich in der Befestigung und im Antrieb des Steuerwellenmagnetzünders, setzt. Es hat den Anschein, als ob die Verbesserung der Batterien und der Batteriezündung in den letzten Jahren mindestens auf dem Personenwagengebiet für einen Magnetzünder nur noch einen beschränkten Raum übrig läßt, und man wird nicht fehl gehen, wenn deshalb auch für einen Steuerwellenmagnetzünder auf diesem Gebiet kein großes Bedürfnis vorliegt, zumal der Batteriezünder erheblich billiger ist. Dagegen mag der Steuerwellenzünder dort, wo das einwandfreie Arbeiten der Batterie oft noch mit Schwierigkeiten verknüpft ist, z. B. in den Tropen, und wo kein geeigneter Antrieb für einen Zweiabrißmagnetzünder anzubringen ist, von Interesse sein.

Steuerwellenzünder werden schon seit einigen Jahren von den verschiedensten Firmen (z. B. in Frankreich von SEV, Morel, in der Schweiz von Scintilla, neuerdings in England von BTH) und in den verschiedensten Bauarten hergestellt. Man findet Steuerwellenzünder mit umlaufenden Magneten, mit umlaufender Wicklung und mit umlaufenden Leitstücken.

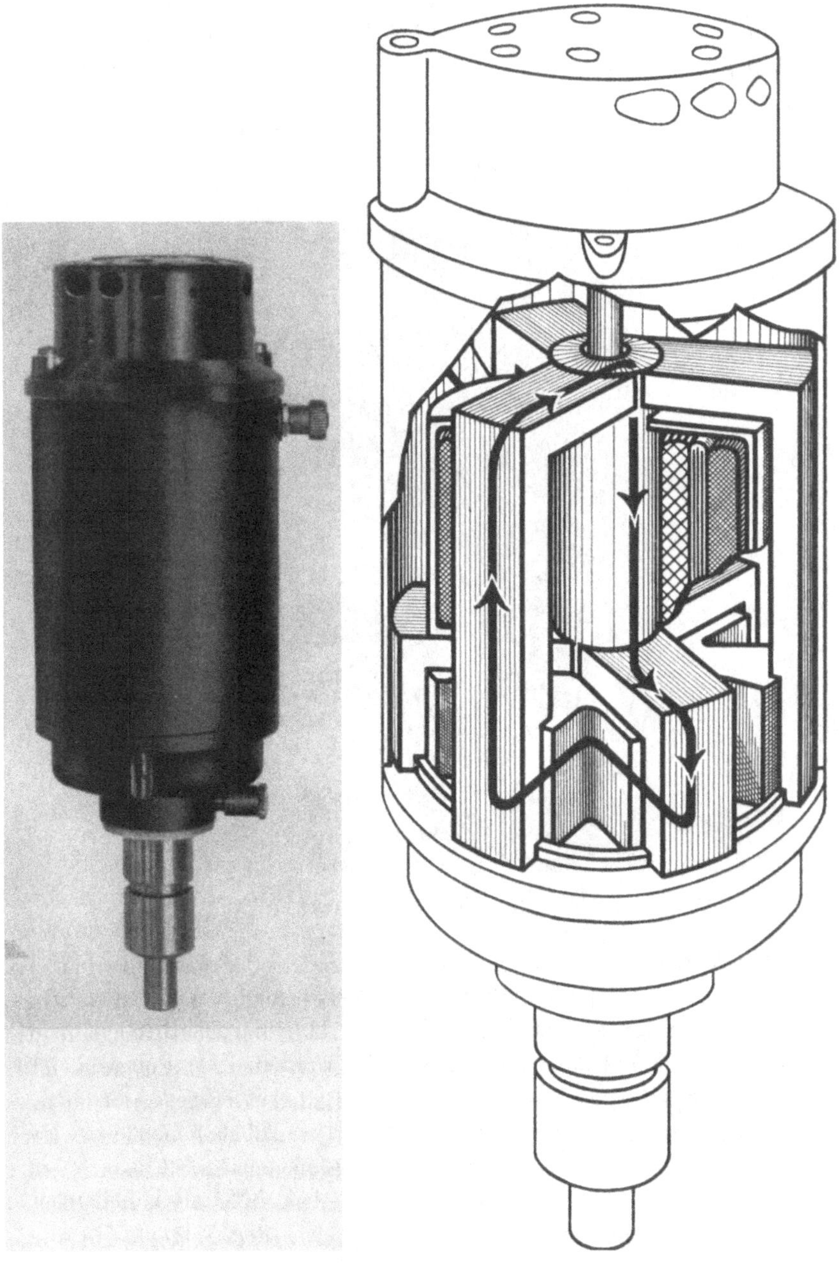

Bild 92. Scintilla-Steuerwellenzünder „Vertex"
(Ansicht und Magnetflußschema)

Eine besonders gute Lösung des Steuerwellenzünders ist der sogenannte „Vertex" der Firma Scintilla, der für 4, 6 und 8 Zylinder mit umlaufenden Magneten, für 12 Zylinder mit umlaufenden Leitstücken gebaut wird. Er möge als Beispiel näher beschrieben werden.

Bild 93. S.E.V.-Steuerwellenzünder „Alco"

Den Aufbau zeigt Bild 92. Das Polrad des umlaufenden Dauermagneten ist als vielpoliger Stern aus hochwertigem Kobaltstahl gegossen und trägt soviele Polschuhe aus lamellierten Blechen, wie Abrisse bei einer Umdrehung gebraucht werden. Das Polrad läuft in einem Spritzgußgehäuse, in das Leitstücke eingegossen sind. Über dem Polrad sitzt der Anker, dessen radial lamellierter Kern in der üblichen Weise die beiden Wicklungen sowie über und unter ihnen je einen Stern trägt. Diese bestehen gleichfalls aus lamellierten Blechen und haben halb soviel Schenkel wie der Magnet. Da die Leitstücke ungleich lang sind und den Magneten abwechselnd mit dem oberen und unteren Stern verbinden, entstehen im Ankerkern bei jeder Umdrehung des Magneten soviele Flußwechsel, wie der Magnet Pole hat, in der Primärwicklung also ein ständig wechselnder Strom. Die Unterbrechung dieses Primärstromes und die Verteilung der Sekundärspannung auf die einzelnen Kerzen erfolgt in der üblichen Weise. Zum Verstellen des Zündzeitpunkts ist eine Antriebsverstellung vorhanden. Der Zünder wird mit Steuerwellenzahl angetrieben; Läufer und Verteiler haben die gleiche Drehzahl, können also auf der gleichen, senkrecht stehenden Achse sitzen, die durch eine Bohrung des Ankerkerns hindurchgeführt ist.

Erwähnt mag noch werden, daß die Firma Scintilla neuerdings Flugmagnetzünder baut, bei denen der beschriebene magnetische Aufbau in seiner Vierabrißlösung verwendet, die Verteilung aber in einem besonders untersetzten, senkrecht stehenden Verteiler, ähnlich wie bei den oben beschriebenen (Voltex, Bosch GR) vorgenommen wird.

Die Bauart „Alco" der französischen Firma S.E.V. zeigt Bild 93. Auch dieser Zünder hat umlaufenden Magneten; dagegen sitzt die Wicklung nicht auf der gleichen Achse wie der Magnet, sondern auf einem waagerechten Kern. Auf diese Weise wird der Verlauf des magnetischen Flusses einfacher, die Abmessungen des Apparates dagegen etwas größer.

Die Schwungradmagnetzünder werden, da sie meistens auch für Lichtstromentnahme eingerichtet sind, im Abschnitt „kombinierte Maschinen" behandelt.

2. Batteriezünder

Da heute fast jedes Kraftfahrzeug mit einer Akkumulatorenbatterie ausgerüstet ist, in der die nötige Energie für den Anlasser und die Beleuchtung aufgespeichert wird, liegt es nahe, dieser Batterie auch den Primärstrom für die Zündung zu entnehmen.

In der Regel besteht der Batteriezünder aus zwei räumlich voneinander getrennten Geräten, dem ruhenden Teil, der Zündspule, und dem mechanisch angetriebenen Teil, dem Zündverteiler. Die **Zündspule** enthält wie der Anker des Magnetzünders die Primär- und Sekundärwicklung auf einem geblätterten Eisenkern.

Die nächstliegende Bauart einer Zündspule ist die, auf den isolierten Kern die Primärwicklung und darüber die Sekundärwicklung zu legen und den magnetischen Kreis weitgehend zu schließen. Die in Bild 94 gezeigte Bosch-Zündspule ist auf diese Weise gebaut. Sie hat einen geblätterten Eisenkern und im Blechgehäuse zwei geblätterte Eisenhalbringe, die unter Zwischenschaltung eines kleinen Luftspalts Anfang und Ende des Kerns miteinander verbinden. Der Deckel aus Isolierstoff trägt die Primäranschlüsse und, deutlich sichtbar, den Sekundäranschluß und den Vorschaltwiderstand.

In ähnlicher Weise trägt auch die KW-Spule (Bild 95) über dem Kern erst die Primär-, dann die Sekundärwicklung; die Wicklungen sind zwischen Platten aus Isolierstoff in einem Zylinder aus Pertinax eingegossen. Die Spule ist stärker gebaut; das Joch bildet einen viereckigen Rahmen um die Spule und ist zur Vermeidung von Stoßfugen aus verblatteten Blechen zusammengesetzt.

Bild 94. Bosch-Zündspule

Neuerdings ist man vielfach zu einer anderen Bauart übergegangen: Man wickelt die Primärwicklung über die Sekundärwicklung, damit die in der Primärwicklung erzeugte Wärme rasch abgeführt wird und die Isolation zwischen der Spulenoberfläche und dem Gehäuse gering sein kann. Um auch bei der Sekundärwicklung mit wenig Isolation auszukommen, legt man den Kern an Hochspannung und isoliert erst diesen Eisenkern gegen das Gehäuse. Den äußeren Eisenschluß bilden Eisenbleche zwischen Gehäusemantel und Spulenoberfläche. Um Überschläge zu vermeiden, darf der Randabstand in der Sekundärwicklung ein bestimmtes Maß nicht unterschreiten. Die Hohlräume in der Zündspule werden mit einer Ausgußmasse gefüllt, die gleichzeitig zur Isolation dient und der Wicklung die nötige Festigkeit gibt. Beim Aufbau der Spule vermeidet man nach Möglichkeit Schrauben oder Nietverbindungen, sondern schweißt, lötet, bördelt oder rollt die einzelnen Teile zusammen. Die Spule wird auf

Bild 95. KW-Zündspule

diese Weise zu einem einheitlichen Ganzen, dessen einzelne Teile nicht mehr auswechselbar sind. Wird die Spule schadhaft, so ist also eine Ausbesserung nicht möglich, sondern nur ein Ersatz durch eine neue Spule. Andererseits sind aber die Spulen durch die neue Bauweise so verbilligt, daß ein Ersatz einzelner Teile sich nicht mehr lohnt.

Eine weit verbreitete Spule dieser Bauart ist die in Bild 96 gezeigte Delco-Spule. Wie das Schnittbild zeigt, sitzt der Eisenkern auf einem Isolierkörper aus Porzellan auf. Mit dem anderen Ende ragt er in eine Vertiefung des Bakelitdeckels; mit der Sekundärklemme ist er durch einen Stift verbunden, der in die Bleche des Kerns eingekeilt ist. Als Primär-Anschlußleitungen dienen Kupfer-

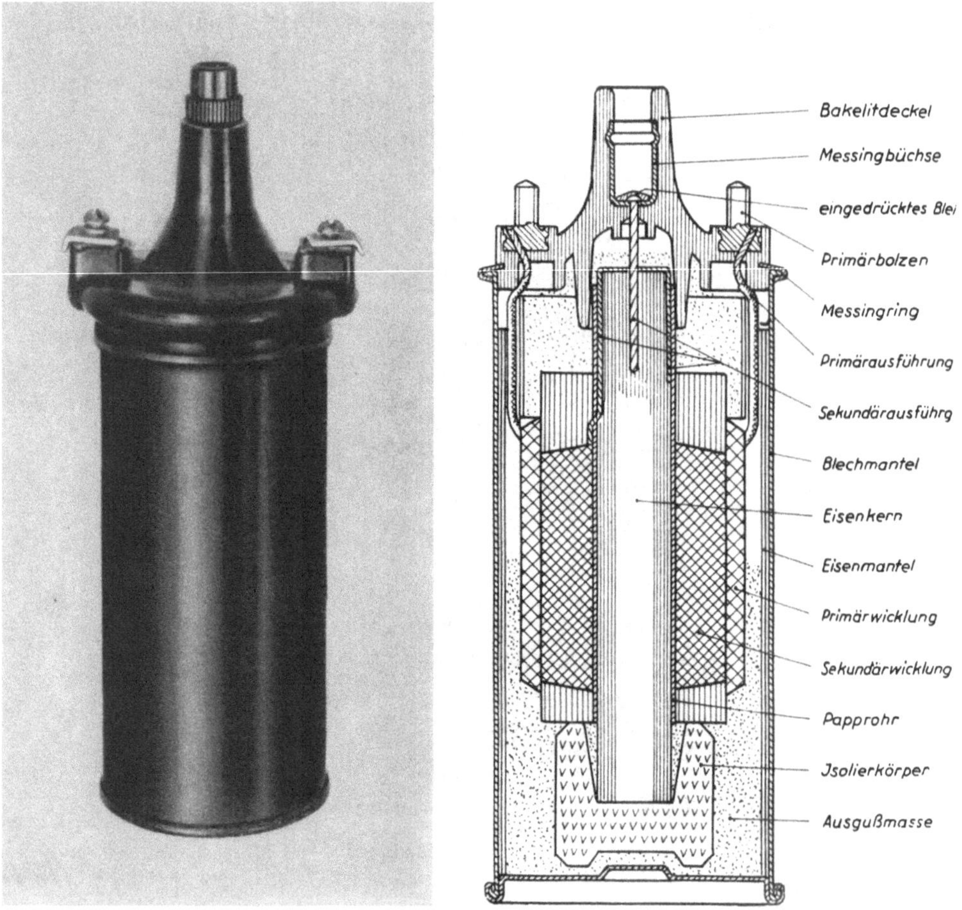

Bild 96. Delco-Zündspule (Ansicht und Schnitt)

litzen, die an die in den Deckel einbakelitisierten Primärbolzen angelötet sind. Infolge der außenliegenden Primärwicklung ist es bei der 6-Volt-Spule nicht notwendig, den Primärstrom und damit die in der Wicklung erzeugte Wärmemenge durch einen Vorschaltwiderstand oder Variator zu begrenzen.

Ähnlich gebaut ist die in Bild 97 gezeigte Bosch-Zündspule für 6 Volt; der Eisenkern wird durch eine Feder im Bakelitdeckel gegen den Porzellankörper gedrückt, auf dem er aufsitzt. Die Feder drückt gleichzeitig ein Kupferband, das an das Ende der Sekundärwicklung angelötet ist, gegen die in den Deckel eingepreßte Sekundärklemme, so daß ein guter Kontakt gewährleistet ist. Die Wicklung wird durch eine Ringrippe am Deckel und Rillen im Porzellankörper besonders verspannt und in dem Blechgehäuse eingegossen. Der Bakelitdeckel und der Boden sind in den Gehäusemantel eingebördelt. Die Anschlußleitungen der Primärwicklung sind durch hohle Bolzen, die in den Deckel einbakelitisiert sind, hindurchgeführt und außen verlötet. Über der Primärwicklung sitzt eine Anlaßhilfswicklung. Diese Zusatzwicklung wird, wie das Schaltbild 98 zeigt, während des Anlaßvorgangs der Primärwicklung parallelgeschaltet, so daß der aufgenommene Strom und damit die Schlagweite beim Anwerfen genügend groß wird und trotz dem Absinken der Batteriespannung durch die hohe Stromaufnahme des Anlaßmotors noch ausreicht. Zwischen diese Anlaßhilfswicklung und das Gehäuse sind halbzylindrische Bleche eingefügt, die den magnetischen Fluß führen.

Bild 97. Bosch-Zündspule

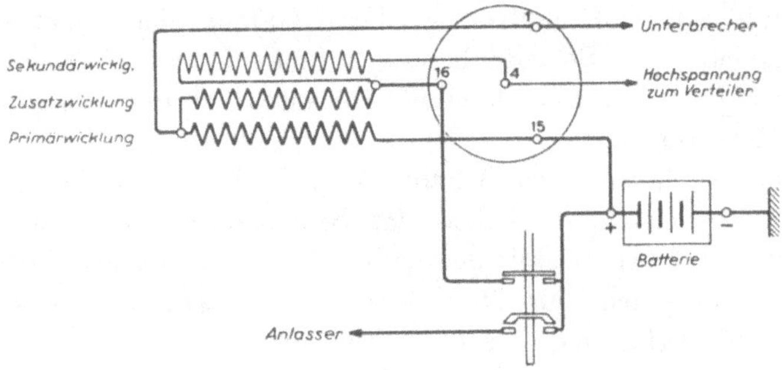

Bild 98. Zündspule mit Anlaßhilfswicklung (Schaltbild)

Bei 12-Volt-Spulen ist die aufgenommene Leistung wesentlich größer als bei 6-Volt-Spulen, so daß man in der Regel einen Vorschaltwiderstand braucht, um die Gefährdung der Spule durch Dauerbetrieb zu vermeiden. Bild 99 zeigt eine derartige von der

Robert Bosch A.-G. gebaute 12-Volt-Spule, die mit einem Vorschaltwiderstand ausgerüstet ist. Damit dieser Widerstand gegen Schmutz und Nässe geschützt ist, ist er nicht, wie bei älteren Ausführungen. außen auf dem Spulendeckel befestigt, sondern im Gehäuse untergebracht, und zwar möglichst weit nach außen von der Spule entfernt und von ihr gut isoliert, um eine Wärmezufuhr vom Widerstand an die Spule zu vermeiden (Bild 100 zeigt den Schnitt).

Bild 99. Bosch-Zündspule mit Vorschaltwiderstand

Aus diesem Grunde ist der Isolierkörper, auf dem der Eisenkern aufsitzt, gleichzeitig als Träger dieses Widerstandes ausgebildet. Der Porzellankörper dient also in diesem Fall verschiedenen Zwecken: er trägt den Eisenkern und isoliert ihn gegen den Gehäuseboden, er trägt den Widerstand und isoliert die Spule gegen die vom Widerstand erzeugte Wärme. Während des Anlassens wird der Widerstand kurzgeschlossen und so der Spannungsabfall ausgeglichen, den die große Stromaufnahme des Anlassers verursacht.

Mallory baut die Spule in ein gepreßtes Isolierstoff-Gehäuse ein. Bild 101 zeigt eine größere 6-Volt-Spule mit Vorwiderstand; dieser kann ausgewechselt und damit die Spule auf 12 Volt umgeschaltet werden. Der Deckel besteht gleichfalls aus Isolierstoff und ist — durch Gummi abgedichtet — mit Messingnieten am Gehäuse befestigt. Eine dieser Hohlnieten dient gleichzeitig als Sekundäranschluß. Gehäuse und Boden sind durch einen Metallring verbunden.

Eine 6-Volt-Spule der Scintilla A.-G. ist so ausgebildet, daß die Primärkabel am Spulendeckel, das Sekundärkabel am Boden zugeführt wird. Der Deckel, der außer den Klemmen den Vorwiderstand trägt, besteht aus Metall, der Bodeneinsatz aus Isolierstoff. Boden und Deckel sind eingerollt (Bild 102).

Für besonders schweren Betrieb hat z. B. Delco Spulen gebaut. die in einem starken Gußgehäuse mit Kühlrippen eingegossen sind (Bild 103). Ein Messingring ist in das Gehäuse und den Deckel eingebördelt und hält so die beiden Teile zusammen. Auf dem Deckel sitzen die beiden Primäranschlüsse und die Sekundärklemme. Das Hochspannungskabel wird in eine Anschlußschraube eingeschraubt.

Bei Motorrädern genügen im allgemeinen kleinere Spulen, als sie für Wagen notwendig sind, weil für die verwendeten Ein- und Zweizylindermaschinen die erforderliche Funkenzahl geringer ist als für die Mehrzylindermaschinen des Kraftwagens.

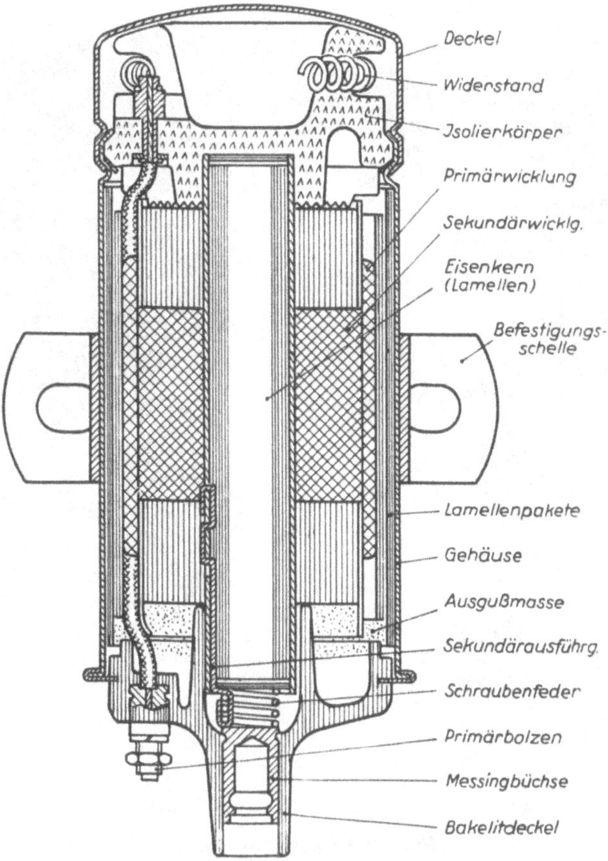

Bild 100. Bosch-Zündspule mit Vorschaltwiderstand, Schnitt

Die von der Robert Bosch A.-G. entwickelte TC-Spule für Motorräder zeigt Bild 104. Gehäusemantel und Boden bestehen aus einem Stück; der Bakelitdeckel ist in den Mantel eingerollt. Vorschaltwiderstand oder Hilfswicklung sind bei Motorrad-Zündspulen entbehrlich, da heute die meisten Motorräder nicht von der Batterie aus, sondern mit dem Kickstarter angeworfen werden, so daß die Spannung beim Anlassen nicht sinkt. Wichtig ist bei Motorrädern der Schutz gegen Spritzwasser. Zu diesem Zweck wurde für die abgebildete Spule ein besonderer Hochspannungsanschluß geschaffen; über das Kabel wird eine Gummitülle geschoben, die mit einer Überwurfkappe auf den Hochspannungsstutzen gepreßt wird und gleichzeitig das Kabel hält. dessen Ende auf eine spannungführende Spitze aufgespießt wird.

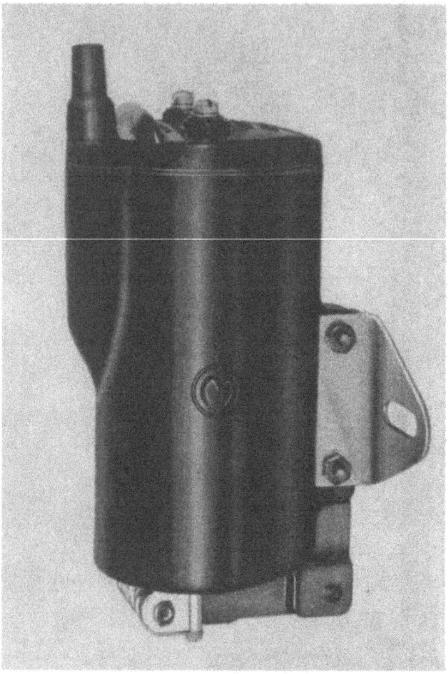

Bild 101. Mallory-Zündspule

Bild 102. Scintilla-Zündspule

Manchmal wird der Zündschalter unmittelbar an die Zündspule angebaut und damit gleichzeitig, wenn man dafür ein Sicherheitsschloß verwendet, eine Diebstahlsicherung geschaffen. Ein Beispiel zeigt Bild 105, das Schaltschema Bild 106. (Näheres siehe Seite 246.)

Der sogenannte **Zündverteiler** umfaßt außer der eigentlichen Verteilereinrichtung (Verteilerscheibe und Verteilerläufer) die Unterbrechereinrichtung (Unterbrecher, Kondensator und Umlaufnocken) und häufig den Fliehkraftversteller. Die Verteilereinrichtung hat wie beim Magnetzünder die Aufgabe, die Hochspannung in dem Augenblick, in dem der Unterbrecher öffnet, jeweils der richtigen Kerze zuzuführen. Bei der Batteriezündung werden nur noch Überschlagverteiler verwendet. Die Elektroden sind in regelmäßigen Abständen in die Verteilerscheibe einbakelitisiert; vor ihnen bewegt sich in einem Abstand von etwa 0,5 mm ein Metallsegment, das über eine Schleifkohle mit der Zündspule verbunden ist. Fast alle Zündverteiler werden heute in einer in den Grundsätzen ähnlichen Form gebaut; nur in der Ausführung finden sich Verschiedenheiten.

Bild 103. Delco-Zündspule mit Kühlrippen

Beim VE-Verteiler der Robert Bosch A.-G. (Bild 107) sitzen die mechanisch arbeitenden Teile in einem Gußgehäuse, das auf der einen Seite das Gleitlager für die Antriebswelle trägt; auf der anderen Seite wird es durch die aus Isolierstoff geformte Verteilerscheibe abgeschlossen. Im Gehäuse sitzt die Unterbrecherplatte mit dem Blechhebel, der das Resitexgleitstück trägt (Einzelheiten im Kap. III);

den umlaufenden Stahlnocken trägt die Verteilerachse. Der Kondensator ist außen am Unterbrechergehäuse befestigt. Unter dem Unterbrecher sitzt der in Kap. V näher beschriebene Versteller, über dem Unterbrecher der eigentliche Verteiler. Die Zuführung des von der

Bild 104. Bosch-Motorrad-Zündspule

Bild 105. Bosch-Zündspule mit Schloß

Zündspule gelieferten Sekundärstromes geschieht durch ein Kabel, das an die mittlere Anschlußklemme der Verteilerscheibe angeschlossen wird, dann durch die Schleifkohle, die federnd in einer Vertiefung der Verteilerscheibe sitzt und auf der Elektrode des Verteiler-

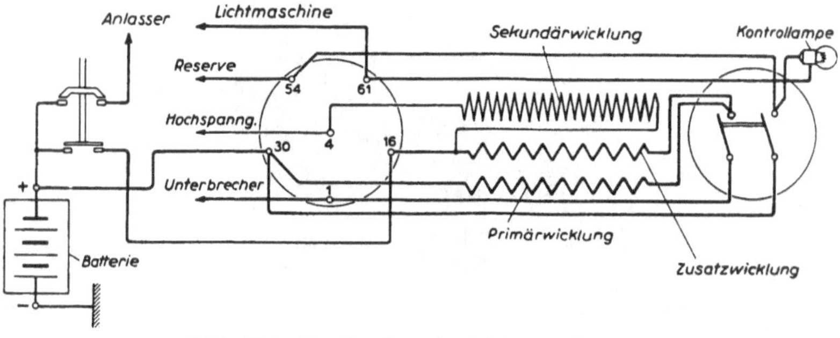

Bild 106. Zündspule mit Schloß, Schaltbild

läufers schleift. Der Verteilerläufer ist auf eine Verlängerung des Nockens gesteckt und läuft an den Segmenten vorbei, die in der Verteilerscheibe sitzen. Von den Segmenten gelangt der Sekundärstrom dann zu den Zündkabeln, die durch die entsprechenden Anschlußstutzen der Verteilerscheibe hinausführen und die Verbindung zu den Zündkerzen herstellen. Die Anschlußstutzen gehen entweder in Richtung der Verteilerachse oder senkrecht dazu, je nachdem die Kabelführung gewünscht wird. Die Stutzen sind bei diesem Verteiler so ausgebildet, daß zur Erhöhung der Spritzwassersicherheit Gummitüllen aufgesteckt werden können, und zwar auch bei Kabelabführung senkrecht zur Verteilerachse.

Bei dem in Bild 108 gezeigten Delco-Verteiler sitzt die Kohle, die dem Verteilerläufer den Strom zuführt, fest in der Verteilerscheibe; dagegen sitzt auf dem Verteilerstück eine Blattfeder, die auf der Kohle schleift. Die Verteilerelektrode ist nicht eingegossen, sondern auf den Verteilerläufer aufgenietet. Der Unterbrecher ist so gebaut, daß die Kontakte stets genau aufeinanderstoßen, unabhängig davon, wie groß der Kontaktabstand eingestellt wird. Dies wird — ähnlich wie bei manchen Bosch-Verteilern für hohe Drehzahlen — dadurch erreicht, daß für das Einstellen auch der feststehende Kontakt dreh-

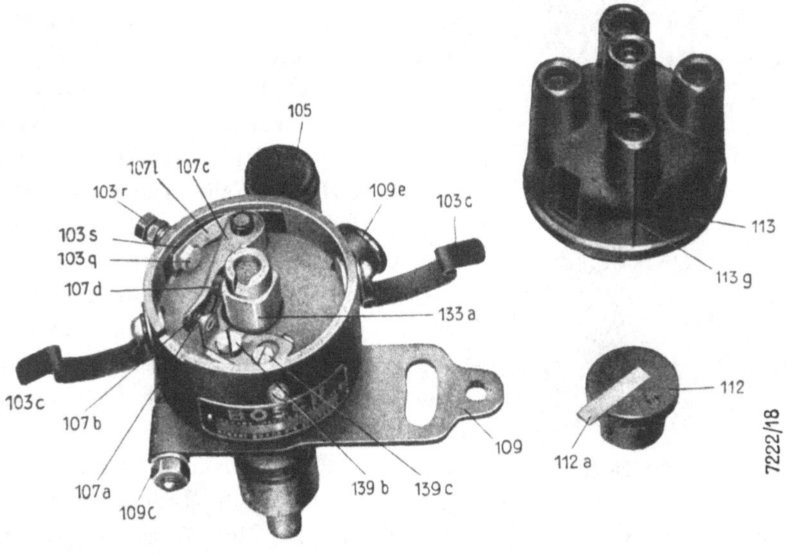

Bild 107. Bosch-Zündverteiler, Verteilerscheibe und Verteilerläufer abgenommen

103 c = Federn zum Halten der Verteilerscheibe
103 q = Anschlußbolzen (Klemme 1)
103 r = Sechskantmutter
103 s = Isolierplatte
105 = Kondensator
107 a = Amboßkontakt
107 b = Hebelkontakt
107 d = Gleitstück
107 l = Unterbrecher-Zugfeder
109 = Verstellhebel
109 c = Schraube z. Festklemmen d. Verstellhebels
109 e = Fettbüchse
112 = Verteilerläufer
112 a = Elektrode im Verteilerläufer
113 = Verteilerscheibe
113 g = Strichmarke (Anschlußklemme 1)
133 a = Unterbrechernocken
139 b = Feststellschraube
139 c = Exzentrische Verstellschraube

bar ist, und zwar um den gleichen Drehpunkt, um den auch der Unterbrecherhebel sich bewegt (siehe auch Seite 121).

Für Motorräder mit einem oder zwei Zylindern baut Bosch einen Unterbrecher, der zu der oben beschriebenen TC-Zündspule paßt. Das topfförmige Gehäuse aus Aluminium (Bild 109), das den Unterbrecher enthält, sitzt mit einem Lagerhals in einer Bohrung des Motorgehäuses; die Unterbrecherplatte kann zum Verstellen des Zündzeitpunktes durch einen Bowdenzug verdreht werden. Der umlaufende Unterbrecher-Nocken — ein- bzw. zweihöckrig — sitzt auf der Motorwelle. Nach vorn ist der Unterbrecher durch einen Blechdeckel, bei der Zweizylinder-Ausführung durch eine Verteilerscheibe abgeschlossen; im letzteren Falle führt der auf dem Nocken sitzende Verteiler-Läufer die von der Zündspule dem mittleren Stutzen zugeführte Hochspannung abwechselnd einem der beiden anderen Stutzen und damit den beiden Kerzen zu.

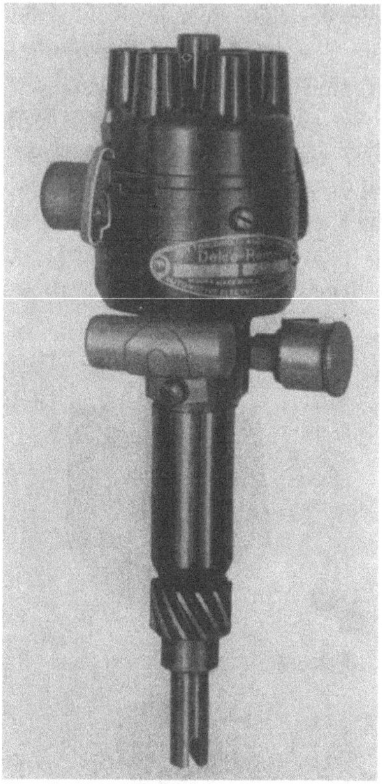

Bild 108. Delco-Verteiler

Für manche Fälle sind kleine runde Unterbrecher erwünscht, die organisch in eine Bohrung des Motorblocks eingesteckt und in ihr zur Verstellung des Zündzeitpunkts verdreht werden können. Bild 110 zeigt Schnitt und Aufsicht einer von Bosch entwickelten Bauart. Der umlaufende Nocken sitzt ebenfalls auf dem Ende der Kurbelwelle (oder der Lichtmaschinenwelle bei kombinierten Maschinen) und betätigt den feststehenden Unterbrecherhebel. In den unteren Gehäuseraum ist ein ringförmiger Wickelkondensator eingepreßt, durch dessen Öffnung der Nocken hindurchragt.

Um bei Batteriezündern für Zweizylinder-Motoren den Verteiler zu ersparen, kann man auch zwei Unterbrecher verwenden, die vom gleichen Nocken gesteuert werden. Zu jedem Unterbrecher gehört eine Zündspule, so daß die Zündung des einen Zylinders ganz unabhängig von der des anderen ist.

An dieser Stelle sei auch die vor allem bei Motorrädern u. U. vorhandene Gefahr eines Vergaserbrandes besprochen. Ein solcher kann z. B. entstehen, wenn der Motor infolge der Kompression zurückpendelt, ehe die Zündung eingeleitet ist. Das Einlaßventil des Motors wird bei dieser Rückwärtsbewegung wieder geöffnet — gleichzeitig öffnet bei einem Nocken mit zu kurzer Schließungsdauer der Unterbrecher. Der dabei entstehende „falsche Funke" entzündet das Gemisch im Zylinder; dieses brennt dann durch das offene Einlaßventil bis in den Vergaser zurück und dort kann ein Brand entstehen, falls kein Schutzsieb vorhanden ist. Dieser Brand des überfließenden Benzins am Vergaser kann auf zweierlei Weise vermieden werden, einmal durch Einbau eines Luftfilters mit Metallgewebe (nicht mit Filzeinlage!), zum andern dadurch, daß man die Schließungsdauer des Unterbrechernockens verlängert. Gibt man z. B. bei Einzylinder-Viertaktmotoren dem Unterbrechernocken eine Schließungsdauer von 210°, so entsteht der falsche Funke beim Rückwärtspendeln erst dann, wenn das Auslaßventil offen, das Einlaßventil geschlossen ist. Die Verlängerung der Schließungsdauer des Unterbrechernockens

Bild 109. Bosch-Unterbrecher

führt zu einer Änderung der elektrischen Verhältnisse, die in der Regel die Wahl einer besonderen Zündspule erforderlich macht.

Es sind nun noch zusammenfassend diejenigen Maßnahmen zu besprechen, die bei Batteriezündung gestatten, höhere Drehzahlen zu erreichen.

Im Gegensatz zu den Motorradzündern, bei denen nur ein oder zwei Funken pro Umdrehung erzeugt werden müssen, ist die Erreichung genügender Höchstdrehzahlen bei Batteriezündern für

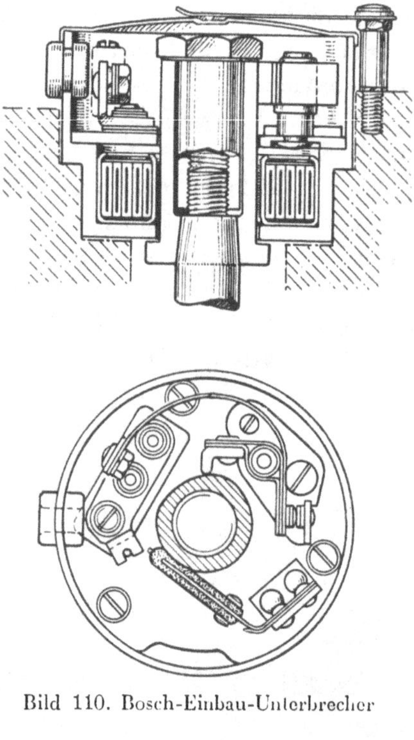

Bild 110. Bosch-Einbau-Unterbrecher

Sechs-, Acht- und Mehrzylinder-Motoren durchaus nicht immer ganz einfach. Die bei Batteriezündung erreichbaren Höchstdrehzahlen sind dadurch begrenzt, daß bei zu kleiner Schließungszeit der Strom und damit das Feld in der Zündspule nicht mehr genügend Zeit haben, um die erforderliche Stärke zu erreichen, und daß von einer gewissen Drehzahl ab der Unterbrecherhebel nachzittert und damit den Aufbau des Feldes vollends stört (siehe Abschnitt II). Manchmal arbeitet nun der Unterbrecher noch einwandfrei, aber die Zündspule kann keine genügende Spannung mehr liefern, oder umgekehrt. Will man hohe Funkenzahlen erreichen, so kommt es in erster Linie darauf an, den

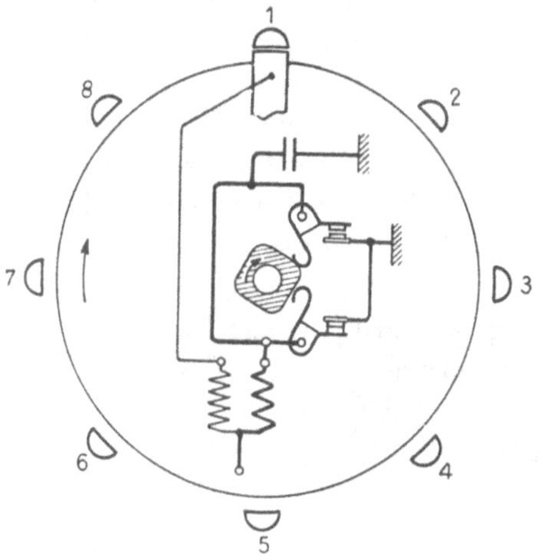

a

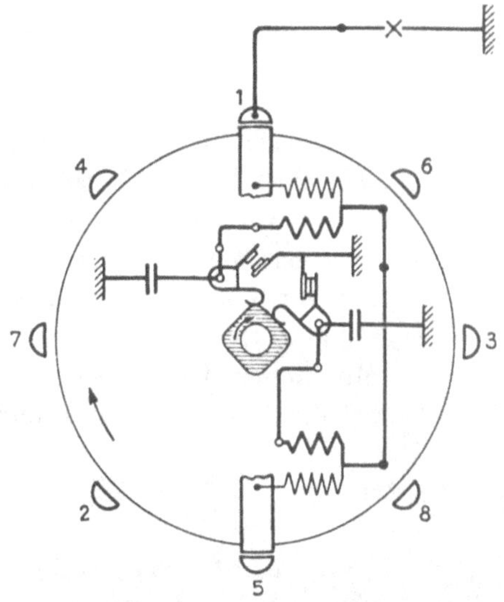

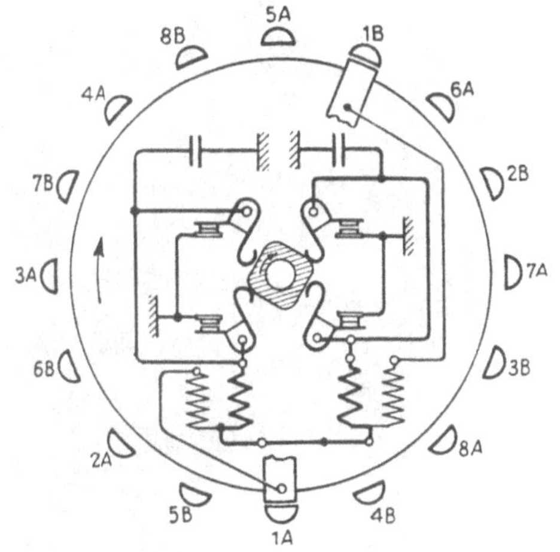

Bild 111. a—c. Unterbrecherschaltungen

Unterbrecher möglichst wenig träge und seine Schließungsdauer so groß wie möglich zu machen. Das ist mit e i n e m Unterbrecher nur in begrenztem Maße möglich, einmal aus konstruktiven Gründen, zum andern, weil der Unterbrecher bei hohen Drehzahlen so stark vom Nocken angestoßen wird, daß er der Nockenform gar nicht mehr folgt und also selbst seine Öffnungsdauer bestimmt. Der zur Vermeidung dieser Schwierigkeiten praktisch am häufigsten benutzte Ausweg ist vom Rennmagnetzünder (z. B. Bosch FH und GR) übernommen worden; es ist die Verwendung von zwei abwechselnd arbeitenden, elektrisch parallelgeschalteten Unterbrechern, die so eingestellt sind, daß sie nur über einen ganz kleinen Winkel beide zugleich öffnen. Dadurch wird die Schließungszeit groß und es steht doch jedem Unterbrecher ein genügend langer Öffnungswinkel zur Verfügung, da er ja nur bei jedem zweiten Funken arbeitet; dies hat natürlich auch höhere Lebensdauer der Kontakte und Nocken zur Folge. Das grundsätzliche Schaltbild dieser Anordnung zeigt Bild 111 a.

Mit dieser Unterbrecheranordnung arbeiten die hochwertigen teuren Verteiler für schwere und vielzylindrige Wagen. Als Beispiele

Bild 112. Bosch-Verteiler

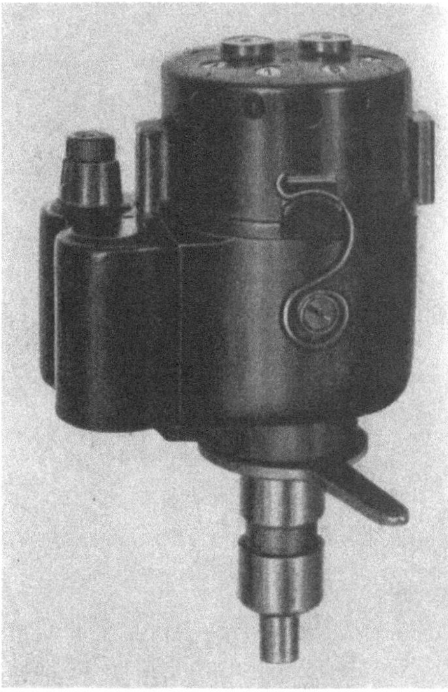

Bild 113. Scintilla-Verteiler

zeigen die Bilder 112 und 113 einen Bosch VG 8 und einen Scintilla B 8 Verteiler. Beide zeigen einen sehr soliden Aufbau und verwenden 2 Unterbrecher und dementsprechend für einen Achtzylinder-Motor einen Nocken mit 4 Kuppen. Die Kontaktöffnung der beiden Unterbrecher ist nachstellbar, darüber hinaus ist aber der eine Unterbrecher gegen den anderen verstellbar, so daß der Abstand der Zündzeitpunkte zweier aufeinanderfolgender Zylinder genau eingestellt werden kann. Der für beide Unterbrecher gemeinsame Kondensator sitzt beim Bosch-Verteiler innerhalb des Gehäuses, beim Scintilla-Verteiler außen am Gehäuse, durch einen besonderen Deckel geschützt. Beim Bosch-Verteiler ist der Verteilerläufer mit einer Schraube gesichert und so starr mit der Verteilerachse verbunden. Um eine kleinere Überschlagspannung zu erreichen, sind beim Scintilla-Verteiler die feststehenden Elektroden waagerecht geriffelt, der Verteilerläufer dagegen an der den Elektroden zugekehrten Seite senkrecht.

Bei noch höheren Drehzahlen reicht die Schließungszeit auch bei Verwendung von zwei Unterbrechern nicht aus, um ein genügend großes Feld in der Zündspule aufzubauen. Dann trennt man die beiden Unterbrecher — wie 111b zeigt — elektrisch voneinander und schaltet jeden mit je einer Spule in Reihe. Bei einem Achtzylinder-Motor haben also je 4 Zylinder ihren eigenen Batteriezünder und dieser kann nun genügend lange Schließungsdauer haben. Die beiden Zündspulen sind an einen doppelten Verteilerläufer angeschlossen. Diese Bauart wird ebenfalls in Sonderfällen häufig verwendet. Durch eine kleine Änderung eines solchen Verteilers, nämlich dadurch, daß man die Unterbrecher gleichzeitig öffnen und schließen läßt, kann man z. B. aus einem Achtzylinder-Verteiler für sehr hohe Drehzahlen einen normalen Vierzylinder-Verteiler, aber für zwei Kerzen pro Zylinder, also einen Zwillingszünder machen.

Bild 111 c endlich zeigt die Schaltung für den Zwillings-Zündverteiler für hohe Drehzahlen, für den Fall also, daß in jedem Zylinder zugleich an zwei Kerzen zwei unabhängig voneinander erzeugte Funken springen und außerdem für jeden Kerzensatz zur Erreichung genügender Schließungszeiten je zwei Unterbrecher nacheinander öffnen und schließen sollen. Bild 114 zeigt einen derartigen Hochleistungs-Zündverteiler, den Bosch VGH 8 × 2. Dieser Verteiler, der vor allem für Schnelltriebwagen verwendet wird, hat nicht weniger als 4 Unterbrecher, von denen zwei mit einer Spule auf einen Kerzensatz, die beiden anderen mit einer zweiten Spule auf den zweiten Kerzensatz arbeiten.

Die Verteilerscheibe hat 16 Segmente, die abwechselnd zu den beiden verschiedenen Kerzensätzen gehören. Im Verteilerläufer sitzen zwei elektrisch voneinander getrennte Segmente, die an zwei verschiedenen Spulen liegen. Der vierhöckrige Nocken betätigt vier Unterbrecher, von denen je zwei um 45° versetzt sind und parallel an einer Zündspule liegen; alle Unterbrecher sind gegeneinander verstellbar.

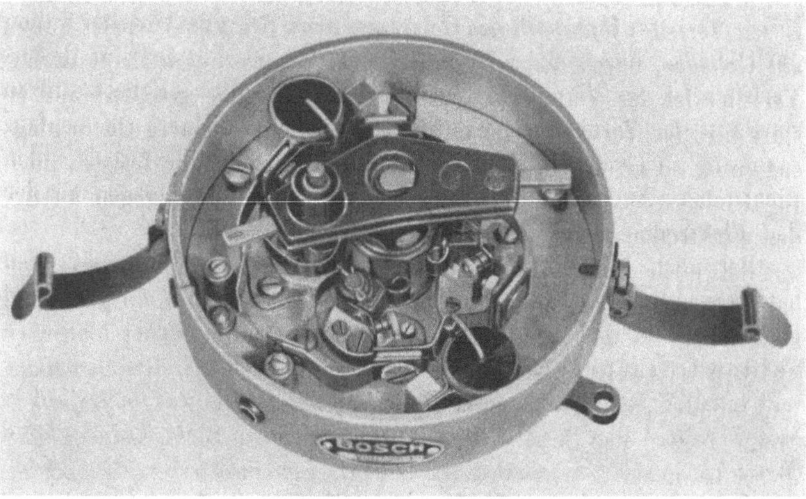

Bild 114. Bosch-Verteiler für Zwillingszündung

Weniger praktisch angewendet wird eine andere Möglichkeit, höhere Drehzahlen zu erreichen; sie besteht darin, daß man die Schließungsdauer des Unterbrechers bei allen Drehzahlen konstant hält. Dies kann auf verschiedene Weise geschehen: Mallory verwendet zwei parallel geschaltete Unterbrecher, die auf zwei getrennten, durch Zentrifugalkraft gegeneinander verschiebbaren Nocken laufen; bei niedrigen Drehzahlen überdecken sich die beiden Schließungswinkel, bei höheren Drehzahlen überlappen sie sich nur, so daß der gesamte Schließungswinkel größer wird. Paris et Rhône verwendet einen Nocken, der so profiliert ist, daß der Schließungswinkel am einen Ende kurz, am andern lang ist; ein Zentrifugalregler verschiebt den Nocken axial so, daß die Schließungsdauer praktisch konstant ist. Den früher stark verbreiteten Variator, der durch Erhöhung des Primärstromes höhere Drehzahlen gewährleisten soll (s. S. 49), hat man auch fast gänzlich wieder verlassen. Diese Möglichkeiten werden erwähnt, weil sie allesamt den Vorteil bieten, gute Höchstdrehzahlen zu ergeben, ohne bei niederer Drehzahl den Wattverbrauch des Batteriezünders zu erhöhen; sie sind aber nicht zu großer Bedeutung gelangt, weil sie zu konstruktiven Schwierigkeiten geführt haben.

Endlich sei noch eine von Watson[1]) angegebene, physikalisch interessante Schaltung geschildert, bei der die Zeit, die der einzelnen Spule zum Aufspeichern von Energie zur Verfügung steht, verdoppelt wird.

Betrachten wir zunächst am grundsätzlichen Schaltbild 115 das Prinzip der Speicherung. Eine Induktionsspule L_1, die Batterie B und die Primärspule S_1 eines Transformators sind in Reihe geschaltet, parallel zur Primärspule liegt der Unterbrecher U mit dem Kondensator C. Ist der Unterbrecher geschlossen, dann fließt der Strom über den Unterbrecher zur Induktionsspule L_1; wird der Unterbrecher geöffnet, dann fließt die Energie, die sich in der Spule L_1 aufgespeichert hat, in die Primärspule S_1 und bewirkt, daß das magnetische Feld im Transformator sehr rasch anwächst, also in der Sekundärwicklung S_2 ein Spannungsstoß entsteht. Sobald der Unterbrecher schließt, fließt der Batteriestrom wieder über den Unterbrecher und das magnetische Feld im Transformator bricht zusammen.

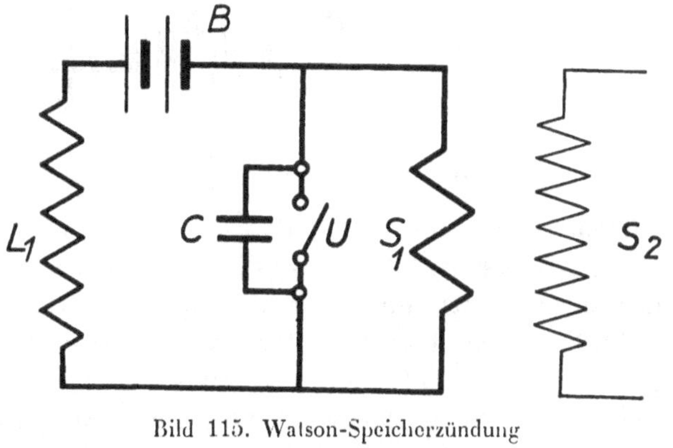

Bild 115. Watson-Speicherzündung
Vereinfachtes Schaltbild

Die ausführliche Schaltung zeigt Bild 116. Sie enthält statt der Spule L_1 zwei parallel geschaltete Induktionsspulen L_1 und L_2 und ebenfalls zwei parallel geschaltete Unterbrecher U_1 und U_2; dazwischen liegt die Primärwicklung S_1 des Transformators. Die beiden Unterbrecher arbeiten abwechselnd, so daß ihre Kontakte nie gleich-

[1]) Coil Ignition Systems a. a. O. S. 120.

zeitig geöffnet sind. Wird der eine Unterbrecher geschlossen, so wächst der Strom in der zugehörigen Spule; wird dieser Unterbrecher geöffnet, dann fließt die Energie dieser einen Spule in den Transformator; in gleicher Weise arbeitet sodann der zweite Unter-

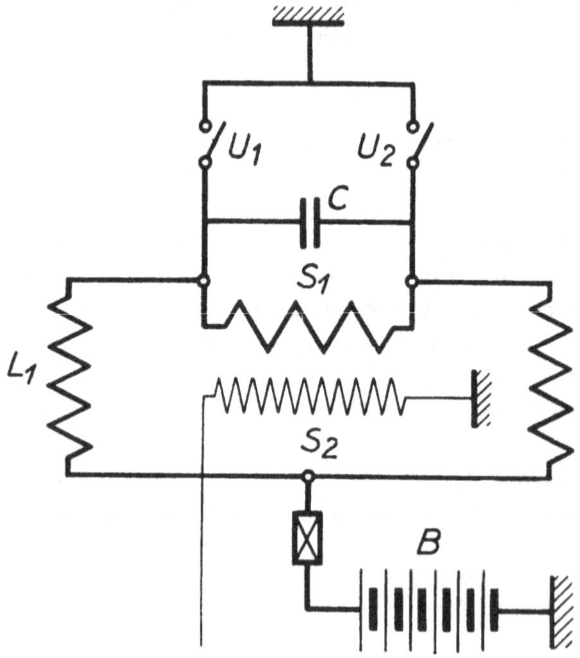

Bild 116. Watson-Speicherzündung
Ausführliches Schaltbild

brecher, nur mit dem Unterschied, daß der Strom im Transformator in entgegengesetzter Richtung fließt. Während also jeder Unterbrecher einmal öffnet und jede Spule einmal die aufgespeicherte Energie abgibt, liefert der Transformator zwei Funken. Um möglichst viel Energie auf den Sekundärkreis übertragen zu können, hat der Transformator einen gut geschlossenen Eisenkreis, damit aber auch starke Dämpfung und schlechten Wirkungsgrad. Aus diesem Grunde hat die Anordnung bisher nur geringe praktische Anwendung gefunden.

Eine besondere Art von Zündspulen, die hauptsächlich früher weit verbreitet waren, sind die sogenannten **Summerzündspulen.** Ähnlich wie bei jedem Funkeninduktor wird bei diesen das magnetische Feld der Spule zur Ablenkung eines vor dem Eisenkern stehenden Ankers benutzt, dadurch ein Kontakt geöffnet und der Stromkreis unterbrochen. Dieser Anker vibriert nun ständig hin und her und liefert eine Reihe aufeinanderfolgender Funken während der ganzen Zeit der Öffnung des Hauptunterbrechers. Unter Hauptunterbrecher verstehen wir hier den mechanisch von einem Nocken gesteuerten Unterbrecher im Gegensatz zu dem Summer. Man erhoffte von dem Auftreten des Funkenbündels eine besonders sichere Zündung beim Anwerfen, besonders bei schwer entzündlichem Gemisch. Daß das Funkenbündel gegenüber einem kräftigen Einzelfunken Vorteil bietet, ist jedoch noch nicht nachgewiesen. Dagegen ist Tatsache, daß die Nachfrage nach Summerspulen als Betriebsspulen in den letzten Jahren stark nachgelassen hat. Nur im Gebiet sehr niederer Drehzahlen liefert die Summerspule einwandfreie Zündung, da bei höheren Drehzahlen infolge der Trägheit des Summers während der Öffnungsdauer des Hauptunterbrechers der Summer nicht zur Zeit öffnet, wodurch Aussetzer auftreten.

Dagegen ist die Summerspule in letzter Zeit auf einem anderen Gebiet wieder zu größerer Bedeutung gelangt, und zwar zum Anlassen von Glühkopfmotoren, wie sie heute vielfach in Zugmaschinen verwendet werden. Um diese anlassen zu können, baut man neben dem Glühkopf noch eine Kerze ein, die solange das Gemisch entzünden muß, bis der Glühkopf genügend erwärmt ist. Um nun den teureren Unterbrecher und seinen Antrieb zu sparen, verwendet man eine Zündspule mit angebautem Summer, die für die nötige Kerzenspannung sorgt (s. S. 242). Der Summer ist neuerdings auch auf einem anderen Sondergebiet in stärkerem Maße verwendet worden, und zwar bei der Summeranlaßzündung für Flugzeuge, die in Kap. V näher behandelt ist.

Anschließend möge noch eine Zündungsart wenigstens erwähnt werden, die auf einem von den bisher beschriebenen gänzlich abweichenden Grundsatz beruht, die **Hochfrequenzzündung**[2]). Sie ist zwar bisher trotz zahlreicher Versuche nicht in nennenswertem Maße praktisch verwirklicht worden, aber doch theoretisch interessant genug. Das Prinzip sei an Bild 117 erläutert:

Die Batterie B ist über den Unterbrecher U, die Primärwicklung L_1 einer Zündspule und die Masse geschlossen. Beim Öffnen des Unterbrechers wird in der Sekundärwicklung L_2 Hochspannung induziert; diese wird jedoch nicht den Kerzen zugeführt, sondern lädt den Kondensator C auf, bis seine Ladung sich an der Funken-

[2]) M. Strelow, Die Verwendung von Hochfrequenzfunken für die Entflammung des Gasgemisches in Brennkraftmaschinen, Diss. Berlin 1933.

strecke F und über die Primärwicklung S_1 eines Teslatransformators in Hochfrequenzschwingungen ausgleicht. Dadurch werden wiederum in der Sekundärwicklung S_2 Hochfrequenzschwingungen erzeugt und erst diese über den Verteiler den Zündkerzen zugeführt.

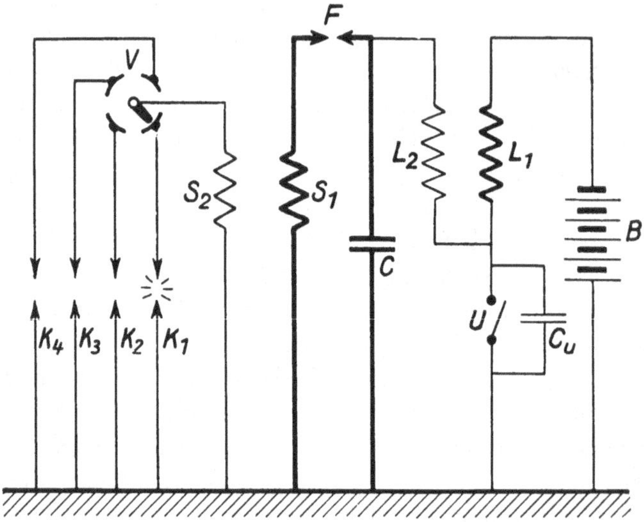

Bild 117. Hochfrequenzzündung, Schaltbild

Der Vorteil der Hochfrequenzzündung liegt vor allem darin, daß sie von der Kerzenverrußung weniger abhängig ist. Dem stehen jedoch vorläufig noch die Nachteile entgegen: sie ist teurer als die

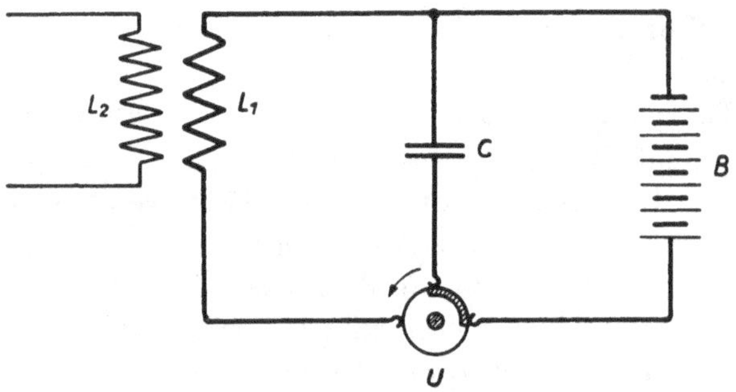

Bild 118. Lanchester-Kondensatorzündung, Schaltbild

übliche Zündung, kapazitätsempfindlich, die Funkenstrecke ist eine weitere Fehlerquelle usw., so daß sich die von verschiedenen Firmen[3]) entwickelten Schaltungen noch nicht durchzusetzen vermochten.

[3]) Lodge, Strelow u. Prunzel usw.

Bisher ebenfalls nur von theoretischem Interesse ist die von Lanchester[1]) angegebene Kondensatorzündung. Wie das Schaltschema (Bild 118) zeigt, schaltet das Umlaufsegment S den Kondensator C abwechselnd auf die Batterie B und auf die Primärwicklung L_1 der Zündspule. Auf diese Weise wird — unabhängig von der Drehzahl — Energie im Kondensator aufgespeichert und dann über die Spule entladen. Die Schaltung hat den Vorteil, daß der Stromkreis in keiner Stellung des Segments geschlossen ist, praktisch aber den Nachteil, daß sie an wesentlich höhere Betriebsspannungen gebunden ist, als sie bei Kraftwagen üblich sind.

3. Kombinierte Maschinen

Der Wunsch nach gedrängter Anordnung des Kraftfahrzeugzubehörs führt seit einer Reihe von Jahren zu zahlreichen Kombinationen, deren wichtigste der Zusammenbau von **Lichtmaschine** und **Magnetzünder** ist. Um dem Motorenbauer einen besonderen Antrieb für den Magnetzünder zu ersparen, wird die

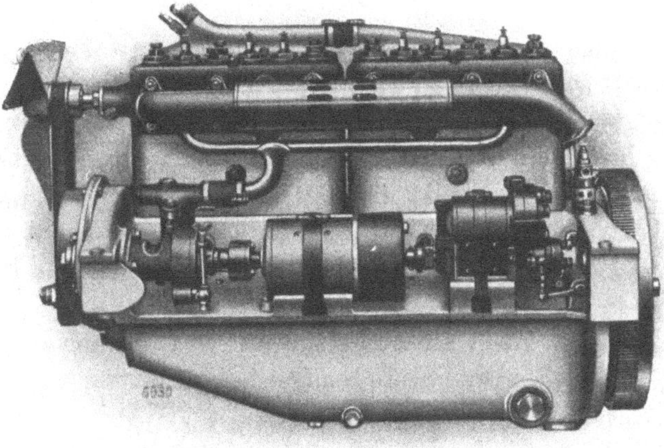

Bild 119. Tandemanordnung von Magnetzünder und Lichtmaschine

Lichtmaschine häufig an beiden Enden mit Achsstummeln versehen, so daß Magnetzünder und Lichtmaschine in Tandemanordnung eingebaut werden können (s. Bild 119). Ein weiterer Schritt ist der,

[1]) F. W. Lanchester, Coil Ignition, Journal of the Institution of Automobile Engineers, London, Januar 1929.

die Gehäuse von Lichtmaschine und Magnetzünder fest miteinander zu verbinden, so daß auch nur e i n e Befestigung am Motor nötig ist, wie z. B. bei der Kombination der Firma Marelli, die Bild 120 zeigt. Bei all diesen Anordnungen wird jedoch an Raum nichts oder doch nur wenig gespart.

Bild 120. Marelli-Lichtmaschine mit angebautem Magnetzünder

Es gibt aber auch Anordnungen, bei denen der Z u s a m m e n b a u tatsächlich r a u m s p a r e n d ist; z. B. hat die Robert Bosch A.-G. kombinierte Maschinen entwickelt, die für Vier- und Sechszylinderkraftwagen mit ihren verhältnismäßig großen Lichtmaschinen und Magnetzündern bestimmt sind. Bild 45 zeigt einen Lichtmagnetzünder mit ringförmigem Umlaufmagnet. Dieser ist auf der Lichtmaschine befestigt und läuft zusammen mit dem Polring um den im Bild entfernten, feststehenden Anker. Unterbrecher und Verteiler sind in einem besonderen Turm senkrecht zur Antriebachse angeordnet und werden mit einem Schraubenrad angetrieben. Wegen des Magnetzünders läuft die Maschine als Vier-Zylinder-Typ mit Kurbelwellendrehzahl, als Sechs-Zylinder-Typ mit $1\frac{1}{2}$facher Kurbelwellendrehzahl.

Eine andere Bauart mit Kobaltstahl-Magneten zeigt Bild 121 (RJMU). Ein Paket aus Kobaltstahl-Magneten und die Polschuhe laufen zwischen den Ankerschuhen um, die den Fluß dem feststehenden Zündanker zuführen. Die Anordnung von Verteiler und Unterbrecher ist, wie man sieht, ähnlich der oben beschriebenen. Beide Bauarten haben den Vorteil, wesentlich kürzer zu sein als die Tandemanordnung von Lichtmaschine und Magnetzünder.

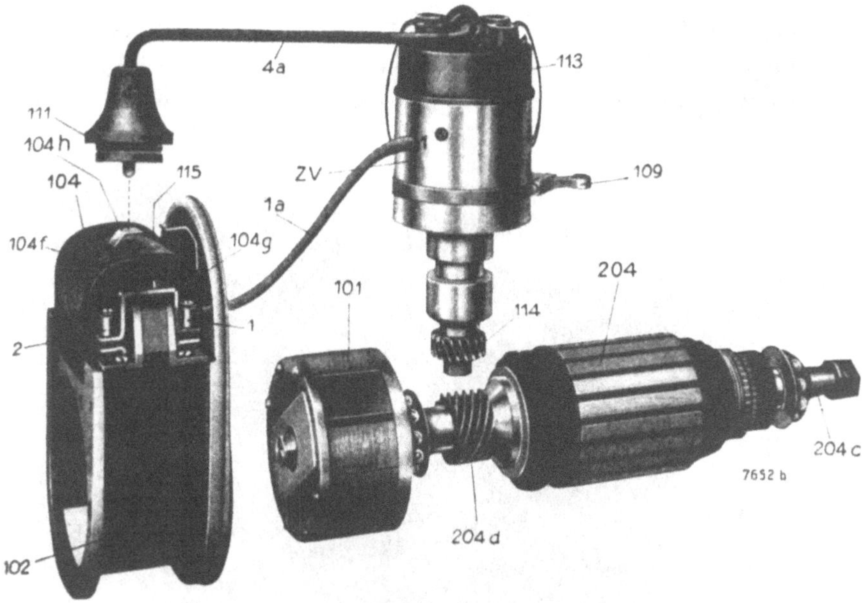

Bild 121. Bosch-Lichtmagnetzünder mit Umlaufmagnet

1 = Kabelklemme 1
1a = Kabel zwischen Klemme 1 am Anker und Klemme 1 des Zündverteilers
2 = Kabelklemme 2 (Kurzschlußklemme)
4 = Kabelklemme 4
4a = Kabel zwischen Stromabnehmer (111) und Klemme 4 der Verteilerscheibe
101 = Umlaufmagnet mit Polschuhen
102 = Polschuhe des Ankers
104 = Zündanker
104f = Ende der Primärwicklung
104g = Bügel mit Anschlußklemmer
104h = Messingwinkel
109 = Verstellhebel
111 = Stromabnehmer
113 = Verteilerscheibe
114 = Schraubenrad auf der Verteilerwelle
115 = Sicherheitsfunkenstrecke
204 = Lichtmaschinenanker
204c = Antriebszapfen des Lichtmagnetzünders
204d = Schraubenrad auf dem Lichtmaschinenanker
ZV = Zündverteiler

Noch mehr als beim Kraftwagen ist man beim Kraftrad in dem Raum für Zündung und Lichtmaschine eng begrenzt; daraus erklärt sich, daß gerade für kleine Lichtleistungen und Ein- und Zweizylinder-Zünder besonders viele kombinierte Bauarten auf den Markt gebracht worden sind. Eine von ihnen ist die „Magdyno“ der englischen Firma Jos. Lucas Ltd., Birmingham, die Bild 122 im Schnitt zeigt; man sieht übereinander Licht- und Zündanker, deren Achsen durch Zahnräder gekuppelt sind, Lichtmaschinenregler und Unterbrecher. Eine andere Lösung ist die „Noris“-Zündlichtmaschine der Firma Noris-Zündlicht A.-G., Nürnberg (Bild 123). Der bei Ein- und Zweizylindertypen über dem Anker vorhandene leere Raum im Magnetbügel wird für eine kleine Lichtmaschine ausgenutzt. Diese Anordnung hat vielen anderen gegenüber den Vorteil, daß beim Herausnehmen der Lichtmaschine die Zündung einwandfrei weiterarbeitet. Einen noch engeren Zusammenbau zeigt der Lichtmagnetzünder der Robert Bosch A.-G. in Bild 124. Er ist ein normaler Magnetzünder, dessen Bügelmagnet gewissermaßen oben zerschnitten und durch das Gehäuse der Lichtmaschine wieder verbunden wird;

Bild 122. Lucas-Lichtmagnetzünder „Magdyno" für Motorräder

Bild 123. Noris-Lichtmagnetzünder

es sind also zwei einfache Stabmagnete hintereinandergeschaltet. Der Magnetzünder arbeitet wie der normale Zweiabrißtyp mit feststehendem Magneten und umlaufendem Anker. Das Gegenstück dazu bildet ein neuerer Lichtmagnetzünder derselben Firma. Der äußere Aufbau ist ähnlich wie bei der Maschine nach Bild 124, doch sind die beiden Magnete nicht hintereinander, sondern parallel geschaltet und

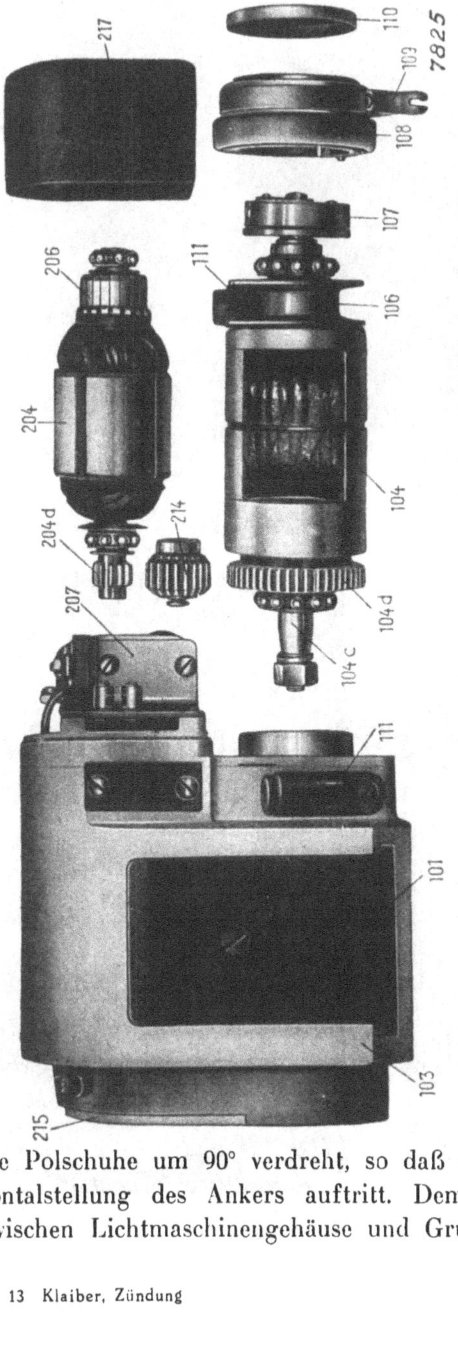

Bild 124. Bosch-Lichtmagnetzünder für Krafträder

101 = Stahlmagnet
103 = Gehäuse
104 = Zündanker
104 c = Antriebskonus
104 d = Verteilerrad
106 = Schleifring
107 = Unterbrecher
108 = Nockenring
109 = Verstellhebel
110 = Unterbrecherdeckel
111 = Stromabnehmer
204 = Lichtanker
204 d = Zahnrad auf Lichtmaschinenwelle
206 = Kollektor
207 = Reglerschalter
214 = Zwischenrad
215 = Getriebedeckel
217 = Schutzkapsel

die Polschuhe um 90° verdreht, so daß der Flußwechsel bei Horizontalstellung des Ankers auftritt. Demgemäß ist dieser Zünder zwischen Lichtmaschinengehäuse und Grundplatte zu magnetisieren.

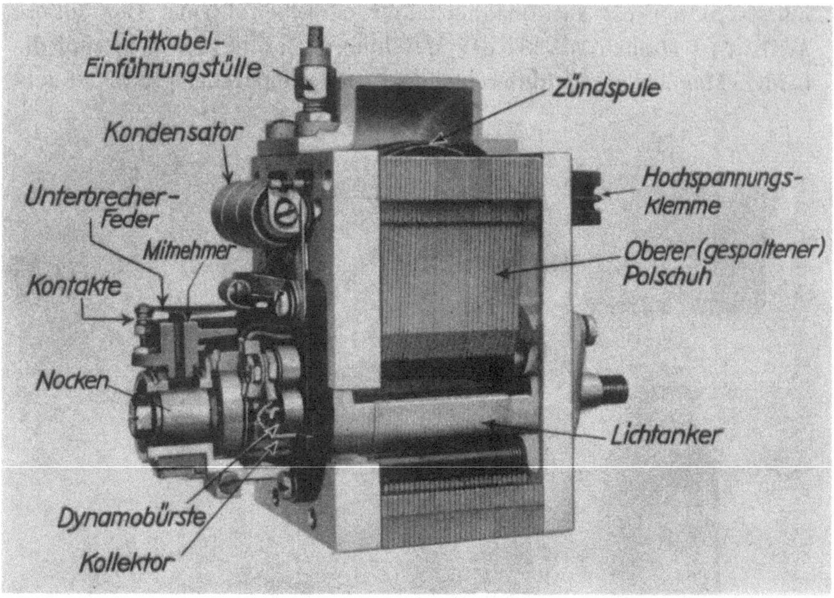

Bild 125. Lucas-ML-Lichtmagnetzünder

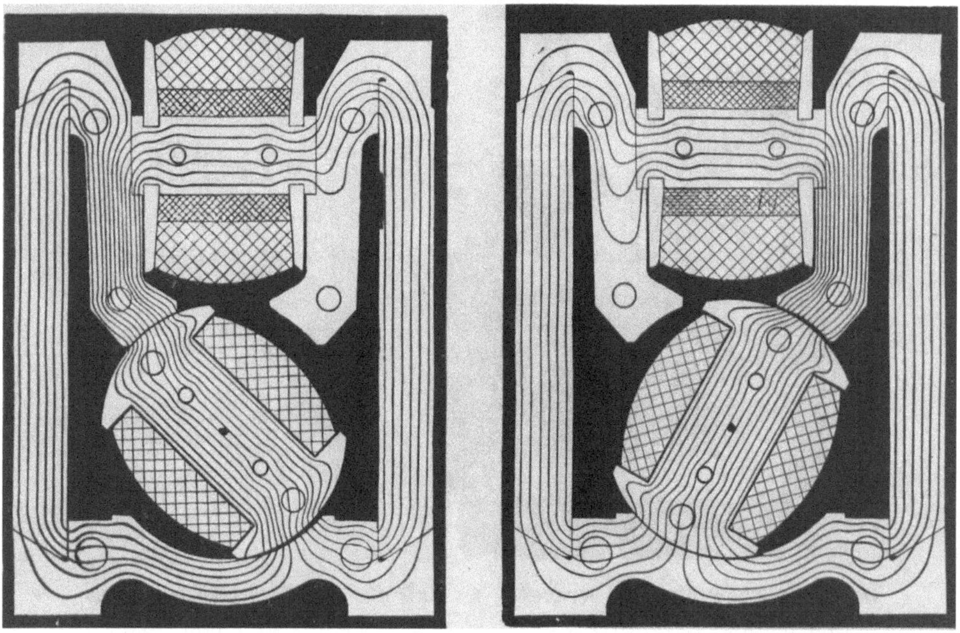

Bild 126. Lucas-ML-Lichtmagnetzünder (Flußschema)

Der Anker der Lichtmaschine wird über ein Zwischenrad von der Magnetzünderachse aus angetrieben. Die Leistung der Lichtmaschine beträgt 30 Watt, die Zündleistung entspricht der eines größeren Zweizylinder-Magnetzünders.

Ein eigenartiger Gedanke liegt der Bauart des ML-„Maglita" der Firma Lucas zugrunde. Bei gemeinsamem Magneten für Licht und Zündung soll die Flußänderung im Licht- und Zündanker von nur einem umlaufenden Anker hervorgerufen werden. Bild 125 zeigt die aufgeschnittene Maschine, Bild 126 das Magnetflußschema. Oben befindet sich der feststehende Zündanker, unten der umlaufende Lichtanker. Stabmagnete schließen das Gehäuse an beiden Seiten ab. Verfolgt man den Flußverlauf, so sieht man, daß der Lichtanker vom ganzen, der Zündanker nur vom halben verfügbaren Fluß durchsetzt wird, ferner, daß im Lichtanker pro Umdrehung zwei Flußwechsel, im Zündanker dagegen vier Flußwechsel entstehen; von diesen werden allerdings nur zwei ausgenützt. Der große Vorteil dieser Anordnung besteht natürlich darin, daß nur ein umlaufender Anker vorhanden ist und damit Kugellager und die Zahnradübersetzung vermieden werden. Der Nachteil ist eine verhältnismäßig schlechte Ausnützung der wirksamen Teile für die Zündung und eine für die Batterieladung nicht sehr günstige Charakteristik der Lichtstromkurve. Die Bauart eignet sich hauptsächlich für Einzylinder-Motoren, denn der Verteiler, den die Zweizylinder-Ausführung braucht, ist hier nicht einfach anzubringen.

Man hat auch versucht, bei Einzylinder-Magnetzündern den unbenützten der beiden Zündungsflußwechsel zur Lichtstromentnahme zu verwenden. Man entnimmt der Primärwicklung eines Einzylinder-Magnetzünders etwa während einer halben Zündankerumdrehung Strom zur Lichtausbeute, um sie während der anderen Hälfte der Zündankerumdrehung normal als Zündwicklung arbeiten zu lassen.

Bei Verwendung derartiger Apparate ohne Batterie entsteht allerdings ein noch bis zu hohen Drehzahlen stark flackerndes Licht infolge des intermittierenden Lichtstroms. Bei Verwendung einer Batterie muß dagegen eine besondere Vorrichtung vorgesehen werden, die bei niederer Drehzahl den Rückstrom aus der Batterie in die Primärwicklung und damit die Entladung der Batterie verhindert; diese ist aber entweder kompliziert und teuer, oder sie vermindert die Lichtleistung beträchtlich. So bestechend auf den ersten Blick der Gedanke ist, den unausgenützten Abriß eines Einzylinder-Magnetzünders zur Lichtstromerzeugung heranzuziehen, so muß ihm doch grundsätzlich das Bedenken entgegengebracht werden, daß die erzielbare Lichtleistung für Kraftfahrzeuge ziemlich ungenügend ist. Ein Einzylinder-Magnetzünder wirtschaftlicher Abmessungen vermag nur etwa folgende Lichtleistung zu liefern:

1 ... 1,5 W bei 1000 Uml./min,
3 ... 4 W bei 2000 Uml./min,
5 ... 6 W bei 3000 Uml./min.

Diese Leistung reicht nach unseren Erfahrungen auch für ein kleines Kraftrad nur dann aus, wenn es bei Tag sehr viel, bei Nacht aber nur ausnahmsweise gefahren und Standlicht so gut wie ganz vermieden wird, oder wenn die Beleuchtungsanlage so schwach ist, daß sie gewissermaßen nur als Notbeleuchtung, z. B. für kurze Stadtfahrten bei Nacht, angesehen wird. Treffen diese Betriebsbedingungen nicht zu, so wird man sich häufig über ungeladene Batterie zu ärgern haben und gut daran tun, sie hin und wieder nachzuladen, da man sonst mit ihrer allmählichen Zerstörung rechnen muß.

Bild 127. Bosch-Lichtbatteriezünder für Vierzylinder-Motoren

Ebenso wie man Magnetzünder und Lichtmaschine zu einer Einheit verschmilzt, baut man häufig auch **Batteriezünder** oder deren Teile mit der **Lichtmaschine** zusammen. Die folgenden Bilder bringen einige typische Beispiele.

Bild 127 zeigt zunächst einen von der Firma Bosch entwickelten Lichtbatteriezünder für Kraftwagen: an eine Lichtmaschine normaler Bauart ist der Zündverteiler ZV angebaut; der Wellenstumpf der

Lichtmaschine dient als Antriebszapfen. Die Welle des Zündverteilers steht senkrecht zur Lichtmaschinenwelle und wird von ihr durch Schraubenräder angetrieben.

Bild 128. Bosch- Bild 129. Noris-
Lichtbatteriezünder für Einzylinder-Viertaktmotoren

Eine einfache Bauweise ergibt sich für Einzylinder-Motoren; die Bilder 128 und 129 zeigen je eine ähnliche Ausführung der Robert Bosch A.-G. und der Noris-Zündlicht A.-G. für Viertaktmaschinen. Im oberen Teil des Gehäuses sitzt die Lichtmaschine, deren Anker durch eine im unteren Gehäuseteil gelagerte Vorgelegewelle angetrieben wird. Das hintere Ende dieser Welle, die mit Steuerwellengeschwindigkeit umläuft, trägt den Nocken des Unterbrechers. Diese Typen sind entwickelt worden, um den Magnetzünder gegen Batteriezündung mit Lichtmaschinen austauschen zu können, für Motorräder also, bei denen nachträglich eine Lichtmaschine eingebaut werden soll, jedoch keine weitere Antriebsmöglichkeit besteht. Ähnliche Zünder werden auch für Zweitakt- und für Zweizylinder-Motoren gebaut; die letzteren tragen dann statt des Unterbrecherdeckels die Verteilerscheibe. entsprechend dem auf S. 170 beschriebenen VU-Unterbrecher.

Die gleichen Firmen bauen auch Lichtbatteriezünder in wesentlich kleinerer und einfacherer Ausführung, die allerdings für den nachträglichen Austausch des Magnetzünders weniger geeignet sind. Bei diesen läuft die Lichtmaschine mit Kurbelwellendrehzahl um, der Nocken bei Zweitaktmaschinen ebenfalls, wogegen er bei Viertaktern auf die halbe Drehzahl, also auf Steuerwellendrehzahl untersetzt wird. Diese Bauart zeigt Bild 130.

Eine **Lichtanlaß-Zündmaschine** ohne Versteller ist der Typ K 16 der Noris A.-G. (Bild 131): ein einfacher Elektromotor, der beim Anlassen als Anlaßmotor, im Betrieb als Lichtmaschine arbeitet und gleichzeitig den Unterbrecher antreibt; für Einzylinder-Motoren ist ein Unterbrecher, für Zweizylinder-Motoren sind zwei Unterbrecher (und Kondensatoren) notwendig.

Eine Gruppe für sich bilden die verschiedenen **Schwungradzünder**; sie werden in der Regel als kombinierte Maschinen für Licht und Zündung gebaut und sind deshalb hier einheitlich zusammengefaßt worden. Der Grundgedanke dieser Gruppe ist, die

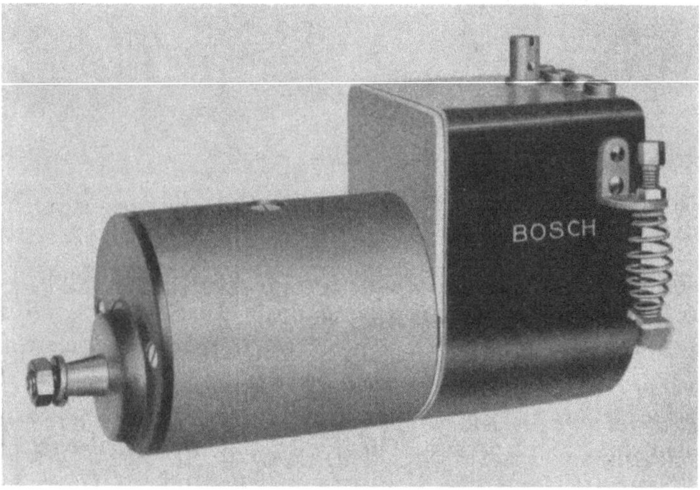

Bild 130. Bosch-Lichtbatteriezünder mit untersetztem Unterbrecher

umlaufenden Lichtmaschinen- oder Zünderteile freifliegend unmittelbar auf die Kurbelwelle aufzusetzen und ganz oder teilweise als Schwungrad des Motors zu benutzen. Besonders bei den kleineren und mittleren Motorrädern, an Fahrradhilfsmotoren und Außenbordmotoren, sogar bei manchen ganz kleinen Wagen mit Ein- und Zweizylindermotoren findet man diese billige Bauweise.

Der Schwung-Magnetzünder hat fast stets Umlaufmagneten und feststehenden Anker. Die Masse des Magneten läßt sich auf diese Weise sehr gut als Teil der Schwungmasse ausnutzen und die feststehende Wicklung kann bei Einzylinder-Motoren ohne Zwischenschaltung eines Stromabnehmers oder Schleifrings mit der Kerze verbunden werden. Das Schwungrad, an dem die Magnete und ihre

Polschuhe befestigt sind, besteht zweckmäßig aus unmagnetischem Material, um jede unnötige Streuung zu vermeiden. Es wird fast stets mit seiner Nabe auf die Kurbelwelle aufgesetzt und dort festgezogen. Die Nabe trägt gleichzeitig den Umlaufnocken, der den

Bild 131. Noris-Licht-Anlaß-Batteriezünder

Bild 132. Bosch-Schwung-Magnetzünder

feststehenden Unterbrecher steuert. Unterbrecher, Licht- und Zündanker sowie Kondensator sitzen meist auf einer gemeinsamen Platte.

Einige charakteristische Beispiele der Gruppe Schwung-Magnetzünder zeigen die folgenden Bilder. Bild 132 stellt einen solchen Zünder der Firma Bosch dar, dessen Schwungraddurchmesser aus Einbaugründen sehr klein gehalten ist; der Zündanker sitzt daher außerhalb, nicht wie bei vielen anderen Typen innerhalb des Schwungrades. Die geblätterten Polschuhe sind im Aluminiumschwungrad derart eingegossen, daß sie es durchsetzen und mit ihm zusammen an dem dreizackförmigen Zündanker vorbeilaufen. Die Magnete sitzen an der Innenseite des Schwungrades und werden, durch Keile verspannt, auf die Polschuhe gepreßt. Bei jedem Umlauf des Schwungrades stehen die Polschuhe einmal vor dem linken und mittleren Zacken, kurz darauf vor dem mittleren und rechten Zacken, so daß im mittleren Zacken, der die Wicklung trägt, der Fluß sehr rasch seine Richtung wechselt.

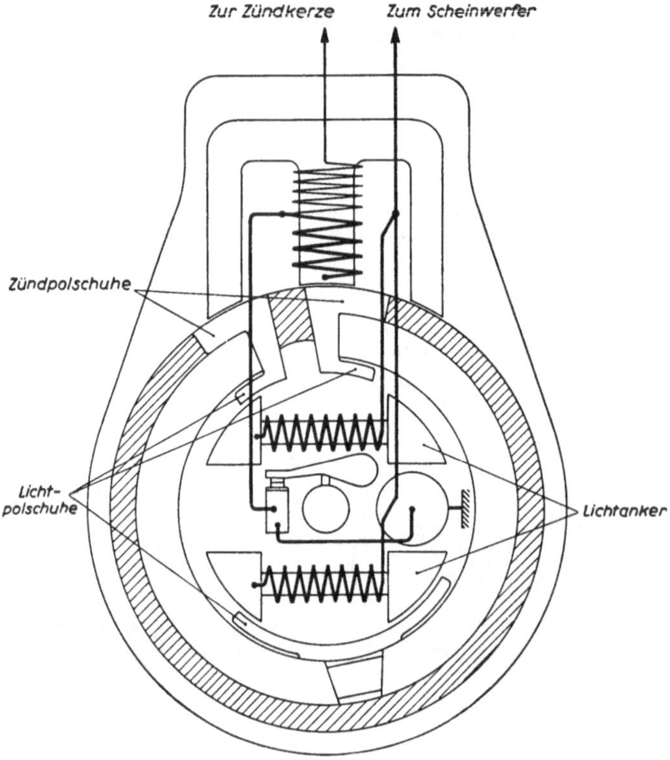

Bild 133. Bosch-Schwung-Lichtmagnetzünder, Schaltbild

Dieser Zünder wird auch als Schwung-Lichtmagnetzünder ausgeführt, er hat dann im Innern des Schwungrades zwei feststehende Lichtanker, die ebenfalls vom Magnetfluß des Umlaufmagnets durchsetzt werden. Das Schaltschema zeigt Bild 133. Der Unterbrecher des Zünders sitzt mit dem Kondensator auf der dem Anker entgegengesetzten Seite des Gehäuses und ist — da Schwungrad und Anker im Motor sitzen — von außen leichter zugänglich. Der Nocken, der

Bild 134. Lucas-Schwung-Magnetzünder

Bild 135. Safi-Schwung-Lichtmagnetzünder

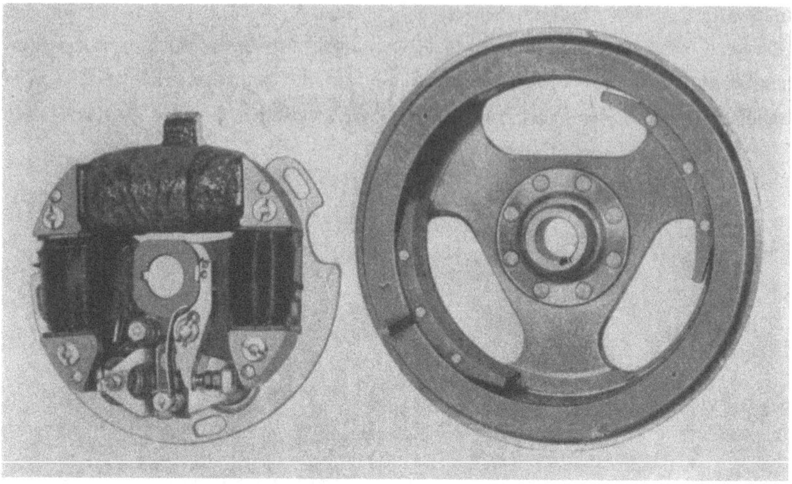

Bild 136. Bosch-Schwung-Lichtmagnetzünder

von der Schwungradnabe gebildet wird, greift durch das Gehäuse hindurch. Da das Gehäuse des Zünders den Motor völlig abschließt, ist das Schwungrad nicht von außen sichtbar. Ein anderer Schwung-Magnetzünder, bei dem gleichfalls der Anker außerhalb des umlaufenden Magneten sitzt, ist der in Bild 134 gezeigte Typ der Firma Lucas.

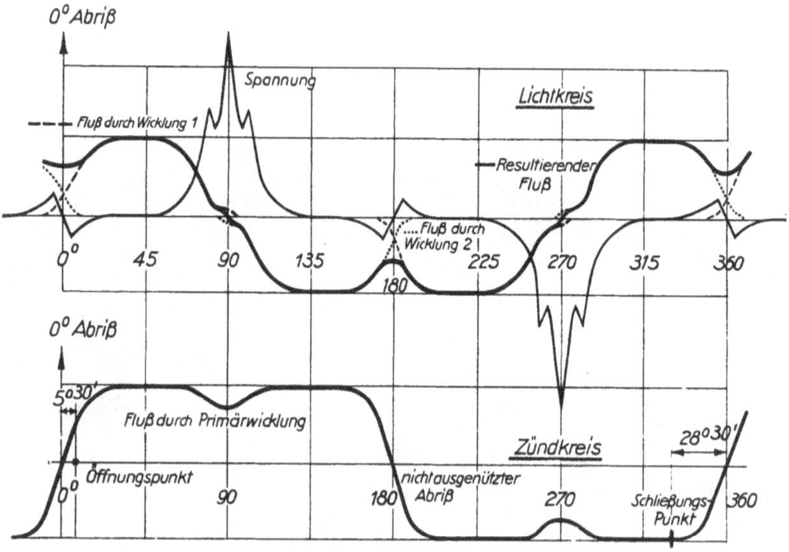

Bild 137. Bosch-Schwung-Lichtmagnetzünder, Flußschema

Dagegen hat der in Bild 135 gezeigte Schwung-Lichtmagnetzünder von Safi einen innerhalb des Schwungrades liegenden Dreizackanker und zwei getrennte Lichtanker. Der Fluß des ebenfalls zweipoligen, nahezu kreisförmigen Magneten geht nacheinander durch Zünd- und Lichtanker. Der Unterbrecher ist samt dem Kondensator zwischen die Lichtanker eingebettet.

Einen anderen, vielfach an Fahrradhilfsmotoren verwendeten kleinen Schwungradzünder der Robert Bosch A.-G. stellt Bild 136 dar. Der umlaufende Ringmagnet trägt zwei um 180° versetzte Polschuhe; die beiden Magnethalbringe sind also magnetisch parallel geschaltet. Das Ankersystem bildet ein auf einer Seite offenes Rechteck, auf dessen freien Schenkeln zwei hintereinander geschaltete Lichtwicklungen sitzen, während der mittlere Schenkel die Zünderwicklung trägt. Ankersystem, Unterbrecher und Kondensator sind auf der feststehenden Ankerplatte befestigt. Jede Umdrehung des Schwungrades ergibt in der Zündwicklung und in der Lichtwicklung je einen vollständigen Polwechsel; in der Zündwicklung wird aber nur die eine Hälfte ausgenutzt, da der Unterbrecher des Einzylinder-Motors bei jeder Umdrehung nur einmal öffnet. Den so entstehenden Fluß- und Spannungsverlauf zeigt Bild 137.

Beim vierpoligen Schwungradzünder der Firma Villiers mit nur einer Lichtspule (Bild 138) sind auf zwei voneinander getrennte Kerne Zündspule und Lichtspule gewickelt. Bei jeder Umdrehung wechselt

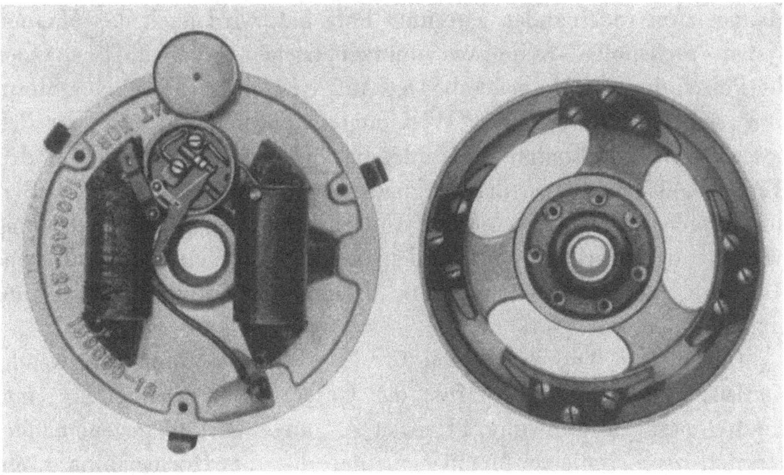

Bild 138. Villiers-Schwung-Lichtmagnetzünder

der Fluß in der Spule viermal; die Frequenz des Lichtstroms ist also höher als bei Maschinen mit nur zwei Wechseln und dadurch das Licht auch bei niederer Drehzahl verhältnismäßig ruhig. Der Nocken hat, wie bei allen Einzylinder-Motoren, nur eine Kuppe, der Flußwechsel wird also bei jeder Umdrehung nur einmal ausgenutzt. Der Unterbrecher ist eingekapselt und sitzt mit den Eisenkernen zusammen auf einer Ankerplatte.

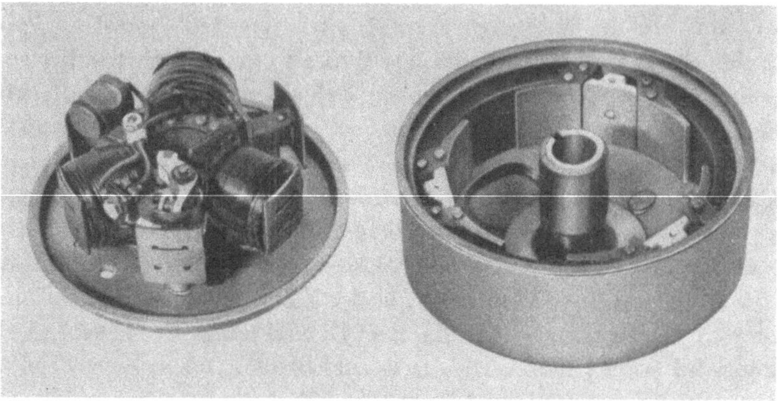

Bild 139. Bosch-Schwung-Lichtmagnetzünder für größere Leistung

Einen Schwung-Lichtmagnetzünder für große Leistung hat die Robert Bosch A.-G. im Typ ULC gebaut (Bild 139). Um den sechspoligen Anker läuft das Schwungrad mit drei Magneten um; da jeder Magnet zwei voneinander getrennte Pole hat, wird auch das Magnetsystem sechspolig. Keile aus unmagnetischem Werkstoff spannen die Polschuhe und Magnete ab. Der Anker ist ein sechszackiger Stern: drei seiner Kerne tragen Wicklungen, davon zwei die parallelgeschalteten Lichtspulen und eine die Zündspule; die anderen drei Kerne dienen nur dazu, den magnetischen Kreis zu schließen; außerdem tragen sie Kondensator und Unterbrecher. Bei jeder Umdrehung wechselt der Fluß in den beiden Lichtwicklungen sechsmal seine Richtung; der Unterbrecher aber öffnet bei jedem Umlauf nur einmal.

Der gleiche Typ kann auch für Zweizylinder-Motoren verwendet werden; in diesem Falle öffnet der Unterbrecher zweimal bei einer Umdrehung. Am Schwungrad sitzen — um etwa 180° gegeneinander versetzt, zwei isolierte Metallsegmente, die die Hochspannung abwechselnd zum einen und zum andern Kabelanschluß führen. Dieser

Bild 140. Lucas-Schwung-Lichtmagnetzünder

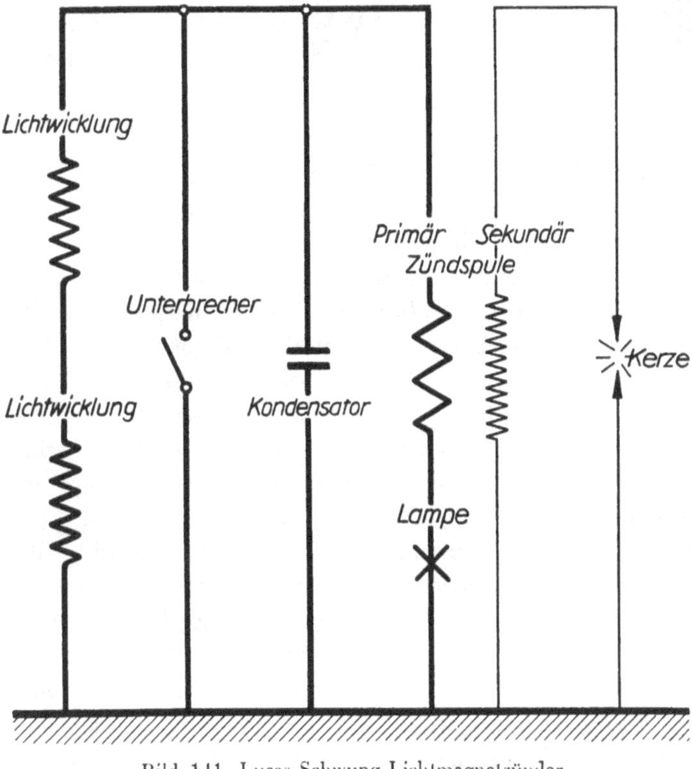

Bild 141. Lucas-Schwung-Lichtmagnetzünder
(Schaltbild)

Überschlagverteiler ist besonders für die Bauart des Schwungradzünders ausgebildet.

Die Firma Lucas hat einen Schwung-Lichtmagnetzünder mit einer bemerkenswerten Schaltung gebaut (Bild 140): es werden nur die Lichtwicklungen direkt vom Magneten beeinflußt und der Kern der Zündwicklung ist in sich geschlossen. Der Lichtstrom fließt, wie das

Bild 142. Noris-Schwungscheibendynamo

Schaltbild (Bild 141) zeigt, als Primärstrom durch die Primärwicklung der Zündspule; solange der Unterbrecher, der parallel zu den Lichtspulen liegt, offen ist, fließt der Lichtstrom über die Primärwicklung und die Lampe zur Masse ab. Schließt der Unterbrecher, dann fließt fast der ganze Lichtstrom über den Unterbrecher, da jetzt Primärwicklung und Lampe durch den Unterbrecher überbrückt sind. Um den Primärstrom zu unterbrechen, wird bei dieser Schaltung im Gegensatz zu den bisher beschriebenen Bauarten der Unterbrecher geschlossen. Allerdings fließt bei dieser Bauart über die Unterbrecherkontakte anstatt des kleinen Primärstromes der wesentlich größere Lichtstrom.

Da bei der Batteriezündung nur der Nocken und allenfalls noch der Verteilerläufer angetrieben werden muß, gibt es keinen reinen Schwung-Batteriezünder; dagegen sind Schwung-Lichtbatteriezünder gebräuchlich, bei denen der Lichtanker die Schwungmasse bildet und an diesen lediglich der Nocken des Batteriezünders angebaut ist.

Ein Beispiel für einen derartigen Schwung-Lichtbatteriezünder zeigt Bild 142, die sogenannte Schwungscheibendynamo der Noris-A.-G.

Auch bei diesen Typen kann man noch einen Schritt weiter gehen und kommt dann zum Schwung-Anlaßlichtbatteriezünder (Bild 143). Die näheren Einzelheiten über Lichtmaschinen enthält Band II, über Anlasser Band III. Hier werde nur erwähnt, daß auf der Ankerwelle eine Platte festgeschraubt ist, die den mit umlaufenden Stahlnocken trägt; der Zündzeitpunkt wird durch Verdrehen dieser Platte eingestellt. Der Zünder für Zweizylinder ist in der auf Seite 175 beschriebenen Weise mit zwei Unterbrechern und zwei Spulen, aber ohne Verteiler ausgerüstet.

Zum Schluß werde noch die Verwendung mehrerer Zünder an einem Motor besprochen. Hierbei unterscheidet man die Doppelzündung und die Zwillingszündung. Bei der Doppelzündung speist man die Kerzen wahlweise von einem der beiden Zünder und erreicht damit eine besonders hohe Betriebssicherheit; bei der Zwillingszündung baut man in jeden Zylinder zwei Kerzen und speist jeden Satz von einem Zünder, so daß also in jedem Zylinder zwei Zündfunken überspringen, und zwar vielfach nicht genau zur gleichen Zeit. Man erreicht auf diese Weise außer der erhöhten Sicherheit eine bessere Verbrennung und damit eine bessere Leistung des Motors. In beiden Fällen kann man entweder zwei völlig voneinander ge-

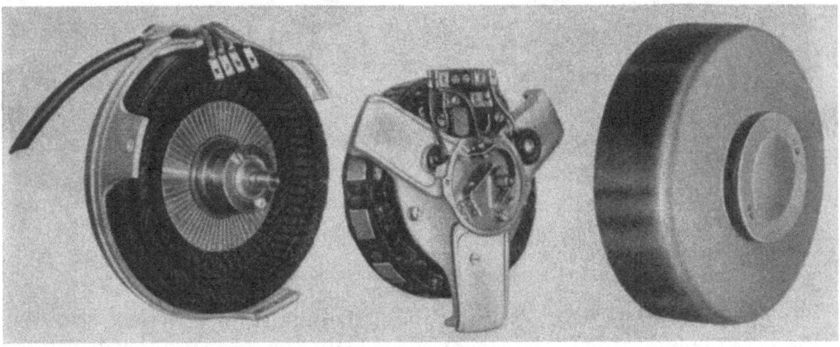

Bild 143. Bosch-Schwung-Anlaßlichtbatteriezünder

trennte Zünder verwenden, wie dies bei Flugzeugen häufig der Fall ist, oder aber zum mindesten den Antrieb, häufig aber auch Verteilergehäuse und Versteller für beide Zünder gemeinsam benutzen.

Ein Beispiel für einen Doppelzünder zeigt Bild 144, nämlich den Bosch-Omnibus-Zünder JRD. Er trägt statt des normalen Zündverteilers einen solchen mit zwei Unterbrechern; der

Magnetunterbrecher unterbricht den im Anker des Magnetzünders erzeugten Strom, der Batterieunterbrecher den in der Primärwicklung der Zündspule fließenden Batteriestrom. Die Unterbrecher laufen auf getrennten Nockenbahnen; der Unterbrecherhebel des jeweils nicht benützten Unterbrechers ist vom Nocken abgehoben und daher vollständig außer Betrieb. Ein Knopf am Verteilergehäuse ermöglicht es, Magnet- oder Batteriezündung wahlweise einzuschalten. Im allgemeinen dient bei diesem Zünder die Magnetzündung als Hauptzündung, die Batteriezündung ist als Reserve vorgesehen, für den Fall, daß z. B. bei einem Überlandomnibus nach langem, rauhem Betrieb einmal auf der Strecke eine Störung am Magnetzünder auftritt; in diesem Falle muß das Hochspannungskabel am Zünder umgeklemmt werden. Man kann aber auch noch einen Schritt weiter gehen und die Zündung mit Hilfe eines Hochspannungsumschalters vom Führersitz aus umschalten.

Bild 144. Bosch-Omnibuszünder für Doppelzündung

Bild 145. Bosch-Omnibuszünder für Zwillingszündung

Zwei Beispiele von Zwillingsmagnetzündern, bei denen also die beiden Kerzensätze von je einem Magnetzünder gespeist werden und der Läufer für beide Zünder gemeinsam ist, sind auf den Seiten 144 und 149 beschrieben. Man kann aber auch Magnet- und Batteriezündung vereinigen, wie dies bei dem in Bild 145 dargestellten Bosch-Omnibus-Zünder JRZ der Fall ist. Der Zünder trägt zwei Verteilertürme, von denen der eine den Magnetunterbrecher, der andere den Batterieunterbrecher, einen Doppelunterbrecher, enthält. Beide Verteilerwellen werden von einem gemeinsamen Schraubenrad auf der Läuferwelle angetrieben.

V. Einbau, Störungen und Hilfseinrichtungen des Zünders

1. Einbau

Es ist zwar bekannt, daß alle Teile des Kraftfahrzeugs im Betrieb sehr stark beansprucht werden, und daß es besonders bei den Zündeinrichtungen nicht leicht ist, den hohen mechanischen und den hohen elektrischen Anforderungen in gleicher Weise gerecht zu werden. Trotzdem wird noch vielfach die Tatsache, daß ein zweckmäßiger Einbau die Lebensdauer der Zündvorrichtungen und damit die Betriebssicherheit des Kraftfahrzeugs wesentlich erhöht, zu wenig berücksichtigt. Deshalb soll hier der Einbau der Zündvorrichtungen im Kraftfahrzeug noch besonders besprochen werden.

In Abschnitt I ist bereits darauf hingewiesen, daß der Zünder zwangläufig — nicht mit gleitender Übertragung — angetrieben werden muß; ebenfalls ist schon in Bild 8 zusammengestellt, welche Übersetzung zum Motor der Antrieb der einzelnen Zündertypen erfordert. Besonders zu betonen ist jedoch noch, daß Drehschwingungen des Motors vom Zünder fernzuhalten sind, daß also im **Zünderantrieb** ein elastisches Glied vorhanden sein muß.

Bild 146.
Bosch-Feder-Kupplung

In der Regel wird die Zünderachse mit der antreibenden Achse durch eine e l a s t i s c h e K u p p l u n g verbunden. Früher sehr weit verbreitet war die in Bild 146 gezeigte Bosch-Federkupplung, bei der die eine Kupplungshälfte ein Federpaket trägt, das in entsprechende, mit Fiberauflage versehene Nuten der anderen Kupplungshälfte eingreift. Diese Bauart ist jedoch aus Preisgründen völlig verlassen und zwar zugunsten der Gummikupplung. Bild 147 zeigt die Pallas-Simms-Kupplung, bei der ein doppelt gezahntes Gummiglied zwischen den beiden entsprechend gezahnten Kupplungshälften liegt; Bild 148 die Bosch-Gummi-Kupplung, bei der eine kreuzweis genutete Gummischeibe das Übertragungsglied bildet. Um das Ausschlagen der Nuten in rauhem Betrieb zu verhüten, werden die Nuten in manchen Fällen mit harten Backen versehen.

Die meisten Kupplungen sind einstellbar, d. h. ihre Hälften lassen sich gegeneinander verschieben. Dies erleichtert das später zu besprechende Einstellen des Zündzeitpunkts wesentlich. In Bild 148 z. B. sieht man, wie die Einstellung durch Lösen der beiden Feststellschrauben und Verdrehen des Flansches der einen Kupplungshälfte vorgenommen werden kann. Bei der Simmskupplung wird durch Verdrehen des auf beiden Seiten gezahnten Gummigliedes eingestellt; die beiderseitigen Zahnzahlen sind um einen Zahn ver-

Bild 147. Pallas-Simms-Kupplung

schieden, so daß man Winkelverschiebungen von wenigen Graden vornehmen kann, indem man das Gummiglied zahnweise nach der einen oder anderen Richtung versetzt.

Beim **Einbau** des Zünders ist besonders darauf zu achten, daß die treibende und getriebene Welle möglichst in der gleichen Achse und die Kupplungshälften axial nicht zu eng aufeinander sitzen, damit bei Wärmedehnungen kein Druck auf die Kugellager der Zünderachse auftritt.

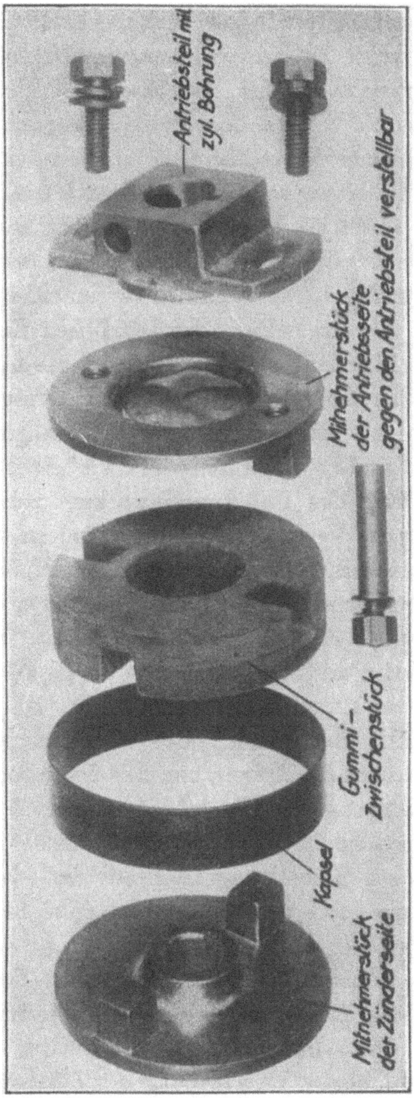

Bild 148. Bosch-Gummi-Kupplung

Bei Magnetzündern ist der unmittelbare Antrieb durch Zahnräder nach Möglichkeit zu vermeiden; wo dies nicht möglich ist, soll der Zahneingriff nicht zu eng sein und ein elastisches Glied an irgendeiner Stelle zwischen Motor und Zünder eingeschaltet werden. Antrieb des Magnetzünders durch Kette und Kettenrad findet man heute nur noch bei manchen Motorrädern, in der Hauptsache englischen; man hat darauf zu achten, daß die Kette gut ausgerichtet und nicht seitlich versetzt ist; mit Rücksicht auf die Haltbarkeit der Kette sollte sie auf jeden Fall im Ölbad laufen.

Schon seit Jahren ist man bestrebt, die Hauptmaße des Zünders, besonders der Antriebsteile, zu vereinheitlichen. Für den Achsstumpf ist der Konus mit Steigung 1 : 11,65 auf Grund der früher in dieser Ausführung viel gelieferten Bosch-Magnetzünder überall im Ausland genormt. In Deutschland verschwindet er fast ganz zugunsten des *Einheitskonus mit Steigung* 1 : 5. Daneben wird allerdings nach wie vor die zylindrische Achse, ihrer kürzeren Baulänge halber, verlangt. Der Achsdurchmesser kann wohl allmählich auf die Einheitsmaße, 13 mm für kleine, 15 mm für große Magnetzünder, festgelegt werden, dagegen ändert sich die Achshöhe mit Leistung und Größe des Magnetzünders stark. Immerhin ist die Frage aufzuwerfen, ob die heute bestehenden Achshöhen: 30, 35, 38, 45 und 50 mm wirklich alle erforderlich sind. Bei den Zündern für Vförmige Zylinderversetzung sollte man sich mit 45° Zylinderwinkel bescheiden können, die Sonderausführungen von Lage, Größe und Bauart des Verstellhebels und hauptsächlich die übergroße Zahl verschiedener Verstellbereiche müßten eingeschränkt werden.

Da bisher in Deutschland auch hinsichtlich der Drehrichtung des Kraftfahrzeugzünders keine Einheitlichkeit besteht — in Frankreich ist die Drehrichtung bereits vor Jahrzehnten für Lastwagen aus militärischen Gründen vereinheitlicht worden — und da der Zünder vermöge seiner grundsätzlichen Eigenschaften nicht für Rechts- und Linkslauf gleich ausgeführt werden kann, ist bei Bestellung und Einbau die erforderliche Drehrichtung zu beachten. Fast stets wird diese als von der Antriebsseite aus gesehen bezeichnet. Bei Änderung der Drehrichtung eines Magnetzünders ist stets die Stellung des Unterbrechernockens zum Unterbrecher und die Stellung des Verteilersegments zu ändern, außerdem ist Auswechseln des Unterbrechers und häufig Umwechseln der Polschuhe notwendig. Für Ausnahmefälle, z. B. Bootsmotoren, werden auch umsteuerbare symmetrische Magnetzünder gebaut, bei denen die Frühzündungsstellung des Verstellhebels für Linkslauf Spätzündung für Rechtslauf und umgekehrt ergibt.

Die **Befestigung des Zünders** ist recht verschiedenartig: Man unterscheidet Befestigung mit Spannband, mit Pratzen, Grundplattenbefestigung und Flanschbefestigung. Die häufigste Befestigungsart ist die bekannte Spannbandbefestigung. Ihr Vorteil gegenüber anderen Befestigungsarten ist, daß der Zünder sehr einfach anzubringen und abzunehmen ist. Bild 149 zeigt die Spannbandbefestigung bei ebener und zylindrischer Auflagefläche. Um zylindrische Auflage zu ermöglichen, ist die Grundfläche der meisten Zünder an den Kanten zentrisch zur Zünderachse abgerundet. Die zylindrische Auflage ist der ebenen unbedingt vorzuziehen. Eine seitliche Verschiebung des Zünders aus seiner Lage beim Einbau oder im Betrieb ist bei zylindrischer Auflage nicht zu befürchten, und durch geringes Verdrehen des Zünders ändert sich — falls kein Paßstift vorhanden ist — lediglich der Zündzeitpunkt, was das Einstellen erleichtert. Kein oder höchstens ein Paßstift ist erforderlich, während bei ebener Auflage die Grundplatte mindestens mit zwei Paßstiften versehen sein muß, die in entsprechende Paßstiftlöcher des Zünders eingreifen. Diese Paßstifte bei ebener Grundplatte erschweren den

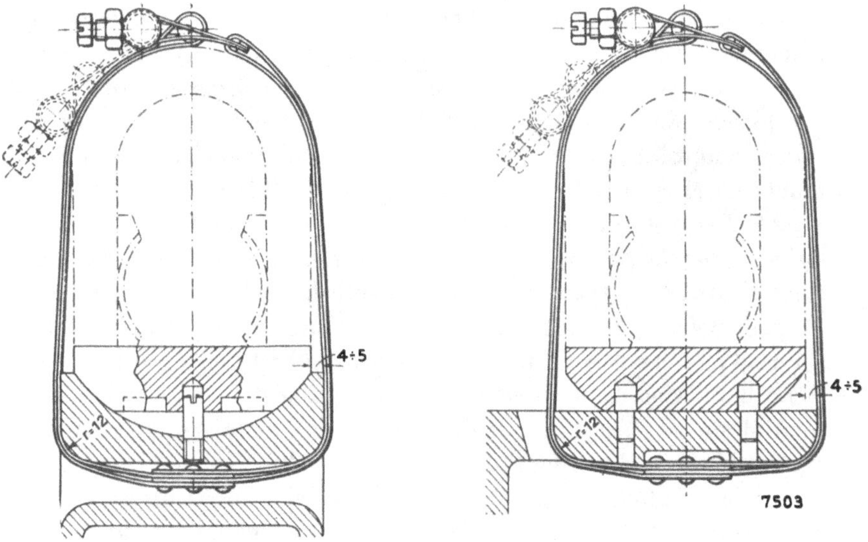

Bild 149. Spannbandbefestigung

Einbau, ohne die Sicherheit gegen Achsversetzung zu geben, die die zylindrische Auflage mit sich bringt. Spannschraube und Sicherungsmutter sind stets gut anzuziehen, um ein Lockern des Zünders zu vermeiden.

Bei Magnetzündern sollte stets Tombakspannband verwendet werden, da Stahlspannband bei den meisten Typen den Magnetfluß des permanenten Magneten vom Anker ablenkt. Wo noch Stahlspannbänder verwendet werden, sollte mindestens durch Anbringen von Abstandsnieten aus Messing das unmittelbare Anliegen des Spannbandes an den Magnetschenkeln verhindert werden. Zum Ausgleichen der Achshöhe von Magnetzünder- und Antriebsachse werden häufig Metallunterlagplatten verwendet. Diese sollen, hauptsächlich bei Verwendung von Stahlspannbändern, unbedingt aus Messing oder Aluminium, nicht aus Eisen sein.

Als Beispiel für zweckmäßigen Einbau zeigt das Bild 149 einen kleinen Lichtmagnetzünder auf einem Viertakt-Zweizylinder-Motor eines Kraftrades. Das Spannband ist deutlich sichtbar.

Die Befestigung der Zünder durch Anschrauben an die Grundplatte war früher allein üblich und ist heute noch hauptsächlich in Amerika verbreitet. In Europa findet man sie noch viel beim Motorrad, hier hauptsächlich infolge des geringen Preises und, wie man hin und wieder hören kann, deshalb, weil die Diebstahlgefahr bei Festschrauben geringer ist als bei dem leicht zu lösenden Spannband. Beim Festschrauben wird viel gesündigt durch zu lange oder zu kurze Schrauben. Beide Fehler haben ungenügende Befestigung, zu lange Schrauben aber auch häufig schwere Beschädigungen des Zünders, Zusammendrücken des Polringes und dergleichen zur Folge.

Die Grundplattenbefestigung empfiehlt sich nur bei ebener Auflagefläche, da z. B. bei zwei diagonal versetzten Schrauben auf zylindrischer Grundplatte leicht ein Verdrehen des Zünders eintritt.

Da das Festschrauben des Zünders von unten den Einbau sehr erschwert, wird vielfach verlangt, daß die Grundplatte des Magnetzünders auf beiden Seiten so übersteht, daß der Zünder von oben festgeschraubt werden kann. Um diese unschöne und unzweckmäßige Form des Gehäuses zu umgehen, wird häufig das Zündergehäuse mit seitlichen Aussparungen versehen, in die Pratzen eingreifen können, die, ebenfalls von oben festschraubbar, den Zünder halten. Diese Pratzenbefestigung erfordert jedoch Sicherung des Zünders gegen Verdrehen, entweder durch Paßstifte oder mindestens durch seitlich angebrachte Metalleisten.

Weiterhin besteht vielfach der Wunsch, den Zünder an den Motor anzuflanschen. Zu diesem Zwecke werden von den Magnetzünderfirmen vor allem Flugzeugzünder oft mit Flansch geliefert, wie beispielsweise Bild 150 zeigt[1]); ein besonderer Vorteil dieser Bauart ohne Sockel ist die Gewichtsersparnis.

Der angeflanschte Zünder wird vielfach unmittelbar mit Zahnrädern angetrieben; auf die Nachteile dieses Antriebs wurde bereits hingewiesen. Bei der Flanschbefestigung ist aber auch die Gefahr des Eindringens von Öldämpfen in den Zünder besonders groß; deshalb ist eine Befestigungsart ratsam, wie sie Bild 151 zeigt: der Zünder ist nicht unmittelbar am Kurbelgehäuse befestigt, sondern zwischen beiden bildet ein Gehäuseansatz eine Kammer, in der die

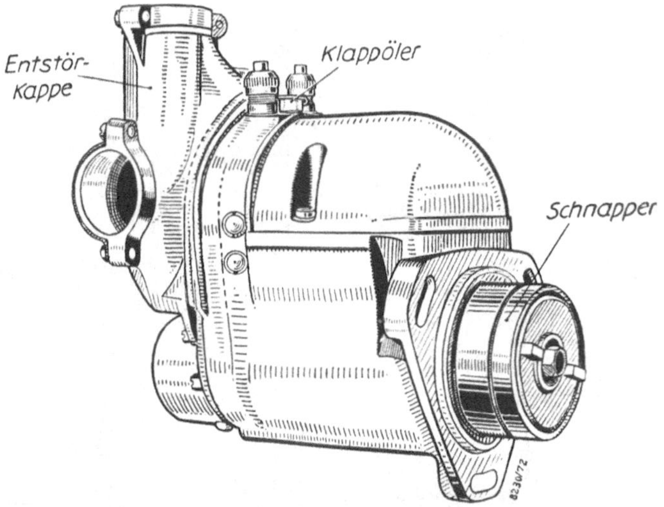

Bild 150. Flugzeugzünder für Flanschbefestigung (mit Entstörkappe und Schnapper)

Kupplung untergebracht ist. Entlüftungs- und Ölablauflöcher lassen die Öldämpfe unschädlich entweichen, die durch den Überdruck im Kurbelgehäuse trotz der Dichtung in die Kammer eingedrungen sind.

Der Zündverteiler des Batteriezünders wird in der Regel am Lager der Verteilerachse befestigt, und zwar ist im allgemeinen der Einbau mit senkrecht stehender oder nur wenig geneigter Achse üblich, im Gegensatz zum Magnetzünder, der meist mit waagerechter Achse eingebaut wird. Nur bei besonderen, übrigens teureren Zündverteilern ist waagerechter Einbau zulässig.

---

[1]) Über die Entstörkappe s. S. 223; über den Schnapper s. S. 236.

Der Zündverteiler sitzt mit seinem Lagerhals in einer Bohrung des Kurbelgehäuses oder — heute häufiger — des Zylinderkopfes; seine Einbaumaße sind weitgehend vereinheitlicht. So beträgt der Durchmesser des Lagerhalses fast stets 27 mm, seine Länge in Deutschland 48 mm, im Ausland nach SAE-Norm meist 38 mm. Die in Deutschland übliche größere Länge gewährleistet höhere Sicherheit, besonders auf schlechten Straßen. Ebenso ist auch das Maß für den Durchmesser der Verteilerwelle weitgehend auf 12,5 mm vereinheitlicht.

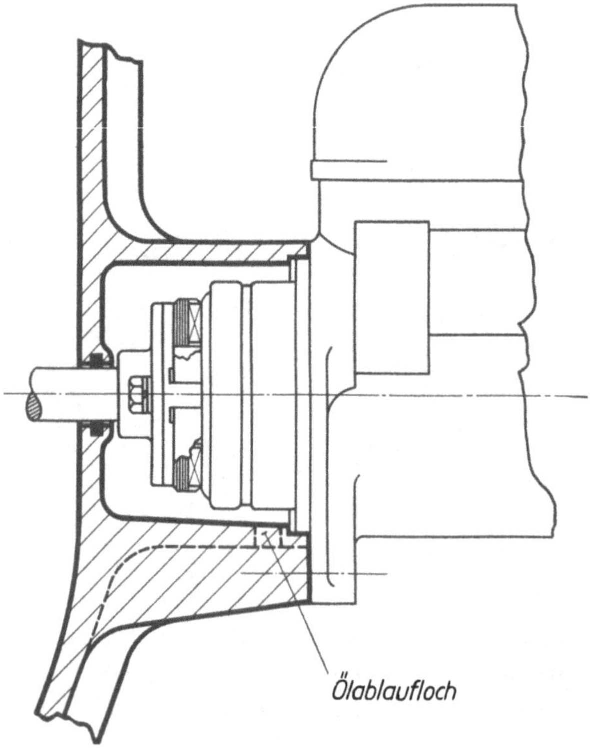

Bild 151. Flanschbefestigung und Ölablaufkammer

Damit der Zündverteiler sich nicht in der Achsenrichtung verschieben kann, sondern fest auf seinen Sitz gepreßt wird, ist er mit einer Haltevorrichtung versehen; Bild 152a zeigt als Beispiel einen Zündverteiler mit Verstellhebelbefestigung, Bild 152b mit Segmentbefestigung. Bei der Verstellhebelbefestigung ist eine Schraube durch einen Schlitz des Verstellhebels geführt und im Motorgehäuse festgezogen. Soll die Handverstellung trotzdem betätigt werden können, so wird der Druck der Schraube, wie das Bild zeigt, durch eine Schraubenfeder und eine Scheibe auf den Verstellhebel übertragen. Bei der Segmentbefestigung liegt in der Nut des Zündverteiler-Lagerhalses ein segmentförmiges Druckstück, in dessen Loch das kegelige Ende eines in das Motorgehäuse eingeschraubten Federbolzens eingreift. Die Mitte des Federbolzens liegt eine Kleinigkeit tiefer als die Mitte der Segmentbohrung, so daß der Federbolzen den Zündverteiler nach unten auf seinen Sitz zieht.

Der Zündverteiler wird zwangläufig mit der Drehzahl der Nockenwelle angetrieben, und zwar, da in der Regel die Verteilerachse senkrecht oder nahezu senkrecht zur Nockenwelle steht, unter Zwischenschaltung eines Schrauben- oder Kegelrädergetriebes. Die Verteilerachse und die Zwischenachse, die das Schraubenrad trägt,

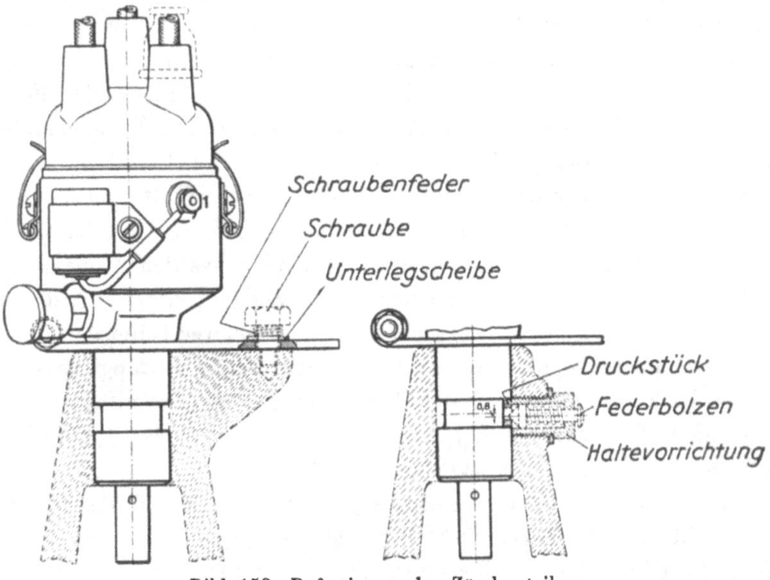

Bild 152. Befestigung des Zündverteilers
a) Verstellhebelbefestigung, b) Segmentbefestigung

sind meist durch eine Klauenkupplung verbunden. Selten ist der direkte Antrieb von der Nockenwelle auf die Verteilerachse, so daß die letztere das Schraubenrad trägt, da hierbei leicht ein unerwünschter seitlicher Druck auf den Verteiler auftritt. Bei manchen Motoren ist die Entfernung zwischen Zündverteiler und Nockenwelle so groß, daß eine Verlängerungswelle nötig ist. Um eine etwaige Versetzung zwischen den Achsen der Zwischenwelle und des Verteilers auszugleichen, ist die Verlängerungswelle nachgiebig mit der Verteilerwelle gekuppelt: eine Kuppelhülse umgreift die beiden Wellenenden mit etwas Spiel, und die beiden Kuppelstifte sind kreuzweise versetzt, so daß eine Art Kardangelenk entsteht.

Wie bereits in Kapitel III erwähnt, ist sorgfältig darauf zu achten, daß kein Öl in das Innere des Zündverteilers, vor allem nicht in die Unterbrecherkammer gelangt. Es sind daher verschiedene Vorrichtungen entwickelt worden, die einen Übertritt von Öl aus dem Motorgehäuse in den Zündverteiler verhindern, vor allem das Ölrückfördergewinde, bei dem das Öl durch die Fliehkraft in einem Steilgewinde wieder abwärts befördert wird.

Der Platz, an dem der Zünder unterzubringen ist, richtet sich in erster Linie nach den Raumverhältnissen am Kraftfahrzeug und Motor. Wichtig dabei ist, daß der Zünder gut im Zuge der Kühlluft und nicht unmittelbar an besonders heißer Stelle sitzt. Auspuffleitungen und dergleichen sind gefürchtete Feinde des Zünders, insbesondere der Isolation, der Gummikabel und Bakelitteile. Fernzuhalten vom Zünder ist Schmutz, Öl und Benzin. Die letztgenannten können auch in dampfförmigem Zustand schweren Schaden, hauptsächlich am Unterbrecher, anrichten. Es ist also verfehlt, den Magnetzünder z. B. unmittelbar unter oder neben den Vergaser oder in die Nähe des Ölentlüfters zu setzen. Zündspulen werden zumeist am Motorkörper, oft aber auch an der Spritzwand befestigt; anzustreben ist es auf jeden Fall, sie möglichst in unmittelbarer Nähe des Zündverteilers anzubringen, um die hochbeanspruchte Leitung zwischen beiden kurz zu halten und damit die Gefahr von Durchschlägen zu vermeiden. Bei manchen Typen ist eine besondere Masseverbindung zwischen Spule und Motorkörper erforderlich.

Hat man den Zünder befestigt, so wird der **Zündzeitpunkt** eingestellt; in der Regel dreht man den Motor so, daß der Kolben eines Zylinders die für Frühzündung vorgeschriebene Stellung einnimmt. Dieser Punkt ist entweder am Motorschwungrad bezeichnet oder durch unmittelbares Messen im Zylinder zu finden. Man benutzt zum Einstellen von Mehrzylindermotoren in der Regel den ersten, in der Nähe des Kühlers sitzenden Zylinder und stellt — bei Viertaktmotoren — zuerst den Kompressionshub eines Kolbens fest, dadurch, daß man durch Verschließen einer Zylinderöffnung, z. B. des Kerzensitzes, mit dem Finger den Kompressionsdruck beim Vorwärtsdrehen des Motors wahrnimmt. Dann bewegt man den Kolben

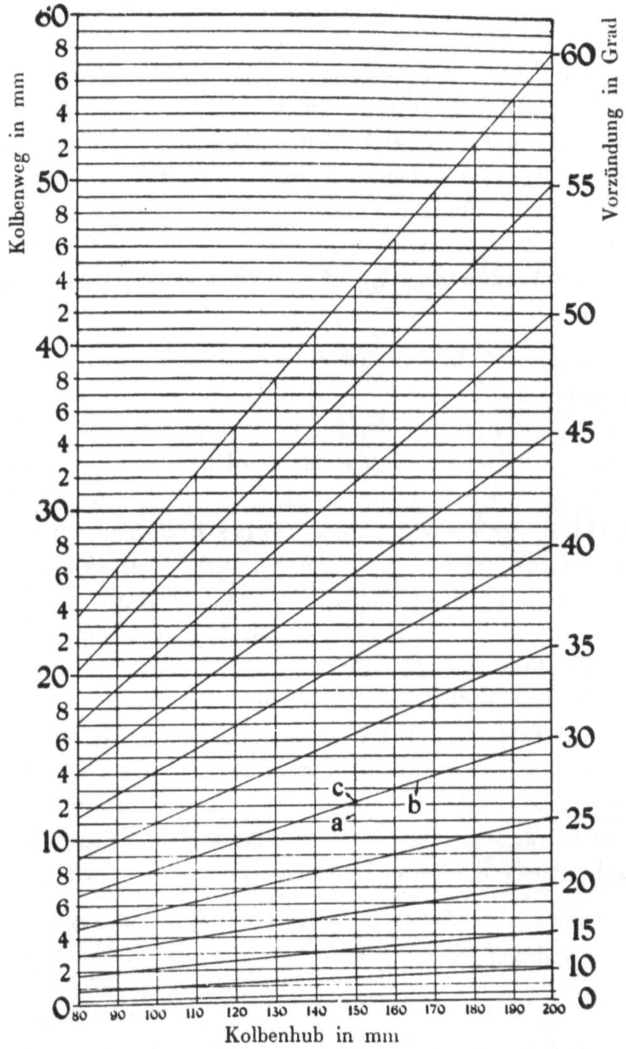

Bild 153. Tafel zur Umrechnung der Vorzündung (für ein Pleuelstangenverhältnis r:l = 1:4,5)

Beispiel: Einzustellende Vorzündung 30°, Hub des Motors 2r = 150 mm
Man sucht auf dem waagerechten Maßstab „Kolbenhub in mm" die Zahl 150 und geht auf der zugehörigen senkrechten Linie a bis zum Schnittpunkt c mit der schrägen Linie b, die nach dem Maßstab rechts für eine Vorzündung von 30° gilt. Die durch den Schnittpunkt c gezogene Waagerechte gibt auf dem Maßstab links den entsprechenden Kolbenweg in mm an. Bei einem Motor von 2r = 150 mm Hub und einem Pleuelstangenverhältnis r:l = 1:4,5 entspricht also einem Drehwinkel der Kurbel von 30° ein Kolbenweg von 12,2 mm.

in die obere Totpunktlage und aus dieser zurück um die vorgeschriebene und z. B. an einer Reißnadel markierte Millimeterzahl. Ist die erforderliche Vorzündung, d. h. der Abstand des Zündzeitpunkts von der Totpunktstellung, nur in Winkelgraden bekannt, so muß man unter Zugrundelegung des Kolbenhubes die Winkelgrade in mm Weg umrechnen. Man benutzt dazu Rechentafeln. Bild 153 zeigt eine dieser Tafeln, die durch das angegebene Anwendungsbeispiel am besten verständlich gemacht wird. Bei den meisten Motoren wird die erforderliche Vorzündung bei Höchstleistung etwa ein Zehntel des Kolbenhubs betragen.

Steht nun der Kolben richtig, so ist — bei Frühzündungsstellung des Verstellhebels[2]) — der Zünder gerade in die Stellung zu bringen, in der er für den eben eingestellten Kolben den Zündfunken liefert und der Unterbrecher zu öffnen beginnt. Um die Kabel richtig anschließen zu können, ist bei vielen Magnetzündern der Kabelanschluß, der mit der Zündkerze des Kolbens 1 verbunden werden soll, mit der Ziffer 1 bezeichnet; man muß also die Zünderachse solange verdrehen, bis die Verteilerelektrode dem Segment gegenübersteht, das zum Kabelanschluß 1 gehört. Bei vielen älteren Zündern ist dies dadurch erleichtert, daß hinter einem Schauglas der Verteilerscheibe die Ziffer 1 erscheint, sobald der Verteilerläufer richtig steht (Bild 154). Bei manchen Typen besteht noch die Möglichkeit, mit Hilfe eines zweiten Schauglases, das nach Aufklappen des Ölerdeckels sichtbar wird und einen Teil des Verteilerzahnrades zeigt, eine Marke auf einem der sichtbaren Zähne durch Drehen der Zünderachse auf eine feste Marke im Schauglas einzustellen.

Bei neueren Zündern sind vielfach keine Schaugläser vorhanden, sondern das Verteilerzahnrad trägt je eine Marke R und L für

---

[2]) Bei Selbstverstellung wird nicht der Frühzündungspunkt, sondern der Spätzündungspunkt der Einstellung des Zünders zugrunde gelegt. Dadurch ändert sich an der beschriebenen Art der Einstellung nichts, nur wird der Kolben des Motors in die bei Spätzündung verlangte Zündstellung gebracht.

Bei gemischter Verstellung, d. h., wenn ein Zünder mit Selbstverstellung und Handverstellung ausgerüstet ist, bringt man den Kolben in diejenige Lage, die man erreichen will, wenn der Selbstversteller auf Spätzündung steht, also in die Kolbenstellung, die der maximal gewünschten Vorzündung abzüglich dem Verstellbereich des Selbstverstellers entspricht.

Rechts- und Linkslauf; eine von diesen Marken ist nach Abnahme der Verteilerscheibe auf eine Marke am Gehäuse einzustellen (Bild 155).

Sodann ist der Öffnungsaugenblick des Unterbrechers einzustellen, also der Zeitpunkt, in dem das Gleitstück am Unterbrecherhebel auf den Nocken aufläuft und die Kontakte sich gerade zu öffnen beginnen. Diese Stellung wird am einfachsten durch einen dünnen Metallstreifen von weniger als $^1/_{20}$ mm Dicke ermittelt; dieser

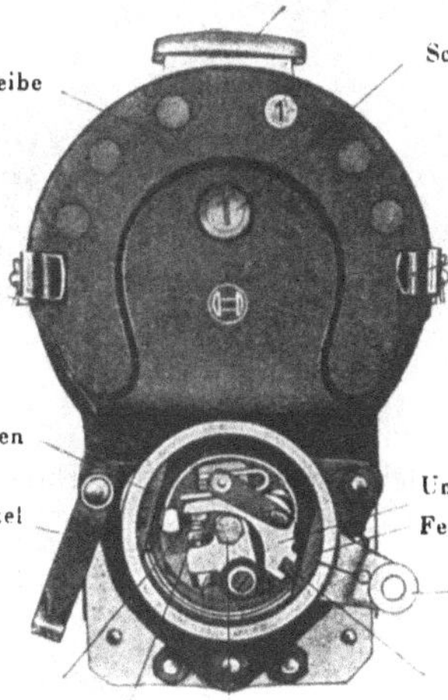

Bild 154. Magnetzünder mit Schauglas zum Feststellen der Verteilerstellung

wird zwischen die Kontakte gelegt und läßt sich im Öffnungsaugenblick leicht herausziehen. (Vor der Verwendung von Papierstreifen ist zu warnen, da etwa hängenbleibende Fasern Kontaktstörungen verursachen können.) In dieser Stellung sind dann Motor und Zünder zu kuppeln und die Zündkabel anzuschließen. Zunächst sind, wie bereits erwähnt, Kabelanschluß 1 und Zündkerze des Zylinders 1 zu verbinden; beim Anschließen der weiteren Kabel ist sodann der Umlaufsinn des Verteilers zu beachten. Er ist bei Stirnradübersetzung dem Umlaufsinn des Ankers entgegengesetzt gerichtet.

Außer der Reihenfolge der Verteilersegmente ist die Zündfolge der Motorzylinder wichtig. Sie ist z. B. beim Viertakt-Vierzylindermotor 1, 3, 4, 2 oder 1, 2, 4, 3, beim Viertakt-Sechszylindermotor fast stets 1, 5, 3, 6, 2, 4 oder 1, 4, 2, 6, 3, 5. Dabei geben die Zahlen die räumliche Aufeinanderfolge der Zylinder an. Als Zylinder 1 ist der von der Kraftentnahme (Schwungrad) am weitesten entfernte Zylinder bezeichnet[3]).

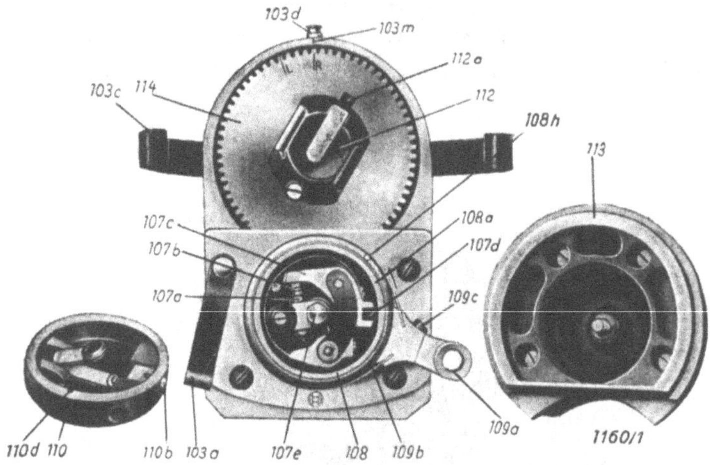

Bild 155. Magnetzünder, Verteilerscheibe und Unterbrecherdeckel abgenommen

103a	=	Feder zum Halten des Unterbrecherdeckels
103c	=	Feder zum Festhalten der Verteilerscheibe
103d	=	Klappöler
103m	=	Einstellmarke
107a	=	Amboßkontakt
107b	=	Hebelkontakt
107c	=	Unterbrecherhebel
107d	=	Gleitstück im Unterbrecherhebel
107e	=	Schraube zum Befestigen des Unterbrechers
108	=	Nockenring
108a	=	Unterbrechernocken
108h	=	Stellstift
109a	=	Verstellhebel
109b	=	Spannband zum Befestigen des Verstellhebels
109c	=	Spannschraube
110	=	Unterbrecherdeckel
110b	=	Kurzschlußklemme
110d	=	Aussparung für Stellstift 108h
112	=	Verteilerläufer
112a	=	Verteilerkohle
113	=	Verteilerscheibe
114	=	Verteilerrad

Die Hochspannungskabel, die die Verbindung zwischen Verteiler und Zündkerzen, beim Batteriezünder außerdem die Verbindung zwischen Zündspule und Verteiler herstellen, bestehen aus biegsamen Kabelseelen von verdrillten Drähten, die mit einer starken Weichgummihülle isoliert sind. Ein Verlegen dieser Kabel in Metallröhren oder -schläuchen erhöht zwar die Durchschlagsgefahr

---

[3]) Ist der Zylinder 1 schwer zugänglich, so daß ein anderer für die Einstellung benutzt werden muß, so ist die Zündfolge entsprechend zyklisch zu vertauschen.

und vermehrt die Sekundär-Kapazität des Zünders, ist jedoch unbedingt erforderlich, wenn, z. B. bei Flugzeugen, drahtloser Empfang gewährleistet sein soll (s. S. 221).

In solchen Fällen muß besonders auf Stärke und Qualität der isolierenden Gummihülle der Kabel geachtet werden. Unmittelbares Verlegen der Kabel nebeneinander hat bei großer Kabellänge schon zu Anständen geführt, wenn infolge kapazitiver Übertragung oder infolge von Durchschlägen Funken in den falschen Zylinder springen. Vor allem sind die Kabel übersichtlich zu verlegen und scharfe Kanten zu vermeiden, schadhafte Kabel sind zu erneuern und nicht mit Isolierband oder dergleichen zu flicken.

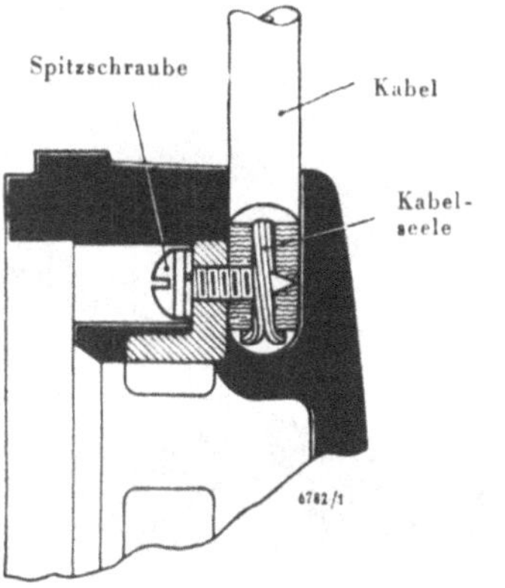

Bild 156.
Spitzschraubenbefestigung

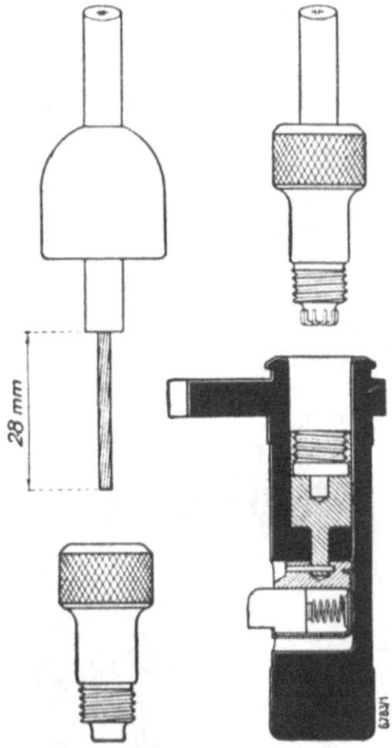

Bild 157. Befestigung des Kabels an einem Stromabnehmer

Die B e f e s t i g u n g d e s K a b e l s im Verteiler oder Kohlenhalter erfolgt auf sehr mannigfache Weise. Beliebt ist die S p i t z - s c h r a u b e n b e f e s t i g u n g (Bild 156), bei der die Halteschraube Gummihülle und Kabelseele durchsticht und so einen guten mechanischen Halt und elektrischen Kontakt gewährleistet. Eine andere Art der Befestigung zeigt Bild 157 an einem Stromabnehmer. Hier werden die Drähte der Kabelseele durch den Schraubstöpsel durchgeführt und ihre Enden umgebogen, so daß sie beim Einschrauben des Stöpsels festgehalten werden. Die Befestigung des Kabels an der Kerze kann auf verschiedene Weise geschehen. Bild 158 zeigt den früher viel verwendeten Rajah-Kabelschuh, seine Verbindung mit dem Kabel und das Festmachen an der Kerze. In neuerer Zeit hat sich der Kabelstecker weitgehend eingeführt, da er es gestattet, die Kerzenkabel sehr rasch zu lösen und wieder anzuschließen.

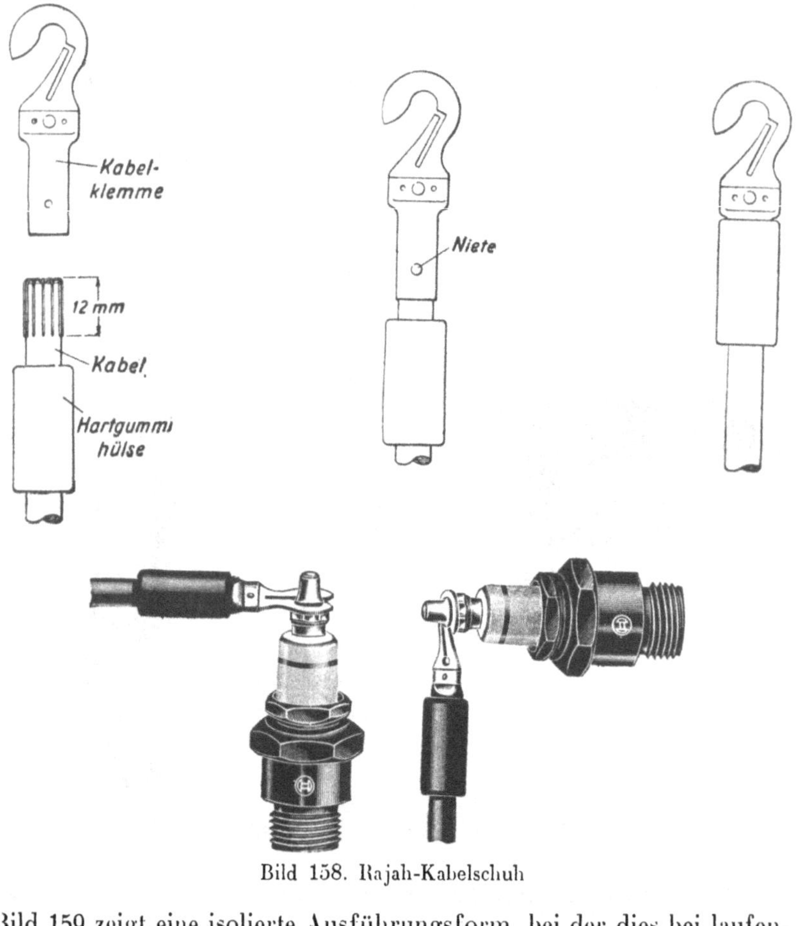

Bild 158. Rajah-Kabelschuh

Bild 159 zeigt eine isolierte Ausführungsform, bei der dies bei laufendem Motor gefahrlos möglich ist. Der Stecker, in dem das Kerzenkabel festgeschraubt ist, enthält eine Hülse, die über das Anschlußgewinde der Zündkerze geschoben wird und dieses mit einem Federring festhält. Wenn man auf die Isolierung verzichtet, kommt man zu einem sehr einfachen und billigen Kabelstecker, wie ihn z. B.

Opel verwendet (Bild 160). Über das Kerzenkabel wird eine geschlitzte Hülse geschoben, deren Widerhaken in die Gummiisolation des Kabels eingreifen und das Abrutschen verhindern. Das andere Ende der Hülse ist gewellt und wird federnd über den Kopf der Kabelanschlußmutter geklemmt.

Beim Batteriezünder ist der Verlegung der Primärkabel besondere Beachtung zu schenken. Genügender Kupferquerschnitt, gute Kabelverbindungen, genügende Isolierung und übersichtliche Anordnung sind die Hauptbedingungen für zuverlässiges Arbeiten der ganzen Zündung. Die Drahtanschlüsse müssen unbedingt gut verschraubt werden.

Zum Einbau des Zünders gehört endlich die Übertragung der Verstellhebelbewegung der Handverstellung vom Führersitz zum Zünder. Sie besteht entweder, hauptsächlich bei Kraftwagen, aus einem Gestänge mit Kugelgelenken, oder, und zwar bei Krafträdern fast stets, aus einem Bowdenzug, der mit einem Drahtzug und gerastetem Handhebel betätigt wird. Bei der Bowdenzugverstellung wird häufig die Frage aufgeworfen, ob die

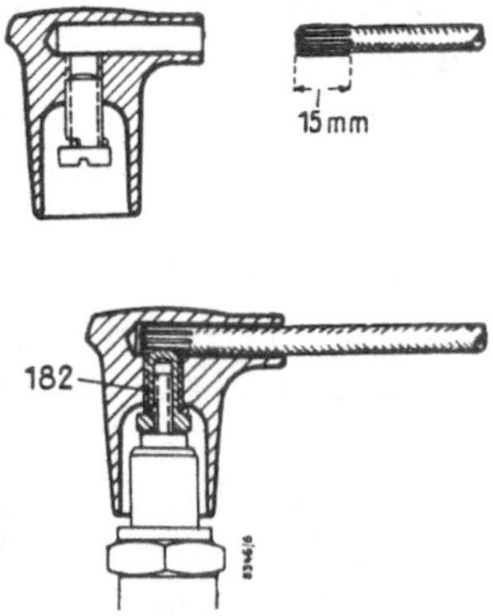

Bild 159. Isolierter Kabelstecker
182 Steckerhülse

Bild 160. Kabelstecker

Feder den Verstellhebel nach Früh- oder Spätzündung ziehen soll, d. h. ob es vorteilhafter ist, wenn bei Reißen des Drahtzugs oder bei ungenügender Hemmung des Bedienungshebels der Verstellhebel am Zünder auf Früh- oder Spätzündung geht. Eine einheitliche Lösung dieser Frage ist bisher nicht gefunden worden. Bei Zug auf Spätzündung besteht die Gefahr, daß unnötig mit Spätzündung gefahren wird, was zu starkem Kontaktabbrand führt und Erwärmung und Leistungsabfall des Motors verursacht. Bei Zug auf Frühzündung besteht andererseits die Gefahr von Rückschlägen beim Anwerfen.

2. Störungen

Bei der Pflege des Zünders ist das Hauptaugenmerk auf den Unterbrecher zu richten, dessen Kontakte in regelmäßigen Abständen gereinigt und nachgestellt werden müssen. Hauptsächlich der Wolfram-Kontakt erfordert eine gewisse Aufmerksamkeit, wenn er nicht zu Störungen führen soll. Im übrigen bedarf der Zünder in den meisten Fällen nur geringer Wartung. Bei vielen Konstruktionen ist sogar die Schmierung der Lagerstellen überflüssig, ja schädlich, da durch Kugellagerung und entsprechende Fettvorräte für genügende zwangläufige Schmierung für Zehntausende von Fahrkilometern gesorgt ist. In diesem Fall genügt es, bei Generalreparatur des ganzen Wagens auch den Zünder nachsehen und schmieren zu lassen.

Wo Schmierung erforderlich ist, z. B. Gleitlagerstellen am Batteriezündverteiler, Verteiler des Magnetzünders, Übersetzung im Lichtmagnetzünder, sind stets deutlich Schmierlöcher oder Schmierbehälter erkennbar. Auch hier ist aber vor übertriebener Schmierung zu warnen. Man wird stets der Gebrauchsanweisung den Zeitraum, für den eine Schmierung ausreicht, die Menge der Schmierung und den Schmierstoff entnehmen können. Allgemein läßt sich nur sagen, daß bei Ölschmierung sauberes, leicht angewärmtes, nicht zu dickflüssiges Öl, bei Fettschmierung sauberes Fett mit nicht zu geringem Schmelzpunkt genommen werden muß.

Wenig Wartung, große Betriebssicherheit muß der Leitgedanke bei der Zünderkonstruktion sein, denn die Zündungsstörung ist zweifellos eine der heimtückischsten Erscheinungen, mit denen der Kraftfahrer zu kämpfen hat. Hat er doch vielfach weder die Kenntnisse noch die Hilfsmittel, um Zünderstörungen zu beheben und damit den Motor wieder betriebsfähig zu machen.

Die Fehler, die zum Versagen der Zündung führen, sind so mannigfach, daß es nicht möglich ist, sie hier restlos aufzuzählen. In Bild 161 ist versucht, einen Überblick über die wichtigsten Störungen und ihre Behebung zu geben. Die in der Tafel angeführten ersten vier Anstände sind für den geübten Kraftfahrer leicht und einwandfrei zu erkennen, dagegen ist bei plötzlichem Wegbleiben der Explosionen, bei Versagen des Anwerfens oder Aussetzen einzelner Zylinder vor allen Dingen davor zu warnen, den Fehler kritiklos an der Zündung zu suchen. Hauptsächlich Vergaserstörungen sind von Zündungsstörungen oft nicht ohne weiteres zu unterscheiden. Ist begründeter Verdacht auf Störung der Zündung vorhanden, so erweist es sich häufig als zweckmäßig, bei der Untersuchung folgendermaßen vorzugehen, um rasch den Fehler zu erkennen: Entfernen eines Kabels von der Kerze und Durchdrehen des Motors, beobachten, ob zwischen dem Kabelschuh und dem Motorkörper ein Funke in 2—3 mm Abstand überspringt. Springt der Funke an sämtlichen Kerzenkabeln, so sind die Kerzen zu untersuchen, am besten durch Einsetzen von Ersatzkerzen, die jeder Kraftfahrer mitführen sollte. Ist nach Einsetzen der Ersatzkerzen die Störung nun noch nicht behoben, so liegt der Anstand mit ziemlicher Sicherheit nicht an der Zündung. Springt der Funke zwischen dem Kerzenkabel und dem Motorkörper dagegen nicht, so wird man die Zündungsanlage näher untersuchen müssen. Hat man sich überzeugt, daß die Zündkabel in Ordnung sind und der Zünder beim Durchdrehen des Motors mitläuft, so entfernt man bei Magnetzündern mit Kurzschlußvorrichtung diese, in der Regel durch Abheben des Unterbrecherdeckels, und versucht, ob der Motor nun richtig läuft. Ist dies der Fall, so ist der Fehler am Kurzschlußkabel, der Kurzschlußvorrichtung oder dem Schaltkasten zu suchen. Beim Batteriezünder untersucht man sämtliche Kabel und hauptsächlich ihre Anschlüsse an die Zündorgane. Ist bis hierher alles in Ordnung, so überzeuge man sich, ob der Unterbrecher richtig öffnet und schließt. Beim Magnetzünder ist hierzu meist Abnehmen des Verschlußdeckels, beim Batteriezünder Abnehmen der Verteilerscheibe und des Verteilerläufers notwendig. Eine Lehre, die von den meisten Zünderfirmen ihren Apparaten mitgegeben wird, zeigt, ob die Kontaktöffnung bei vollständig abgehobenem Unterbrecherhebel die richtige Größe (meist ungefähr 0,3 ... 0,4 mm) besitzt. Andernfalls ist die Kontaktöffnung wieder richtig einzustellen und gegebenenfalls die Kontaktschraube wieder gut zu sichern. Man überzeuge sich endlich, ob die Kontakte, hauptsächlich Wolframkontakte, nicht starke Korrosionen an ihrer Oberfläche zeigen. Ist dies der Fall, so sind sie mit einer feinen Spezial-Schlichtfeile leicht abzuziehen, wobei darauf zu achten ist, daß nur ganz wenig vom Kontakt entfernt wird. Kleine Erhöhungen und Vertiefungen in den Kontakten sind unschädlich. Hin und wieder findet man auch, daß die Kontakte völlig abgenutzt oder — hauptsächlich bei Wolframkontakten — abgesprungen sind. In diesem Falle ist Einsetzen neuer Kontakte, unter Umständen Auswechseln des Unterbrecherhebels erforderlich. Ist der Unterbrecher in Ordnung, so wird man die Verteilerscheibe, den Verteilerläufer und den Stromabnehmer ansehen darauf, ob diese Teile nicht beschädigt sind. Insbesondere im Sommer, bei größerer Luftfeuchtigkeit und nach starkem Sturzregen kommt es hin und wieder vor, daß Feuchtigkeit ins Innere des Zünders dringt und sich an der Verteilerscheibe oder sonstigen Isolationsteilen niederschlägt, den Zündstrom also zur Masse ableitet. In solchen Fällen müssen die Isolationsteile sorgfältig mit einem trockenen Tuchlappen abgerieben werden. Außerdem wird man bei Schleifbahnverteilern prüfen, ob die Verteilerscheibe verschmutzt ist; auch in diesem Falle ist leichtes Abreiben mit einem sauberen Tuchlappen erforderlich und anschließend hauchdünnes Einfetten der Verteilerbahn zu empfehlen. Bei Überschlagverteilern ist dem Anfressen der Schneiden nur dann Beachtung zu schenken, wenn dadurch der Elektrodenabstand zwischen feststehender und umlaufender Elektrode erheblich größer geworden ist.

Erfolgen die Zündungen der einzelnen Zylinder unregelmäßig zueinander, so kann der Anstand an der Zahnradübersetzung zum Verteiler oder sonst an der Verteilung liegen; hauptsächlich bei umlaufenden Unterbrechernocken kann ungleiche Abnutzung des Nockens vorliegen. Bei Batteriezündern endlich tritt häufig bei den Kondensatoranschlüssen Kurzschluß auf oder ist am feststehenden Unterbrecher mangelhafter Kontakt mit Masse festzustellen. Alle übrigen Fehler, soweit sie nicht, wie z. B. das Streifen umlaufender Teile, rein mechanischer Natur sind, sind auf einfache Weise nicht zu beheben und oft nicht festzustellen. Hauptsächlich muß hier nochmals davor gewarnt werden, den Anker oder Magnet vom Magnetzünder wegzuziehen oder gar an den Wicklungen irgend etwas ausbessern zu wollen. Fehler, die das Innere der Zünder wesentlich berühren, können nur von erfahrenen Spezialisten behoben werden. Die Ausführungen über die Einzelteile in Abschnitt III werden hierüber genügend Klarheit geschaffen haben.

Die meisten Firmen liefern die wichtigsten Teile des Zünders als Ersatzteile. Es ist zweckmäßig, gewisse Ersatzteile, die leicht auszuwechseln sind, im Kraftfahrzeug mitzuführen. Zu diesen gehören hauptsächlich der Unterbrecher, Schleifkohlen, Kohlenhalter, Federn und dergleichen, Teile, die von manchen Firmen sogar in besonderen Ersatzteilpackungen zu kaufen sind.

Hauptsächlich in der ausländischen Presse ist in den letzten Jahren hin und wieder die Frage aufgeworfen worden, ob durch elektrische Wellen die Zündung des Verbrennungsmotors gestört werden kann. Dies wäre bei der Frage der Flugzeugabwehr von militärischer Wichtigkeit. Es steht jedoch außer allem Zweifel, daß die Energie, die auf drahtlosem Wege praktisch übermittelt werden kann, bei weitem nicht ausreicht, irgendwelche Störungen der Zündung hervorzubringen. Dagegen ist in jüngster Zeit der umgekehrte Fall zu stärkerer Bedeutung gelangt, daß nämlich die vom Zünder ausgesandten hochfrequenten Schwingungen den drahtlosen Empfang stören oder unmöglich machen. Ein störungsfreier Empfang ist jedoch für zahlreiche Kraftfahrzeuge unbedingt notwendig. In erster Linie trifft dies für Flugzeuge zu, die auf Nachrichten, Wettermeldungen, Funkpeilung bei Nacht und Nebel usw. nicht verzichten können; aber auch Polizei- und Heeresfahrzeuge müssen in vielen Fällen die Möglichkeit haben, hochfrequente Wellen gut empfangen zu können, während bei Personenwagen oftmals Rundfunkempfang gefordert wird.

Die **Entstörung** des Zünders[4]) wird dadurch schwierig, daß nicht nur der Zünder und seine Kerzen als Sender hochfrequenter elektrischer Wellen wirken, sondern auch alle Leitungen, die mit den Apparaten zusammenhängen. Um zu verhindern, daß Störwellen aus den Apparaten oder Leitungen austreten, ist es also erforderlich, entweder die Störwellen durch geeignete, aus Induktivität und Kapazität bestehende Schwingungskreise gänzlich zu unterdrücken und zur Masse abzuleiten oder aber alle Teile einschließlich ihrer Leitungen vollkommen mit einer elektrisch leitenden metallischen Umhüllung zu versehen und diese Umhüllung an verschiedenen Punkten einwandfrei mit der Masse des Motors und des Flugzeugs oder Kraftwagens zu verbinden.

Der erste Weg bietet — vor allem für die durch die Kerzenfunken hervorgerufenen Störwellen — erhebliche praktische Schwierigkeiten; er wird hauptsächlich auf der Niederspannungsseite für

---

[4]) Vgl. W. Dorn, ETZ. 1930, S. 1610; F. C. Shoemaker, Journal of Automotive Engineers, Juli 1927, S. 28.

die von der Lichtmaschine verursachten Störwellen beschritten. Für die Zündung kommt in erster Linie die zweite Möglichkeit in Betracht, die metallische Umhüllung aller stromführenden Teile.

Diese kann wiederum auf zwei Arten geschehen, als Sammelentstörung und als Einzelentstörung. Bei der Sammelentstörung werden die vom Zünder zu den Kerzen führenden Kabel möglichst weitgehend in gemeinsamer metallischer Rohr- und Schlauchleitung verlegt, aus dieser erst kurz vor den Kerzen herausgeführt und einzeln in Entstörkabeln — das sind mit schlauchartiger Metallumklöppelung versehene Kabel — zu den Kerzen geführt.

Bei der Einzelentstörung verlaufen die Kabel in ihrer ganzen Länge einzeln, und jedes Kabel ist von einem Entstörschlauch umgeben. Die Sammelentstörung ist zwar in der Regel etwas umständlicher zu verlegen, sie sieht jedoch besser aus; vor allem aber beansprucht sie den Zünder weniger und erlaubt größere Schlagweiten.

Eine gute Entstörung läßt sich nur erreichen, wenn alle metallischen Verbindungen sehr sorgfältig ausgeführt werden; darüber hinaus bringt aber die Entstörung die Masse an die Hochspannung führenden Teile in viel stärkerem Maße heran als dies beim normalen Zünder der Fall ist. Die Isolationsbeanspruchung und die Belastung der Zünder sind also wesentlich stärker und es müssen auch in dieser Richtung besondere Vorsichtsmaßnahmen getroffen werden, um die Betriebssicherheit nicht nur der Funkanlage, sondern auch der Zündanlage zu gewährleisten. Insbesondere ist auf folgende Punkte zu achten:

1. Entstörte Hochspannungsleitungen dürfen nie mit zu starker Krümmung verlegt werden (mindestens 30 mm Krümmungsradius!), weil sonst die Isolation der Leitung in kurzer Zeit zerstört wird.
2. Scharfe Kanten oder Drahtspitzen an der Umhüllung sind zu vermeiden, weil sonst die Isolation des in der Nähe vorbeiführenden Kabels bald zerstört wird.
3. Die Innenseite des Entstörgehäuses ist mit einem Isolierlack zu überziehen.
4. Die Hochspannungskabel dürfen nicht zu weit abisoliert werden, damit nicht die Kriech- oder Überschlagwege zwischen Leitung und Masse unzulässig verkleinert werden.
5. Die Entstörkabel oder -schläuche sind möglichst oft, auf jeden Fall aber am Anfang und Ende einer Leitung gut leitend mit Masse zu verbinden.

6. Die Hochspannungsleitungen müssen so kurz wie möglich geführt werden, vor allem, wenn sie in einzelnen Entstörschläuchen verlaufen; je länger die Entstörkabel sind, um so mehr wird der Zünder beansprucht, um so geringer wird die an der Kerze verfügbare Zündleistung.
7. In den Entstörrohren dürfen die Kabel nicht zu lose verlegt werden, aber auch — vor allem in den Krümmungen — nur leicht gedrückt werden.
8. Stoßfugen in den Entstörteilen, insbesondere in der Querrichtung, sind unbedingt leitend zu überbrücken.
9. Die Isolation der Hochspannungsleitungen darf an keiner Stelle beschädigt sein, um Durchschläge zu vermeiden; reine Gummikabel werden rasch durch Strahlung zerstört.
10. Die Anschlüsse der Niederspannungsleitungen sind sorgfältig auszuführen (gute metallische Verbindung, Litzen am besten verzinnen!).

Als Beispiel für die praktische Ausführung der Entstörung diene zunächst der Magnetzünder in Bild 150 auf Seite 207.

Die Verteilerscheibe wird hier von einer Entstörkappe vollständig umgeben, so daß zusammen mit dem Gehäuse des Zünders eine metallische Hülle entsteht, die alle stromführenden Teile des Zünders einschließt.

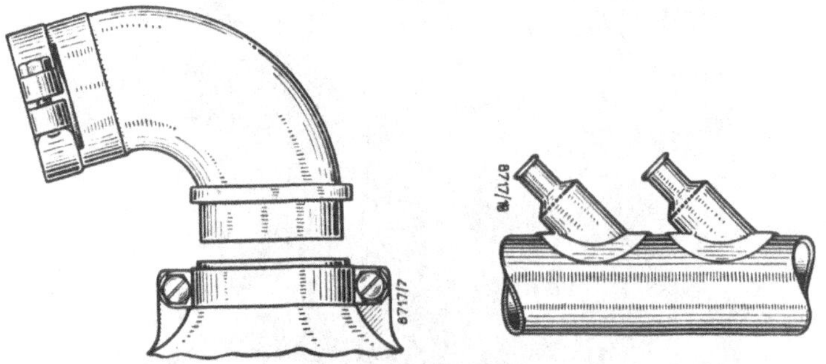

Bild 162. Entstörteile

a) Entstörkrümmer b) Entstörrohr

An die Entstörkappe schließt sich in der Regel ein Entstörkrümmer (Bild 162a), der bei der Sammelentstörung die Verbindung mit dem Entstörrohr (Bild 162b) herstellt. Dies ist ein festes Metallrohr, das bei Reihenmotoren geradlinig an den Zylindern entlangläuft, bei Sternmotoren entsprechend halbkreisförmig gebogen ist.

Bild 163. Neunzylinder-Sternmotor mit entstörter Zündanlage

Bild 164. Zwölfzylinder-Reihenmotor mit entstörter Zündanlage

Kabelanschlußstutzen lassen die einzelnen, mit Entstörschlauch umgebenen Kerzenkabel austreten. Die Bilder 163 und 164 zeigen zwei Flugmotoren mit auf diese Weise entstörter Funkanlage. Bei der Einzelentstörung ist an den Entstörkrümmer ein Kabelverteiler angeschlossen; das Bild 165 zeigt diesen und vor allem auch den Anschluß der einzelnen Entstörkabel. Die Zündkerzen werden mit Entstörkappen (Bild 166), metallumschlossenen Isolierkörpern, entstört, die durch Spannbügel gehalten werden.

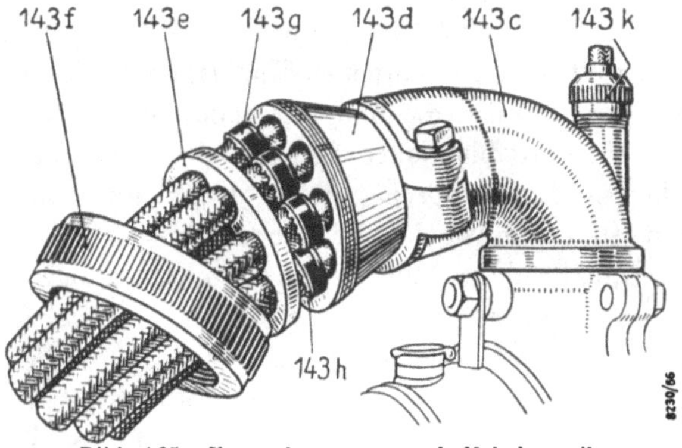

Bild 165. Entstörkrümmer und Kabelverteiler

143c = Rohrkrümmer
143d = Verteiler
143e = Lochscheibe
143f = Überwurfmutter
143g = Gummiring
143h = Kabeltülle
143k = Überwurfmutter

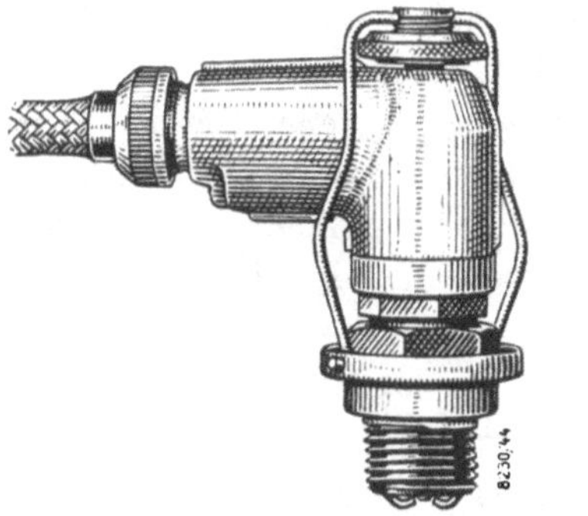

Bild 166. Zündkerze mit Entstörkappe

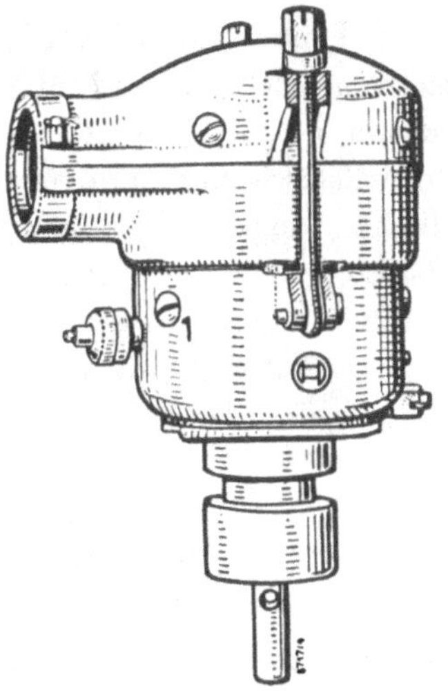

Bild 167. Batterie-Zündverteiler mit Entstörkappe

Bei der Entstörung von Zündanlagen mit Anlaßzündung ist auch darauf zu achten, daß die Leitung zwischen Betriebszünder und Anlaßmagnet (oder Anlaßzündspule) entstört wird, damit keine Wellen vom Betriebszünder in die Anlaßleitung übergehen und von dieser ausstrahlen können. Auch die Primäranschlüsse müssen entstört werden, ebenso die zur Kurzschlußklemme führenden Kabel und die zugehörigen Schalter.

Bei der Batteriezündung wird z. B. der Zündverteiler in der Weise entstört, wie dies Bild 167 zeigt. Auch hier wird das Gehäuse mit der Entstörkappe zu einer vollständigen metallischen Hülle vereinigt. Die Primärentstörung erfordert bei der Batteriezündung besondere Sorgfalt, weil die störenden Einflüsse auch von der Batterie ferngehalten werden müssen. Man verwendet hierfür Drosselspulen oder Siebketten (Kombinationen von Drosselspulen und Kondensatoren), die in Entstördosen untergebracht sind und zwischen Schalter und Zündspule in den Primärstromkreis eingebaut werden.

Für den Rundfunkempfang in Personenwagen, der in Amerika schon weit verbreitet ist und wahrscheinlich auch in Deutschland in nächster Zeit mehr Anklang finden wird, verwendet man aus Preisgründen eine weniger anspruchsvolle Entstörung der Batteriezündung. Häufig schaltet man vor die Kerzen und vor den Verteiler sogenannte Verschleifungswiderstände, das sind Widerstände in der Größenordnung von 10000 Ohm, die die Schwingungsdauer der Störwellen so vergrößern, daß sie groß wird gegenüber der zu empfangenden Welle und nur wenig Einfluß mehr auf den Empfang hat. Auf der Primärseite wird in der Regel ein Blockkondensator zwischen Primärleitung und Masse geschaltet; er führt die aus der Zündspule in die Primärleitung austretenden Wellen ab und hält sie von der Batterie und vom Netz des Wagens fern.

Richtig angewandte Entstörung bedeutet keine Gefahr für die Betriebssicherheit der Anlage, falsch angewandte oder unsachgemäß ausgeführte dagegen ist nicht nur zwecklos, sondern kann auch die Lebensdauer des Zünders herabsetzen und seine Betriebssicherheit erheblich gefährden.

3. Hilfseinrichtungen der Zünder

Unter Hilfseinrichtungen der Zünder verstehen wir alle die Apparate, die zwar die Zündung unmittelbar beeinflussen, aber doch nicht unbedingt zur Erzeugung oder Verteilung der Zündspannung notwendig sind.

Einer der bekanntesten Apparate ist der **Fliehkraft-Selbstversteller,** der den Zweck hat, den Zündzeitpunkt selbsttätig in Abhängigkeit von der Motordrehzahl zu verstellen[5]). Mit steigender Drehzahl verdreht er mit Fliehgewichten gegen den Druck von Federn entweder die Zünderachse zur Motorachse (Antriebsverstellung) oder den Unterbrechernocken gegen den Unterbrecher (Nockenverstellung). Bei sinkender Drehzahl drücken die Federn die Fliehgewichte in ihre Ruhelage zurück.

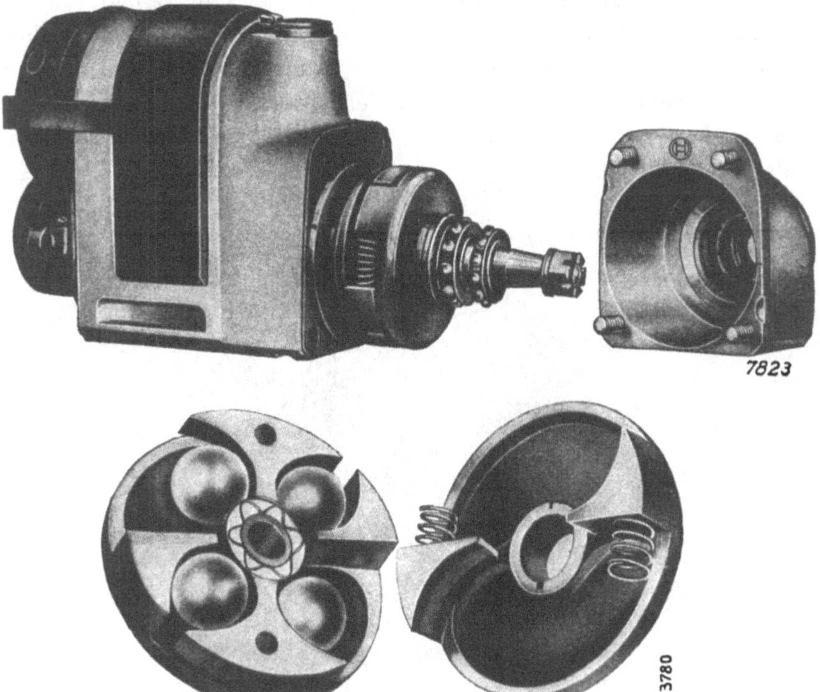

Bild 168. Bosch-Antriebsversteller

Bei der Batteriezündung verdreht der Versteller stets Nocken und Verteilerläufer gegenüber der Antriebsachse, so daß — wie aus Kap. II hervorgeht — die elektrischen Verhältnisse durch die Verstellung nicht beeinflußt werden. Beim Magnetzünder dagegen verwendet man beide Verstellerarten. Wird der Magnetzünder-Läufer gegenüber der Antriebsachse verdreht, so sind ebenso wie bei der Batteriezündung die elektrischen Verhältnisse bei Früh- und Spät-

[5]) Die elektrische Verstellung ist, da sie nur für Flugzeugzünder in Betracht kommt, auf Seite 138 behandelt.

zündung die gleichen und der Verstellbereich ist nur durch die Verstellerbauart begrenzt. Bei Magnetzündern läßt sich der Antriebsversteller in vielen Fällen nachträglich anbauen. Andererseits muß dieser Versteller ziemlich große Verstellkräfte ausüben können, um das Drehmoment des Abrisses und die Trägheit des Läufers zu überwinden.

Bei der Nocken- oder Abrißverstellung dagegen werden Unterbrecher und Nocken gegeneinander verdreht, allenfalls auch noch das Verteilerrad. Auf diese Weise hat der Versteller nur verhältnismäßig geringe Verstellbarkeit zu leisten, kann also leichter und kleiner sein als bei der Antriebsverstellung. Andererseits ändern sich bei dieser Verstellung die elektrischen Verhältnisse (siehe Kap. II), und die niederste Drehzahl bei Spätzündung ist in der Regel schlechter als bei Frühzündung.

Bild 169. Bosch-Kupplungsversteller

Es folgen nun einige Beispiele für die verschiedenen Versteller-bauarten, zunächst der in Bild 168 gezeigte Bosch-Antriebsversteller, der nach dem oben Gesagten für Magnetzünder bestimmt ist; bei ihm dienen Kugeln als Fliehgewichte. Wie das Bild zeigt, drehen die mit steigender Drehzahl nach außen strebenden Kugeln die Kugelschalen so auseinander, daß sich die mit der einen Kugelschale verbundene Zünderachse gegen die mit der anderen Kugelschale verbundene Antriebsachse verdreht. Die Schraubenfedern wirken der Fliehkraft entgegen.

In ähnlicher Weise baut eine Anzahl ausländischer Firmen ihre Selbstversteller; Fliehgewichte in den verschiedensten Formen verdrehen mit zunehmender Drehzahl Antriebs- und Zünderachse gegeneinander. Die Firma Scintilla legt die Messingfliehgewichte ihres Selbstverstellers in den freien Raum zwischen den Schenkeln des umlaufenden Magneten. Die Fliehgewichte greifen mit einer feinen Verzahnung in die durchgehende Achse ein und verdrehen so den schweren Magneten mit seinen Polschuhen und den Unterbrechernocken. Scintilla vermeidet auf diese Weise eine Verlängerung des Zünders durch den Selbstversteller. (Die gleiche Bauart wird übrigens auch für die Abrißverstellung verwendet.)

Auch die Kupplung zwischen Motorwelle und Magnetzünder läßt sich als Selbstversteller ausbilden. Bild 169 zeigt den Bosch-Kupplungsversteller; er besteht in der Hauptsache aus dem Gehäuse, das vom Motor angetrieben wird, und dem Verstellflansch,

130a = Schwunggewicht
130b = Blattfedern
130d = Drehzapfen
z = Zapfen

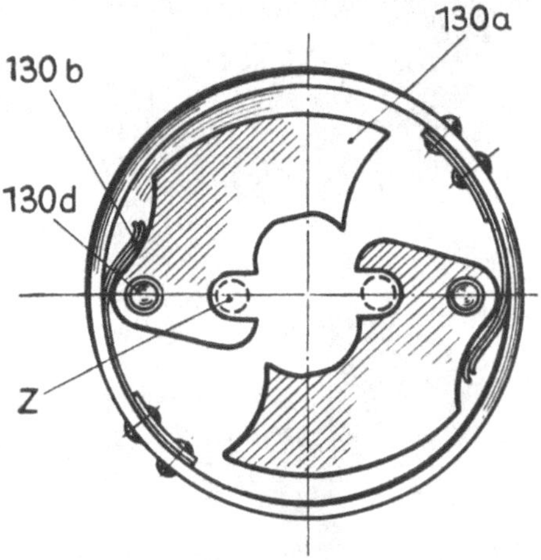

Bild 170. Bosch-Schwunghebel-Versteller

der auf dem Anker des Magnetzünders befestigt ist. Gehäuse und Verstellflansch sind gegeneinander verdrehbar. Diese Verdrehung wird durch die beiden Schwunggewichte bewirkt, die an ihrem einen Ende drehbar gelagert sind. An ihrem anderen Ende tragen sie Zapfen, die von den Enden des Verstellflansches umfaßt werden. Bei Stillstand des Motors liegen die Schwunggewichte unter der Einwirkung von Federn in ihrer Ruhelage (Spätzündungslage). Bei laufendem Motor werden sie durch die Fliehkraft nach außen gedrückt, verstellen Ankerwelle und Motorwelle gegeneinander und damit den Zündzeitpunkt. Bei sinkender Drehzahl gehen die Schwunggewichte wieder zurück, so daß bei Stillstand des Motors der Zünder wieder auf Spätzündung eingestellt ist.

Als Beispiel für eine Nockenverstellung bei Magnetzündern zeigt Bild 170 den B o s c h - S c h w u n g h e b e l - V e r s t e l l e r, der in Flugzeugzünder zwischen Läufer und Nocken eingebaut wird. Zwei Fliehgewichte bewegen sich bei steigender Drehzahl gegen den Druck von Blattfedern um einen Drehpunkt am Gehäuse nach außen und verdrehen dabei durch ihre Mitnehmer den Nocken.

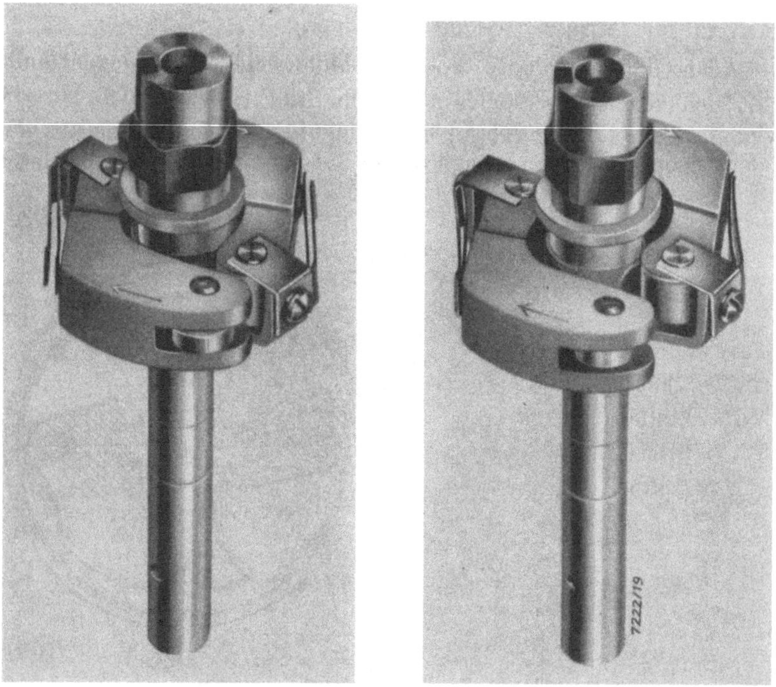

a) Ruhestellung b) Endstellung
Bild 171. Bosch-Versteller mit Blattfedern

Bei der Batteriezündung wird — wie erwähnt — nur die N o c k e n v e r s t e l l u n g angewandt, d. h. der Versteller ist stets zwischen Zündverteilerachse und Umlaufnocken eingebaut. Der Nocken sitzt in einem Gleitlager und trägt den Verteilerläufer, so daß dieser im Zündzeitpunkt stets die gleiche Stellung zum Verteilersegment hat; zwei mit der Achse umlaufende Fliehgewichte sind auf einer Tragplatte drehbar gelagert und greifen am Nocken an.

Eine Bauart der Firma Robert Bosch, die grundsätzlich dem in Bild 170 gezeigten Schwunghebel-Versteller für Magnetzünder gleicht, zeigt Bild 171, und zwar den VA-Versteller, bei dem ebenfalls Blattfedern der Fliehkraft entgegenwirken; zu jedem Schwunggewicht gehören mehrere Federn, die nacheinander wirksam werden und dadurch die gewünschte Verstellkurve erzielen.

Bei einer neueren Bauart der gleichen Firma (Typ VEA, Bild 172) werden Schraubenfedern benutzt, die mit ihrem einen Ende an einer auf die Welle aufgezogenen Platte, mit ihrem anderen Ende am Nocken aufgehängt sind. Die Federn liegen in der Ruhelage nahezu radial und werden mit beginnender Nockenverstellung von den Kurvenrücken der Nockenverstellerarme abgelenkt. Auf diese Weise beginnt die Verstellung sehr früh und die Verstellkurve verläuft mit zunehmender Drehzahl immer flacher. Außerdem greifen die beiden Fliehgewichte mit verschieden langen Hebelarmen am Nocken an, so daß zunächst beide Gewichte den Steilanstieg der Verstellkurve bewirken, bis dann das eine gegen einen Anschlag stößt, während das

Bild 172. Bosch-Versteller mit Schraubenfedern (Deckplatte z. T. entfernt)

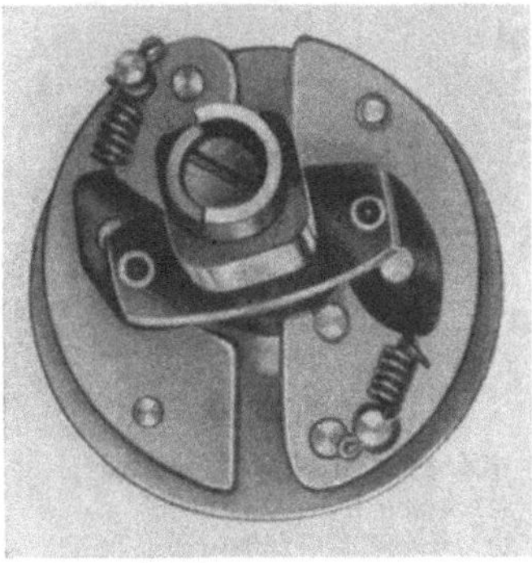

Bild 173. Lucas-Versteller

andere weiterhin den flachen, geraden oder schwach gekrümmten Ast bewirkt. Auf diese Weise wird eine für neuere Motoren erwünschte Verstellkurve erreicht (früher Beginn der Verstellung, Steilanstieg, dann Knick und flacher Verlauf). Nahezu tangential ist die Ruhelage der Federn beim Lucas-Versteller (Bild 173); sie greifen nicht direkt am Nockenversteller an, sondern über Hebelarme.

Auf gleichen oder ähnlichen Grundgedanken beruht ein großer Teil der von den verschiedenen Firmen entwickelten Verstellerkonstruktionen; z. B. haben beim neueren Delco-Versteller (Bild 174a) Fliehgewichte und Nockenverstellarme Abwälzkurven, so daß sich mit zunehmender Drehzahl der Hebelarm, an dem die Feder angreift, stark ändert. Dagegen war z. B. der in Bild 174b gezeigte ältere Verstellertyp der gleichen Firma anders gebaut. Ein um die Achse liegender Ring stellt sich unter dem Einfluß der Fliehkraft senkrecht zur Achse und verdreht über eine Steilgewindeführung den Nocken.

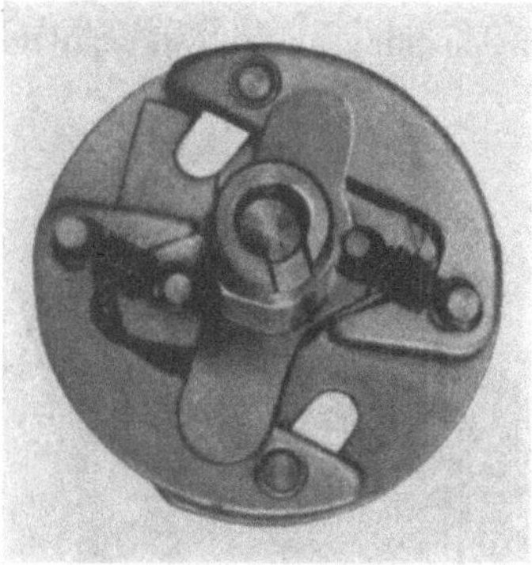
a

b

Bild 174. Delco-Versteller
a) neuere Ausführung
b) ältere Ausführung

Die vorstehenden wenigen Beispiele sind herausgegriffen aus einer Fülle der verschiedenartigsten Versteller-Konstruktionen, die im einzelnen zu besprechen zu weit führen würde.

Durch Veränderung der Kurvenbahnen, der Federn und der Größe der Fliehgewichte ist die Abhängigkeit der Verstellung von der Drehzahl beliebig zu bestimmen. Die meisten Firmen führen eine ganze Reihe von Verstellinien aus, um ihre Verstellung den Anforderungen der verschiedenen Motoren anpassen zu können. Derartige Verstellinien sind schon zu Anfang in Bild 10 gezeigt.

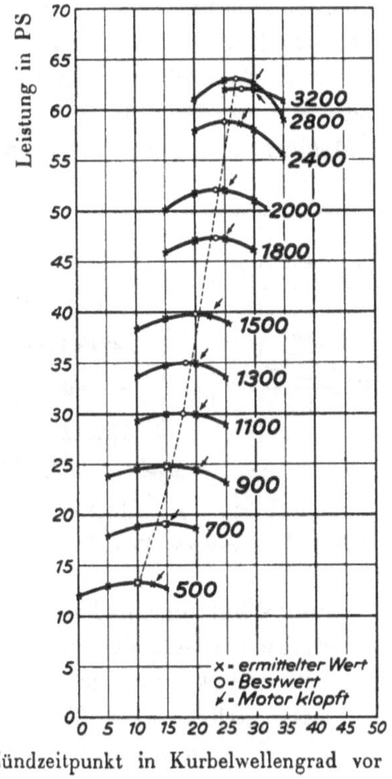

Bild 175. Ermittlung der Zündzeitpunkte höchster Motorleistung bei verschiedenen Drehzahlen

Um an einem bestimmten Motor die günstigste V e r s t e l l k u r v e für den Selbstversteller des Zünders zu ermitteln, geht man nach einer von der Robert Bosch A.-G. entwickelten Methode so vor: Man mißt die Bremsleistung des Motors bei Vollgas in Abhängigkeit von der Einstellung des Zündzeitpunktes vor OT, und zwar bei einer Reihe von Drehzahlen, die über den ganzen Drehzahlbereich des Motors verteilt sind. Ein Beispiel für die so erhaltene Kurvenschar zeigt Bild 175. Aus den Bestwerten der verschiedenen Kurven ergibt sich dann die erforderliche Verstellung in Abhängigkeit von der Drehzahl. Bild 176 zeigt diese Kurve und den Toleranzbereich, in dem der Leistungsabfall höchstens 1 % der Bestleistung beträgt. Der Selbstversteller des Zünders ist dann so zu bauen, daß seine Verstelllinie innerhalb dieses Toleranzbereiches liegt.

In England und Amerika wird zusätzlich zum Fliehkraftversteller verschiedentlich noch der sogenannte **Unterdruckversteller** benutzt (Bild 177). Er besteht in seiner einfachsten Form aus einem Metallgehäuse mit einer Membran; das Gehäuse ist durch ein Röhrchen mit einer Anzapfung in der Saugleitung oder kurz vor der Drosselklappe verbunden. Unter dem Einfluß des Unterdrucks verformt sich die Membran und verdreht dadurch den Zündverteiler, der zu diesem Zweck in seinem Sitz wie bei der Handverstellung drehbar gelagert und mit der Membran mechanisch verbunden ist.

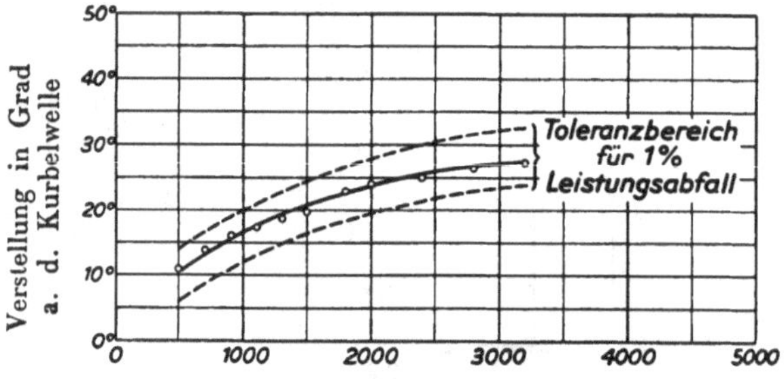

Bild 176. Günstigste Verstellinie

Die Unterdruckverstellung dient verschiedenen Zwecken und wird dementsprechend auch verschieden ausgebildet. Dort, wo der Verstellbereich des Fliehkraftverstellers nicht ausreicht, oder wo die Verstellkurve des Fliehkraftverstellers dem Motor nicht genügend angepaßt werden kann, wird der Unterdruckversteller vielfach dazu verwendet, den Verteiler bei Leerlauf noch mehr auf Spätzündung zu stellen, als dies durch den Fliehkraftversteller schon geschieht. Zu diesem Zweck wird der Unterdruckversteller an die Saugleitung angeschlossen und zieht den Verteiler auf Spätzündung. Bildet man den Fliehkraftversteller freilich so aus, daß er bei niedriger Drehzahl zu verstellen beginnt, rasch Vorzündung ergibt und erst mit weiter steigender Drehzahl nur allmählich weitere Vorzündung ergibt (Knick-Verstellkurve), so kann man den Verteiler so einstellen, daß er auch ohne Unterdruckverstellung genügend Spätzündung für einen günstigen Leerlauf ergibt und doch eine Verstellkurve mit genügend guter Beschleunigung aufweist. Da in Amerika und England in der Regel solche Knick-Kurven nicht gebräuchlich sind, hat sich dort der Unterdruckversteller hin und wieder eingeführt. In Deutschland wird im allgemeinen schon aus Gründen der

Rückschlagsicherheit[6]) beim Anwerfen verlangt, daß bei niederer Drehzahl der Zündzeitpunkt unter keinen Umständen vor OT liegt, und es muß deshalb schon aus diesem Grunde die Verstellkurve entsprechend ausgebildet werden. Man kann sich dabei nicht auf den Unterdruckversteller verlassen, weil nicht immer beim Durchdrehen des Motors ein genügend großer Unterdruck vorhanden ist, um den Verteiler auf Spätzündung zu ziehen.

Es gibt aber für den Unterdruckversteller auch noch eine andere Verwendung. Der Fliehkraftversteller liefert den idealen Zündzeitpunkt für jede Drehzahl nur bei einer bestimmten Drosselstellung, in der Regel für Vollgas; es ist also theoretisch notwendig, bei den verschiedenen Teilgasstellungen den Zündzeitpunkt gegenüber Vollgas mehr oder weniger vorzuverlegen. Diese idealen Verstellverhältnisse

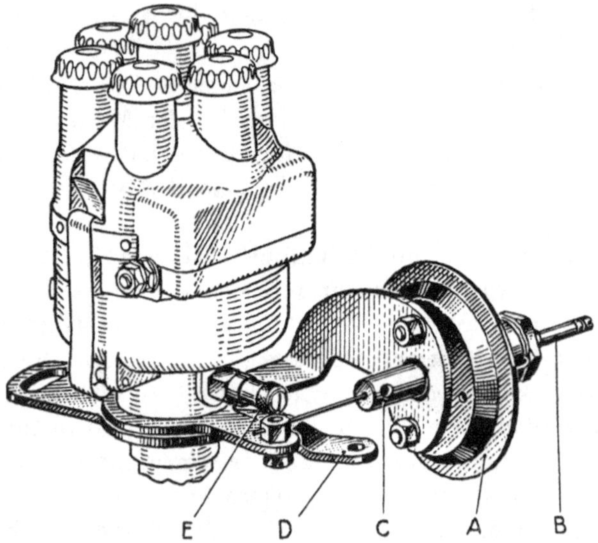

Bild 177. Lucas-Unterdruckversteller

A = Membrangehäuse
B = zum Saugrohranschluß
C = Verstellkolben
D = Handverstellung
E = Öler

lassen sich nur durch sehr komplizierte Einrichtungen einstellen. Man kann aber eine praktisch genügende Korrektur der vom Fliehkraftversteller gelieferten Verstellkurve erzielen, die bei der gebräuchlichen Fahrweise annähernd richtig ist. Zu diesem Zweck benutzt

[6]) Siehe die Anmerkung auf S. 20.

man den höheren Unterdruck bei Teilgas gegenüber Vollgas und läßt den Verteiler auf Frühzündung ziehen. Man zapft dabei in der Regel den Vergaser so an, daß bei geschlossener Drosselklappe, also im Leerlauf, der Unterdruck nicht mit dem Unterdruckversteller in Verbindung steht, der Versteller also auf Spätzündung eingestellt ist; bei wenig geöffneter Drosselklappe kann der Unterdruck auf den Versteller wirken und zieht ihn auf Vorzündung; bei weiterer Zunahme der Drosselklappenöffnung sinkt der Unterdruck und damit wandert der Zündzeitpunkt wieder mehr gegen Spätzündung. Freilich ist die durch diese Anwendung des Unterdruckverstellers zu erzielende Mehrleistung bzw. Brennstoffersparnis überhaupt nur dann bemerkbar, wenn ein Wagen sehr viel nicht voll ausgefahren wird, und auch in diesem Fall noch so gering, daß man es in Deutschland bisher noch nicht unternommen hat, sie durch den Einbau eines weiteren empfindlichen Konstruktionsteils und durch Anzapfen des Vergasers zu erkaufen.

Nun zu einigen Geräten mit ganz anderem Zweck, nämlich den Hilfsmitteln für das Anlassen, die dort, wo der Magnetzünder nach wie vor verwendet wird (z. B. in Flugzeugen, Lastwagen, Traktoren u. dgl.), eine große Rolle spielen: Es sind der Schnapper und die Anlaßzündung.

Der Magnetzünder mit **Schnapper** ist eine Kombination des alten Abschnapptyps mit dem umlaufenden Zünder, so daß bei ganz niederer Motordrehzahl die Vorteile des Abschnapptyps (kräftiger Funke bei beliebig kleiner Drehzahl), bei höherer Drehzahl die Vorteile des umlaufenden Magnetzünders erzielt werden. Der Schnapper wird stets in Verbindung mit einem Antriebsteil: Kupplung oder Zahnrad, ausgeführt und an einem normalen Magnetzünder zur Erleichterung des Anwerfens angebracht. Der Gedanke des Schnappers möge an der weit verbreiteten Bosch-Schnappkupplung (Bild 178) dargestellt sein. Bei langsamer Bewegung der Motorwelle wird die Mitnehmerscheibe gedreht, während der Klinkenträger und der Zündanker dadurch an der Drehung gehindert werden, daß eine der Sperrklinken in eine am Zünder feststehende Haltenase einhakt. Die zwischen Mitnehmerscheibe und Klinkenträger sitzende Schraubenfeder wird auf diese Weise solange gespannt, bis nach einem bestimmten Drehwinkel einer der beiden Auslösenocken die Sperrklinke an der gebogenen Fläche anhebt. Dadurch kommt die Sperrklinke außer Eingriff mit der Haltenase am Zünder. Unter dem Einfluß der frei werdenden Federspannung wird nun der Zünd-

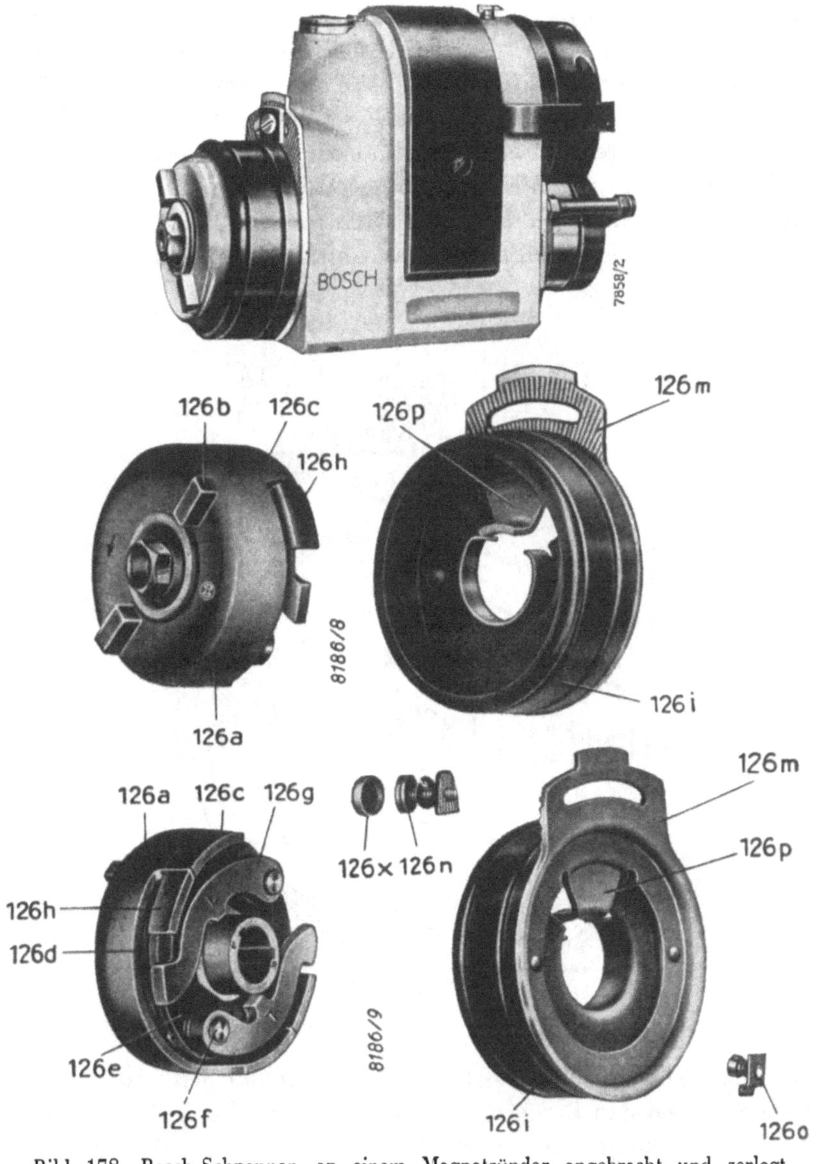

Bild 178. Bosch-Schnapper, an einem Magnetzünder angebracht und zerlegt

126a = Mitnehmerscheibe
126b = Mitnehmer (Klaue)
126c = Auslösenocken
126d = Spannfeder
126e = Klinkenträger
126f = Drehzapfen für die Klinken
126g = Klinken
126h = Anschlagnocken
126i = Schutzkapsel
126m = Befestigungsflansch
126n = Befestigungsschraube mit Riffelscheibe
126o = Halteplättchen mit Schraube
126p = Einhaknase
126x = Verschlußkapsel für die Schraube 126n

anker mit großer Beschleunigung in der Drehrichtung vorwärts geschleudert. Dieses Spiel wiederholt sich nach jeder halben Umdrehung der Zünderachse. Auf diese Weise entsteht unmittelbar nach der Klinkenauslösung bei beliebig niederer Motordrehzahl ein intensiver Flußwechsel im Anker und eine genügende, von Drehzahl und Verstellung ziemlich unabhängige Zündspannung. Übersteigt die Motordrehzahl ein bestimmtes Maß (etwa 130 Umdrehungen/min), so legen sich die Sperrklinken unter dem Einfluß der Flieh-

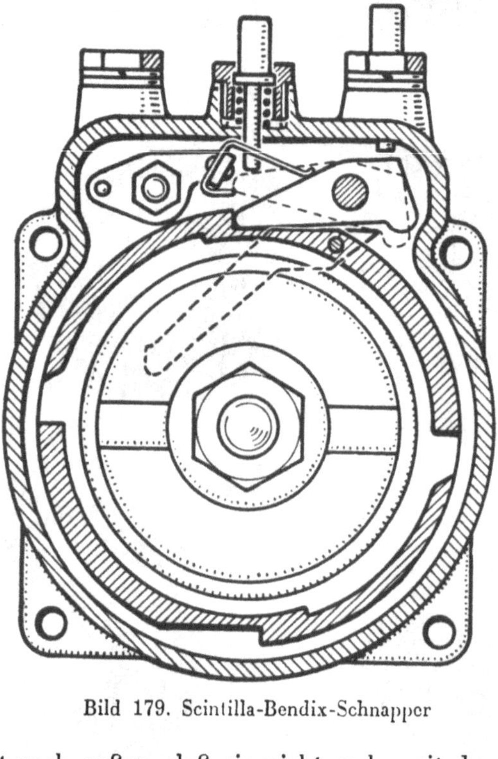

Bild 179. Scintilla-Bendix-Schnapper

kraft so weit nach außen, daß sie nicht mehr mit der feststehenden Nase am Zünder in Berührung kommen, so daß also bei hoher Drehzahl der Schnapper nicht mehr arbeitet, sondern der Magnetzünder gleichförmig angetrieben wird. Dies ist deshalb wichtig, weil die Schnappschläge alle umlaufenden Zünderteile mechanisch sehr hoch beanspruchen.

Bei der Bauart der amerikanischen Scintilla-Magneto Co. Inc. (Bild 179) sitzt die Sperrklinke am feststehenden Teil und wird bei niedrigen Drehzahlen durch eine Blattfeder nach innen gedrückt und zum Einhaken gebracht. Der Schnappvorgang selbst verläuft dann in ähnlicher Weise wie beim Bosch-Schnapper: nach einem bestimmten Spannweg drückt ein Nocken die Klinke in die Höhe und die Schnapperfeder entspannt sich und zieht den Anker durch. Bei höherer Drehzahl drückt ein kleines, mit umlaufendes Fliehgewicht die Sperrklinke nach außen, bis sie von der Feder festgehalten und so am Einhaken gehindert wird. Bei langsamer Drehung drückt das kurze Ende des Fliehgewichts die Sperrklinke wieder nach innen. Mit Hilfe zweier Druckknöpfe kann außerdem die Sperrklinke beliebig eingehakt oder ausgelöst werden.

Wesentlich für das richtige Arbeiten eines Schnappers ist, daß die Zünderachse im richtigen Augenblick angehalten wird und der Schnapper im richtigen Augenblick auslöst. Der Zündzeitpunkt ist beim Arbeiten des Schnappers praktisch nicht mehr abhängig von der Früh- oder Spätzündungsstellung des Unterbrechers, sondern wird lediglich bestimmt durch den Auslösezeitpunkt und die sogenannte Verschleppung. Unter Verschleppung ist dabei der Winkel verstanden, um den sich der Motor bewegt in dem kurzen Zeitraum zwischen Auslösung der Sperrklinke und Überspringen des Zündfunkens, sie ist also um so größer, je größer die Drehzahl ist, mit der der Motor angeworfen wird. Bei den gebräuchlichen Anwerfdrehzahlen und Schnapperkonstruktionen beträgt die Verschleppung bis zu 15°, am Schnapper gemessen, so daß also die Zündung bis zu 15° nach dem Auslösepunkt des Schnappers erfolgen kann. Diese häufig übersehene Tatsache ist für Konstruktion und Einstellung des Schnappers von großer Wichtigkeit. Das Anhalten der Zünderachse muß erfolgen, wenn das Flußmaximum durch den Ankersteg geht. Die Einstellung des Zünders mit Schnapper erfolgt ähnlich wie die des normalen Zünders, nur daß die Zünderachse bis zu ihrer richtigen Stellung nicht in ihrem Drehsinn, sondern gegen ihren normalen Drehsinn zu bewegen ist. Würde man die Zünderachse in ihrem Drehsinn bewegen, so würde die Sperrklinke einhaken und eine richtige Einstellung vereiteln.

Der Schnapper wird dort benutzt, wo sehr schwer anzuwerfende Motoren mit Magnetzündern arbeiten. Hauptsächlich bei großen Lastwagen- und Traktorenmotoren, vielfach auch bei Flugmotoren ist die Durchdrehgeschwindigkeit, die beim Anwerfen erreichbar ist, so gering, daß auch der beste Magnetzünder keine genügende Zündspannung liefert. Der Nachteil des Schnappers liegt lediglich in der Tatsache, daß er einen ziemlich komplizierten Zünderteil bildet und daß der Schnappvorgang die Umlaufteile der Magnetzünder mechanisch stark beansprucht.

Ein weiteres Hilfsmittel zum Anwerfen, das besonders beim Flugmotor weitgehende Verbreitung gefunden hat, ist die sogenannte **Anlaßzündung**, die sich im Gegensatz zum Schnapper auch dafür eignet, Motoren ohne Andrehvorrichtung aus dem Stillstand anzuwer-

Bild 180. Bosch-Anlaß-Magnetzünder

fen, unter der Voraussetzung, daß die Zylinder zündfähiges Gemisch enthalten. Es gibt Anlaßmagnetzünder und Anlaßbatteriezünder. Der Anlaßmagnetzünder (Bild 180) ist ein besonderer, nicht mit dem Motor gekuppelter kleiner Hilfsmagnetzünder, in dem durch Drehen einer Handkurbel ein Anker mit Hilfe einer Zahnradübersetzung

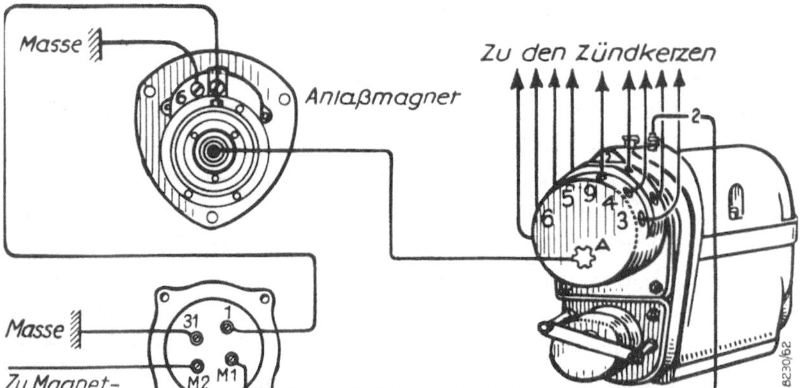

Bild 181. Schaltung der Anlaß-Magnetzündung

auf sehr hohe Drehzahl gebracht wird. Die in diesem Magnetzünder erzeugten kräftigen Hochspannungsstöße werden in der Regel über den Verteiler des normal mit dem Motor gekuppelten Magnetzünders den Kerzen zugeführt und erzeugen dort eine Reihe von Überschlägen, die das angesaugte Gemisch zur Entflammung bringen. Bild 181 zeigt das Schaltbild dieser Anlaßzündung. Der Verteiler des Hauptzünders muß besonders für die Anlaßzündung eingerichtet sein. Ein Beispiel hierfür ist der in Bild 89 gezeigte Achtzylinder-Magnetzünder. Neben der Hauptelektrode des Überschlagverteilers (bei R) sitzt die Anlaß-Elektrode, die dieser um beinahe eine Segmentteilung nacheilt, von ihr isoliert ist und mit dem im Bild sichtbaren Metallring in Verbindung steht. Der Anlaßfunke springt von der durch die Verteilerscheibe hindurchgehenden Anschlußklemme zu dem Metallring, von diesem über die Anlaß-Elektrode zum Verteiler-Segment und gelangt so zur Kerze. Dadurch, daß die Anlaßspitze um einen bestimmten Winkel gegen die Hauptspitze verschoben ist, erfolgt die Explosion mit Sicherheit in dem Zylinder, dessen Kolben den Explosionshub ausführt, und nicht in dem Zylinder, dessen Kolben den Kompressionshub ausführt, auch dann, wenn der Hauptzünder bei seinem normalen Arbeiten vor Totpunkt zündet.

Sobald die ersten Explosionen erfolgt sind, arbeitet der Motor mit dem normalen Magnetzünder ohne Anlaßzündung. Diese Anlaßzündung ist für Flugzeuge deshalb besonders wichtig geworden, weil man mit ihrer Hilfe die Unfallgefahr beim Durchdrehen des Propellers vermeiden kann. Der Propeller wird zum Ansaugen des Gemischs durchgedreht, solange die Zündung durch einen Schalter abgestellt ist; dann wird der Motor ohne fremde Hilfe durch Drehen der Anlaßkurbel in Gang gesetzt.

Neuerdings wird jedoch der Flugmotor in der Regel nicht aus dem Stand angelassen, sondern, nachdem mit einem Schwungkraftanlasser (siehe Teil III), einer untersetzten Andrehkurbel, mit Preßluft oder dergl. in Drehung versetzt ist. Aber auch hierbei hat sich vielfach der Anlaßmagnetzünder gut bewährt.

An die Stelle des Anlaßmagnetzünders ist heute vielfach eine Anlaßbatteriezündung, die sogenannte Summeranlaßzündung, getreten. Sie besteht aus einer Zündspule ähnlich der normalen, für die Wagenbatteriezündung bekannten Bauart und dem Summer, einem elektromagnetischen Vibrationsunterbrecher, der die Aufgabe hat, den von der Batterie über die Primärwicklung der Zündspule fließenden Batteriestrom in rascher

Folge zu schließen und wieder zu unterbrechen; dadurch wird in der Sekundärwicklung der Zündspule wie beim Handanlaßmagnet eine Reihe von Hochspannungsstößen erzeugt, die über die Anlaßelektrode des Betriebsmagnetzünders an die entsprechenden Zündkerzen gelangen und dort ein Funkenband erzeugen. In den Primärstromkreis wird ein Druckknopf eingebaut, bei dessen Betätigung die Summeranlaßzündung anspricht. Die grundsätzliche, einpolig geführte Schaltung zeigt Bild 182.

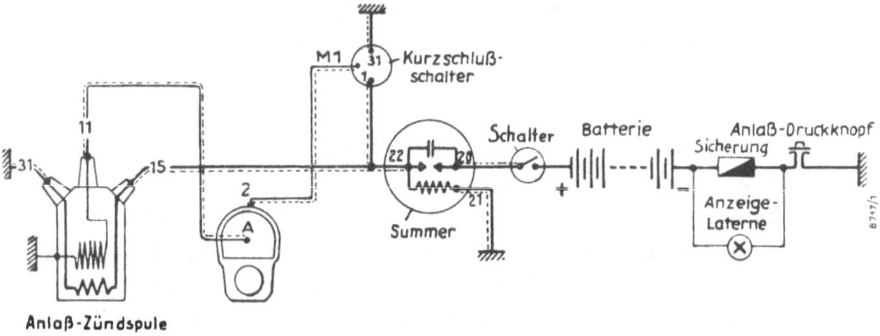

Bild 182. Grundlegende Schaltung der Summer-Anlaßzündung

Diese Summeranlaßzündung hat gegenüber dem Handanlaßmagnetzünder den Vorteil erheblich geringeren Gewichts und die Möglichkeit, die Zündspule in die unmittelbare Nähe des Betriebsmagnetzünders und des Motors zu setzen, so daß die Hochspannungsleitung zwischen Zündspule und Betriebsmagnetzünder relativ kurz

Bild 183. Bosch-Summer-Anlaßspule für Glühkopfmotoren

ist. Dies ist besonders bei mehrmotorigen Flugzeugen wichtig, da dort die Hochspannungsleitungen vom Handanlaßmagnetzünder am Führersitz bis zum Betriebsmagnetzünder am Motor bei den außenliegenden Motoren sehr lang werden müssen; muß die Hochspannungsleitung entstört verlegt werden, so treten dabei kapazitive Belastungen auf, die zum Versagen der Anlaßzündung führen können. Der Nachteil der Summeranlaßzündung gegenüber dem Handanlaßmagnetzünder ist die Abhängigkeit von der Batterie.

Bild 183 zeigt eine besondere Art der Summeranlaßzündung, die Summeranlaßspule, bei der ein Summer mit einer normalen Zündspule zusammengebaut ist. Sie dient zum Anlassen von Lanz-Glühkopfmotoren mit Hochspannungszündstrom, der an einer Zündkerze im Glühkopf solange überspringt und das Gemisch entzündet, bis der Glühkopf genügend heiß geworden ist und der Motor selbständig weiter arbeiten kann.

Zu erwähnen ist in diesem Zusammenhang eine vereinfachte Art des Anlaßbatteriezünders, die auch für Wagenmotoren früher viel verwendet wurde: der Verstärker. Der Verstärker ist ein Summer ähnlich dem oben beschriebenen; er arbeitet aber nicht mit einer Zündspule zusammen, sondern der von ihm unterbrochene Gleichstrom der Batterie wird in die Primärwicklung des Magnetzünders hineingeschickt. Diese Stromstöße erzeugen in der Sekundärwicklung des Magnetzünders Hochspannungsstöße, die über den normalen Verteiler den Zündkerzen zugeführt werden und schon bei Stillstand und ganz niedriger Drehzahl eine relativ gute Schlagweite liefern. Das so erzeugte Funkenband ist durch den Unterbrecher des Magnet-

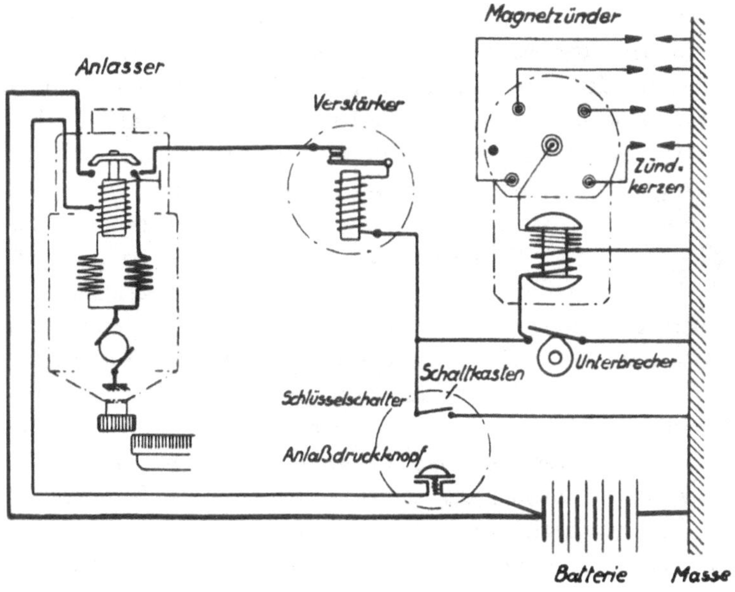

Bild 184. Verstärkerzündung

zünders gesteuert; solange der Unterbrecher geschlossen ist, geht der intermittierende Strom über den Unterbrecher zur Masse, und es werden keine Funken im Anker erzeugt; sobald aber der Unterbrecher geöffnet ist, geht der Strom durch die Primärwicklung und es entsteht ein Funkenband (Bild 184). Auch diese Verstärkerzündung ist abhängig von der Batterie und muß genau auf den Magnetzünder, für den sie verwendet wird, abgestimmt werden, weil sonst der durch die Primärwicklung fließende Batteriestrom den Magneten entmagnetisieren kann.

Es wurde schon des öfteren die Kurzschlußvorrichtung des Magnetzünders erwähnt und es soll nun hier das **Abschalten der Zündung** kurz betrachtet werden. Beim Magnetzünder dient das Abschalten der Zündung entweder der Sicherung gegen unberufenes Ingangsetzen des Motors oder — allerdings heute nicht mehr üblich — dem Abbremsen des Kraftfahrzeugs durch Arbeiten des Motors ohne Zündung. Bei der Batteriezündung tritt zu den angegebenen Gesichtspunkten ein dritter, besonders wichtiger: Die Zündung ist abzuschalten, damit nicht unnötig in der Zündspule Strom fließt, die Spule erwärmt und die Batterie entlädt. Beim Magnetzünder wird das Abschalten in der Regel dadurch bewerkstelligt, daß die Primärwicklung kurzgeschlossen wird. Zu diesem Zweck wird bei Umlaufankern der isolierte Unterbrecherkontakt mit Hilfe einer auf der Unterbrecherschraube schleifenden Kohle im Unterbrecherdeckel, der sogenannten Kurzschlußvorrichtung, mit einem Kabel verbunden, das zum Schaltkasten führt und dort mit Hilfe des bekannten, häufig im Schaltkasten eingebauten Schlüsselschalters (Bild 185) an Masse gelegt wird. Beim Batteriezünder dagegen liegt der Schlüsselschalter im Primärstromkreis, so daß durch Abschalten jede Stromzufuhr zur Zündspule unterbunden wird. Vergißt man beim Batteriezünder das Abschalten, so geht Strom durch die Zündspule, vorausgesetzt, daß der Motor so stehen bleibt, daß der Unterbrecher geschlossen ist. Um diese Gefahr auszuschalten, hat man recht verschiedenartige Vorkehrungen getroffen: Man hat versucht, die Schließungsdauer sehr klein zu machen und rechnet dabei mit der Tatsache, daß der Motor in einer ziemlich eng begrenzten Lage auspendelt. Doch ist nie sicher, ob nicht, z. B. bei Stehen des Kraftwagens an einer Steigung, doch einmal der Motor eine Stellung einnimmt, bei der der Unterbrecher geschlossen bleibt, und außerdem ist die kleine Schließungsdauer elektrisch nicht erwünscht (s. Kap. II und III). Ein anderer Weg geht dahin, selbsttätige Abschaltvorrichtungen in den Stromkreis einzubauen. Man verwertet dabei die Tatsache, daß der Strom bei Stillstand größer ist als der effektive Betriebsstrom bei langsamer Drehzahl. Man verwendet also manchmal Thermostaten, die vom Primärzündstrom geheizt werden und bei bestimmter Erwärmung eine Vorrichtung auslösen, die den Primärkreis unterbricht. Da der Unterschied zwischen dem Strom bei Stillstand bei stark entladener Batterie und dem effektiven Betriebsstrom bei

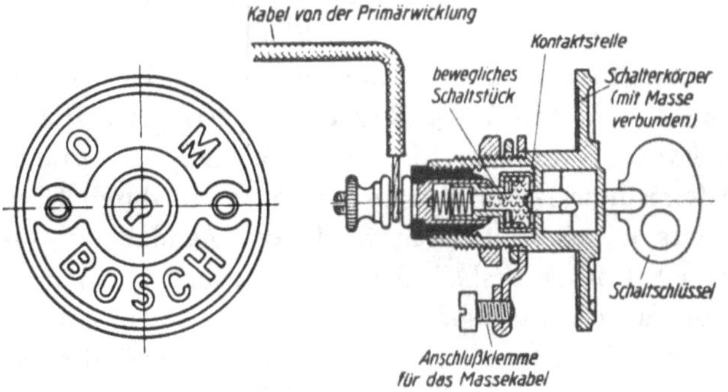

Bild 185. Kurzschlußschalter

niederer Drehzahl und guter Batterie jedoch gering ist, arbeiten diese Vorrichtungen nicht sehr zuverlässig. Dazu kommt das grundsätzliche Bedenken, das man gegen jede nicht unbedingt notwendige Kontaktstelle im Primärstromkreis mit Rücksicht auf die Betriebssicherheit der Zündung haben muß. Es wurde auch schon die Einschaltung des Zündstroms durch einen Fliehkraftregler versucht, doch ist die erforderliche Anwerfdrehzahl hierbei so hoch, daß der Hauptvorteil des Batteriezünders gegenüber dem Magnetzünder, gute „niederste Drehzahlen" zu haben, sehr verringert wird.

Da beim Batteriezünder vor allem auf geringen Preis gesehen wird, nimmt man aber in der Regel von selbsttätigen Abschaltvorrichtungen Abstand und begnügt sich damit,

1. Eine Anzeigevorrichtung vorzusehen, die den Fahrer darauf aufmerksam macht, daß die Zündung eingeschaltet ist[7]);

[7]) Die Robert Bosch A.-G. benützt dazu die noch im Teil 2 näher zu besprechende sogenannte Lade-Anzeigelampe, die so zwischen Lichtmaschine und Batterie eingeschaltet ist, daß sie aufleuchtet, wenn die Batterie nicht geladen wird, d. h. wenn der automatische Schalter der Lichtmaschine geöffnet ist, und nur erlischt, wenn die Batterie geladen

2. die Zündspulen möglichst so zu bauen, daß sie bei Ruhestromdurchgang nicht verbrennen und
3. in den Gebrauchsanweisungen und dergl. auf die Notwendigkeit des Abschaltens im Hinblick auf die Batterieentladung hinzuweisen.

Man geht dabei von der Ansicht aus, daß der Kraftfahrer, dem einmal das Anwerfen infolge entladener Batterie unmöglich ist, für alle Zukunft das Abschalten der Zündung nicht vergessen wird.

In neuerer Zeit hat man gerade auf dem Gebiet der Batteriezündung besondere Konstruktionen geschaffen, die ein unbefugtes Einschalten der Zündung erheblich erschweren und dadurch die Gefahr von Wagendiebstählen verringern. Hierzu gehört die Verwendung besonderer Sicherheitsschlösser in Verbindung mit dem Schalter; diese lassen aber immer noch zu, durch Überbrücken des Schalters an einer anderen Stelle die Zündung einzuschalten. Ein weiterer Schritt ist deshalb der Zusammenbau von Zündspule und Schalter mit Sicherheitsschloß, so daß ohne Zerstörung des Schlosses ein Einschalten des Stromkreises für den, der nicht den geeigneten Schlüssel hat, unmöglich ist, es sei denn, daß er eine neue Zündspule einbaut und die vorhandene umgeht. Eine solche Spule mit Schloß zeigt Bild 105 auf Seite 168. Weiterhin hat man versucht, den Schalter zwischen Zündspule und Zündverteiler in den Primärstromkreis einzubauen und dabei die Zuleitung zwischen Schalter und Zündverteiler mit einem Panzerschlauch zu umgeben, so daß ohne Zerstörung dieses Panzers oder des Zündverteilers ein unrechtmäßiges Einschalten der Zündung nicht möglich ist. Außerdem sind gewisse Relais-Konstruktionen geschaffen worden, die beim Anschneiden des Kabels zwischen Schalter und Zündverteiler den letzteren kurzschließen oder mit sonstigen Schalttricks den Diebstahl erschweren. Die weitestgehende Diebstahlsicherung aber, die in neuester Zeit vielfach angewandt wird, besteht darin, mit einem Sicherheitsschloß einen Bolzen zu betätigen, der die Lenkung des Wagens verriegelt und gleichzeitig den Zündschalter sperrt, dabei ist es jedoch ausgeschlossen, daß der Wagenbesitzer versehentlich mit verriegelter

---

wird, d. h. wenn der automatische Schalter der Lichtmaschine geschlossen ist und die Anzeigelampe überbrückt. Verbindet man mit dem Zündungsschalter einen Schalter, der in der Zuleitung dieser Lade-Anzeigelampe liegt, so erlischt die Anzeigelampe, wenn der Zündungsschalter ausgeschaltet und damit auch die Lade-Anzeigelampe abgeschaltet wird.

Lenkung abfährt. Ein solches Lenkschloß zeigt Bild 186; es hat drei verschiedene Schaltungen:

1. bei Fahrstellung ist das Schloß entriegelt, die Zündung eingeschaltet, und der Schlüssel sitzt;
2. bei Garagenstellung ist das Schloß entriegelt, die Zündung ausgeschaltet, der Schlüssel abgezogen;
3. bei Parkstellung ist das Schloß verriegelt, die Zündung ausgeschaltet, der Schlüssel abgezogen.

In den Fällen, in denen außer den Betriebszündern auch ein Anlaßzünder vorhanden ist, z. B. in Flugzeugen, muß man dafür sorgen, daß nicht nur der Betriebszünder abgeschaltet wird, sondern

Bild 186. Bosch-Lenkschloß

auch der Anlaßzünder gegen Betätigung gesichert ist. Dies ist gerade im Flugzeugbetrieb besonders wichtig, weil unvorhergesehene Zündungen die in Propellerreichweite befindlichen Personen gefährden. Für den Flugzeugbetrieb sind deshalb Schalter geschaffen worden, die ein einwandfreies Abschalten der Betriebszünder und der Anlaßzünder sämtlicher Motoren gewährleisten. Diese Schalter werden im einzelnen in Teil III näher beschrieben. Mit ihnen wird gleichzeitig auch der Anlaßmagnetzünder kurzgeschlossen. Bei der Anlaßbatteriezündung wird vielfach nach Bild 182 ein solcher Kurzschlußschalter verwendet und eine Sicherung und Anzeigelaterne in den Stromkreis der Anlaßzündung eingebaut. Wird dann bei abgeschalteter Zündung, also kurzgeschlossenem Zündungsschalter, versehentlich auf den Anlaßdruckknopf gedrückt, so spricht die Anlaßzündung nicht an, sondern es brennt lediglich die Sicherung durch und die Anzeigelampe leuchtet auf. Andere Zündungsschalter für den Flugbetrieb sind so gebaut, daß bei kurzgeschlossenem Betriebsmagnetzünder die Leitung der Anlaßbatteriezündung automatisch unterbrochen wird. In diesem Fall sind Sicherung und Anzeigelampe nicht notwendig.

Nun sei noch kurz eine Hilfseinrichtung erwähnt, die eine Zeitlang größere Bedeutung zu gewinnen schien, dann aber wieder fast völlig verschwunden ist: die Vorschalt-Funkenstrecke (Bild 187). Sie sollte das Aussetzen der Zündung infolge verrußter Kerzen verhindern, wurde aber entbehrlich, als man gelernt hatte,

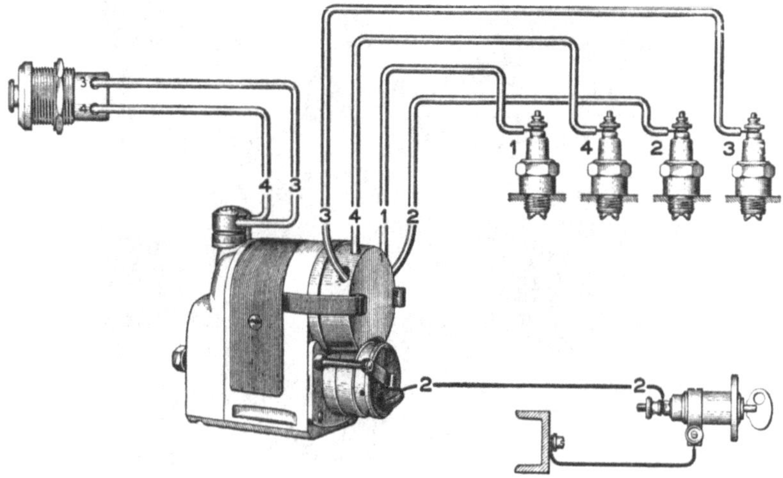

Bild 187. Bosch-Vorfunkenschalter

durch richtige Kerzenwahl und Gemischeinstellung die Gefahr des Verrußens zu überwinden. Bei verrußten Kerzen fließt, wie bereits in Kapitel I erwähnt, die Energie des Zünders durch die Rußbrücke ab, ehe die Spannung so weit gestiegen ist, daß ein Überschlag an der Kerze entstehen kann. Man hat daher vor die Kerze eine Unterbrechungsstelle, die Vorschaltfunkenstrecke, geschaltet, die das Abfließen des Zündstroms durch die Rußbrücke verhindert, bis schließlich an der Vorschaltfunkenstrecke ein Funke überspringt. Durch diesen Überschlag entsteht eine steile Wanderwellenfront, die sich leichter über den Luftraum zwischen den Elektroden der Kerze als über den Verrußungswiderstand ausgleicht, also zum Überschlag an der Kerze führt. Da man auch bei Mehrzylindermotoren mit einer Vorschaltfunkenstrecke auskommen wollte, mußte man sie vor den Verteiler einbauen. Sie beansprucht die Isolationsteile des Zünders erheblich stärker als der normale Betrieb, darf also nicht dauernd eingeschaltet sein.

Auf einem ähnlichen Prinzip beruht der sogenannte Lepel-Convertor (Hochfrequenzstromwandler). Dieser hat den Zweck, die Verrußung und Verölung der Kerzen zu unterdrücken. Es handelt sich um eine Reihe kleiner hintereinandergeschalteter Vorschaltfunkenstrecken mit guter Ableitung der Funkenwärme, also kurz, um eine sogenannte Löschfunkenstrecke. Diese wirkt wie eine normale Vorschaltfunkenstrecke, zerteilt aber außerdem den Zündfunken in eine Reihe zeitlich unmittelbar aufeinanderfolgender Funken. Diese Funkenreihe hat nicht nur die Aufgabe, verschmutzte Stellen sauberzubrennen, sondern soll auch etwa anwesendes Öl vermöge seiner starken Blaswirkung von der Kerzenelektrode fernhalten. Bild 188 zeigt einen Schnitt durch den Lepel-Stromwandler. Sein normaler Einbau erfolgt zwischen der Kerze jedes Zylinders und

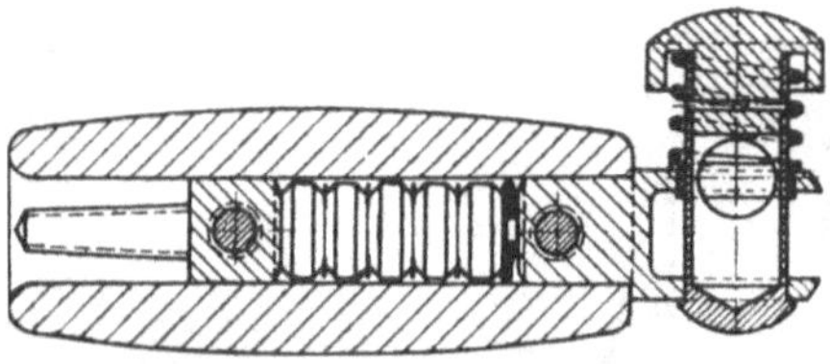

Bild 188. Lepel-Vorschaltfunkenstrecke

dem Zündkabel. Die oben angeführten Nachteile der ständig eingeschalteten Vorschaltfunkenstrecke gelten natürlich auch für diese Anordnung des Lepel-Stromwandlers. Und zwar sind Bedenken gegen diesen nicht abschaltbaren Einbau um so mehr zu äußern, als die Lepelsche Löschfunkenstrecke, wenn sie nicht ganz zuverlässig gebaut ist, eine verhältnismäßig starke Spannungserhöhung mit sich bringt und bei nicht verrußten Kerzen die Anwerfdrehzahlen sehr ungünstig beeinflußt. Inwieweit auf der andern Seite die Lepel-Löschfunkenstrecke bei rußenden und ölenden Motoren günstiger ist als jede normale Vorschaltfunkenstrecke, darüber liegen Versuchsergebnisse in genügender Zahl und an genügend viel Motortypen nicht vor.

VI. Zündkerzen

1. Beanspruchung und Arbeitsbedingungen der Zündkerze

Von wesentlicher, manchmal unterschätzter Bedeutung für die Zündung sind Bauart und Zustand der Zündkerze. Bereits im Abschnitt I ist darauf hingewiesen worden, daß die Zündkerze die Aufgabe hat, die Zündspannung isoliert in den Verbrennungsraum einzuführen; außerdem enthält sie die Überschlagstrecke, an der der Funke überspringt, der das Gemisch entzündet[1]). Es soll nunmehr näher auf ihre Konstruktion eingegangen werden. Diese hängt ab von den **Anforderungen** des Verbrennungsmotors einerseits und des Zündungsvorganges andererseits, Anforderungen mechanischer, thermischer und elektrischer Natur.

Vier Gesichtspunkte sind wesentlich bei Beurteilung einer Zündkerze:

1. Festigkeit des Isolators bei mechanischer, thermischer und elektrischer Beanspruchung,
2. Isolierfähigkeit des Isolators auch bei hohen Temperaturen,
3. Dichtheit der Zündkerze im Betrieb,
4. Wärmezustand der Zündkerzenteile im Betrieb.

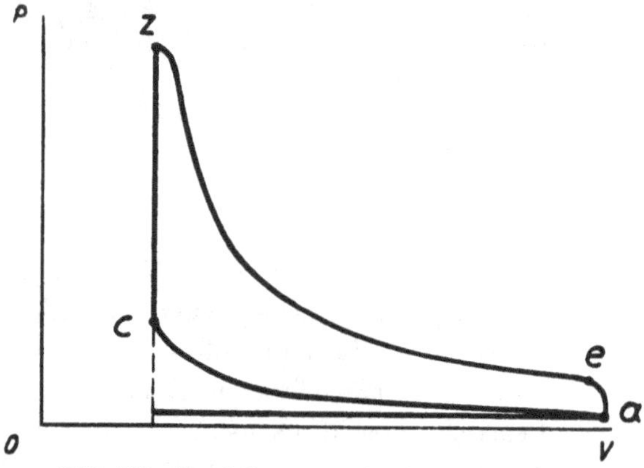

Bild 189. Druckdiagramm des Vergasermotors

Betrachtet man zu 1 die Vorgänge im Motorzylinder, so sieht man, daß die Kerze außerordentlich schroffen Wechseln an

[1]) Die bei Dieselmotoren verwendeten Glühkerzen werden im Teil III behandelt, da sie hauptsächlich die Aufgabe haben, den Verbrennungsraum zu heizen.

Temperatur und Druck unterworfen ist. Das schematische Diagramm eines Viertakt-Zündermotors in Bild 189 soll dies veranschaulichen. Die Temperatur und der absolute Druck im Zylinder sind für die eingezeichneten Punkte ungefähr wie folgt:

Punkt a:	Ende des Ansaughubs	t_a	= 60° C, p = 0,90 at
„ c:	Ende des Verdichtungshubs	t_c	= 320° C, p = 7,6 „
„ z:	Zündung = Beginn des Arbeitshubs	t_z	= 2000° C, p = 28 „
„ e:	Ende des Arbeitshubs	t_e	= 1400° C, p = 4 „

Die Zahlen sind auf ein Verdichtungsverhältnis von 1 : 5 bezogen und stellen Mittelwerte dar. Zwischen Punkt a und e liegt eine Motorumdrehung. Ansaug-, Verdichtungs-, Arbeits- und Auspuffhub spielen sich bei 3000 Umdrehungen in der Minute, je in 0,01 Sekunden ab. Es erfolgen 1500 Zündungen in der Minute, also je eine Zündung nach 0,04 Sekunden.

Das Bestreben des Motorenbaues geht allgemein dahin, das Verdichtungsverhältnis zu steigern, um einen möglichst guten thermischen Wirkungsgrad und damit hohe Leistung bei geringem Brennstoffverbrauch zu erzielen. Die Grenze für dieses Bestreben liegt darin, daß die Selbstzündtemperatur der verwendeten Betriebsstoffe über der Verdichtungstemperatur liegen muß.

Motoren mit einem Verdichtungsverhältnis von 1 : 7 sind heute keine Seltenheit mehr. In diesem Falle steigt die Höchsttemperatur auf etwa 2400° C und der Verbrennungsdruck auf etwa 44 at. Rennmotoren haben zum Teil ein Verdichtungsverhältnis bis zu 1 : 10, wobei natürlich Brennstoff-Sondergemische verwendet werden. Diese Beanspruchungen muß die moderne Zündkerze aushalten.

Neben diesen mechanischen und thermischen Beanspruchungen ist eine sehr hohe elektrische Beanspruchung vorhanden. Zwischen Zündstift und Kerzenkörper bestehen, wie aus den vorstehenden Abschnitten hervorgeht, Spannungen von 10 000 ... 25 000 Volt, bei denen Überschläge oder Isolatordurchschläge auch bei stärkster Erwärmung nicht vorkommen dürfen. Vor allem die Steigerung des Verdichtungsverhältnisses hat zu höheren Zündspannungen geführt.

Aber nicht nur die Vergrößerung des Verdichtungsverhältnisses erhöht die Überschlagspannung. Es wird heute allgemein angestrebt, den Brennstoffverbrauch der Motoren so niedrig wie möglich zu halten. Nun sind aber die Überschlagspannungen um so höher, je ärmer das Gemisch ist; es kann z. B. bei sehr armem Gemisch die Spannung bis auf das Dreifache desjenigen Wertes steigen, der bei etwas fetterem Gemisch nötig ist. Veränderungen des Gemischverhältnisses können also sehr erhebliche Änderungen der Zündspannung verursachen.

Dazu kommt Forderung 2: hohe Isolierfähigkeit des Isolators auch bei hohen Temperaturen. In Abschnitt I und II ist der nachteilige Einfluß eines Verrußungsnebenschlusses zur Zünd-

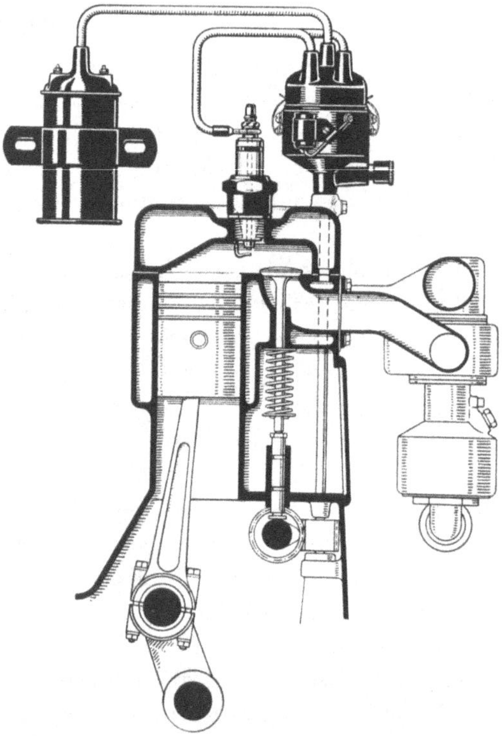

Bild 190. Einbau der Zündkerze am Motor

kerze gezeigt worden. Leitfähigkeit des Kerzenisolators ist genau wie die Verrußung ein Nebenschluß zur Funkenstrecke. Wenn auch eine leichte Verrußung nicht immer ganz vermieden werden kann, so muß doch zum mindesten der Widerstand der Rußschicht auf dem Isolator bei jedem Betriebszustand so hoch liegen, daß sie praktisch keine Belastung des Zünders durch Nebenschluß zur Funkenstrecke darstellt. Hiervon ist bei Besprechung der Konstruktionsteile noch die Rede.

Der Sitz der Kerze (Bild 190) unmittelbar im Verbrennungsraum des Motors erfordert drittens, daß sie unbedingt gasdicht ist. Kompressionsverlust ist Leistungsverlust; undichte Kerzen werden unzulässig heiß und geben frühzeitig Glühzündungen. Von einer guten Kerze muß verlangt werden, daß sie in kaltem und warmem

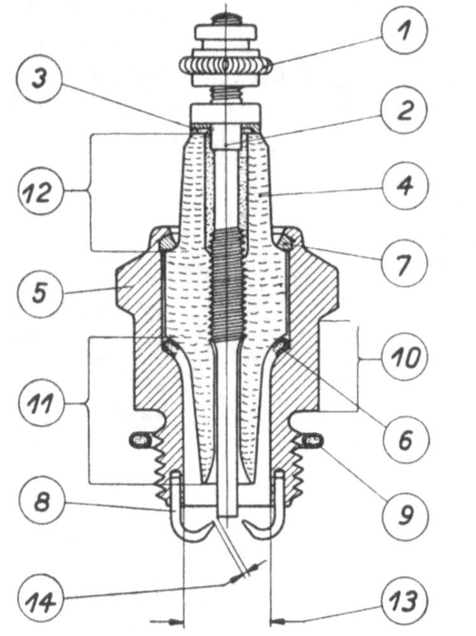

Bild 191. Aufbau der Zündkerze

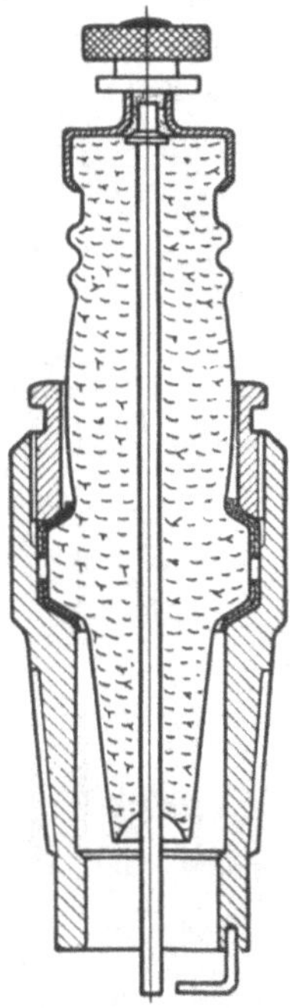

Bild 192.
Durch Überwurfschraube festgezogener Stein

Zustand gegen den höchsten Verdichtungsdruck praktisch dicht hält. Wird die Kerze infolge Erwärmung so undicht, daß sie bläst, so zerstört die auftretende Stichflamme den Isolator und erhitzt die Dichtungen so stark, daß sie verschmoren. Betrachtet man in Bild 191 den Aufbau der Kerze, im wesentlichen bestehend aus Kerzenkörper, Zündstift und Isolator, so sieht man, daß der Zündstift gegen den Isolator, der Isolator gegen den Kerzenkörper und dieser endlich gegen den Motorzylinder abzudichten ist. Über die

Abdichtung zwischen Kerzenkörper und Motor wird unten beim Einbau die Rede sein. Zwischen Isolator und Kerzenkörper liegen Dichtungsringe, die mit Rücksicht auf Wärmebeständigkeit und genügende Anschmiegefähigkeit zumeist aus Kupfer oder Kupferasbest bestehen, und die genügend große Auflageflächen aufweisen müssen. Dabei wird der Isolator mit seinem Schaft gegen den Kerzenkörper gedrückt. Er wird entweder in den Kerzenkörper eingebördelt (siehe Bild 191) oder durch eine Überwurfschraube, wie in Bild 192, in dem Kerzenkörper festgezogen. Die gebördelte Ausführung hat den Vorteil, daß sie billiger ist und die Kerze eine mechanische Einheit bildet, während die Verwendung einer Schraube die leichte Reinigung des Kerzenisolators ermöglicht.

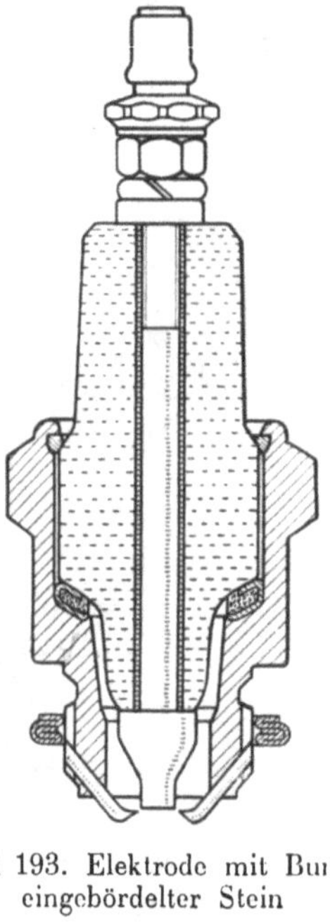

Bild 193. Elektrode mit Bund, eingebördelter Stein

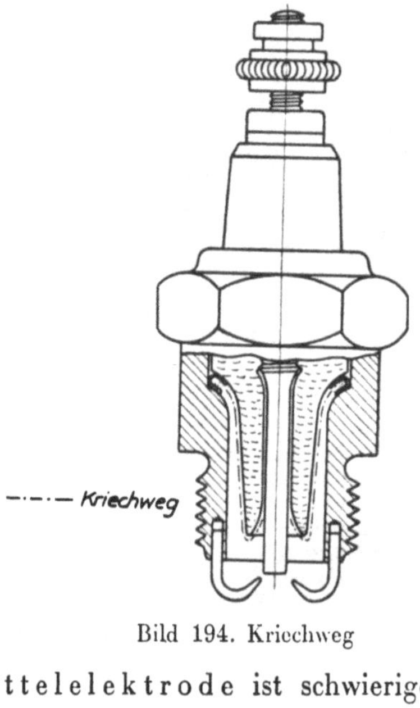

Bild 194. Kriechweg

Die **Abdichtung der Mittelelektrode** ist schwieriger. In den Bildern 191, 192 und 193 sind verschiedene Möglichkeiten gezeigt. In Bild 191 ist die Mittelelektrode mit einem Gewinde versehen, sie wird in den Stein eingeschraubt und mit einer Spezialmischung verkittet. Die Dichtung erfolgt in der Hauptsache oben am Isolatorkopf, wo die Dichtungsscheibe liegt. Bei der Kerze in Bild 192 wird die Mittelelektrode von oben in den Stein gesteckt und eingekittet, während bei der Kerze in Bild 193 die Elektrode mit einem Bund durch eine Schraube gegen den Stein dicht angezogen wird. Die Schraube ist durch einen Federring gesichert.

Es ist jedoch nicht möglich, für alle Fälle eine völlige Gasdichtheit zu erreichen, vor allem deshalb nicht, weil die physikalischen Eigenschaften der beim Bau einer Kerze verwendeten Stoffe, insbesondere die Wärmedehnungszahlen, ungleich sind; hiervon wird bei Besprechung der Konstruktionsteile die Rede sein. Man muß sich damit begnügen, die Kerzen praktisch gasdicht zu machen, d. h. der unvermeidbare Gasverlust darf nicht so hoch sein, daß er schadet. An neuen Kerzen kann man in kaltem Zustande und bei einem Druck von 20 atü einen Gasverlust von etwa 50 cm^3/min zulassen; im Laufe der Betriebszeit wird der Verlust etwas größer, darf aber natürlich nicht so groß werden, daß die Kerze bläst. Immerhin haben eingehende Versuche gezeigt, daß ein Gasverlust von mehreren hundert cm^3/min bei 20 atü noch keine nachteilige Wirkung hat.

Die W ä r m e e i g e n s c h a f t e n der Kerze (Forderung 4) sind von ausschlaggebender Bedeutung für ihr Arbeiten. Bei jeder Explosion nehmen der Stein und die Elektroden der Kerze eine bestimmte Wärmemenge auf; die Kerze erwärmt sich also immer mehr. Erst wenn sie eine bestimmte Temperatur erreicht hat, das Wärmegefälle nach außen also genügend groß geworden ist, fließt die gesamte Wärmemenge, die bei e i n e r Explosion aufgenommen wurde, bis zur nächsten wieder ab; je größer dieses Gefälle sein muß, damit der Wärmeausgleich vollständig ist, desto heißer wird die Kerze, d. h. desto höher ist die gleichbleibende Temperatur, auf die sich die ins Innere des Zylinders ragenden Kerzenteile einstellen.

Diese Temperatur soll etwa 580° C betragen (Selbstreinigungstemperatur). Liegt die Temperatur der Kerze unter diesem Wert, so tritt leicht das in Abschnitt I erwähnte V e r r u ß e n der Kerze ein. Auf dem Isolatorfuß lagert sich eine stromleitende Ruß- oder Ölkohleschicht ab, die einen Nebenschluß zur Zündkerze bildet oder den Funken an einer unrichtigen Stelle überschlagen läßt. Ist die Rußschicht trocken, so war das Gemisch zu fett und verbrannte infolgedessen unvollkommen; die Vergaserdüse muß also kleiner gewählt werden. Ist die Schmutzschicht auf dem Isolator mit Öl vermischt oder schmierig, so ist entweder zuviel Öl eingefüllt oder die Kolbenringe oder -bahnen sind ausgelaufen oder es ist zu viel Obenschmieröl verwendet worden. In Bild 194 ist der Weg, den der Zündstrom oder der an falscher Stelle überschlagende Funke am Isolator entlang kriecht, als Kriechweg eingezeichnet. Je größer dieser Weg ist, desto geringer ist die Verrußungsgefahr. Dies ist bei der Formgebung des Isolators zu beachten. Ist die mittlere Temperatur der Kerze nicht zu nieder, so verbrennen die Kohlenstoffteilchen auf dem Isolatorfuß und die Kerze verrußt nicht, vorausgesetzt, daß nicht dauernd mit zu fettem Gemisch (zu reicher Vergasereinstellung) gefahren wird.

Andererseits hat man sich auch vor zu hoher Kerzentemperatur zu hüten, da sonst die sogenannten Glühzündungen auftreten: erreichen der Isolator oder die Elektroden eine Temperatur von mehr als 850° C, so entzündet sich das Gemisch, auch ohne daß ein Funken an den Elektroden überspringt. Zuerst entstehen diese Glühzündungen im Augenblick stärkster Kompression, also ungefähr im richtigen Zündzeitpunkt; man bemerkt sie lediglich daran, daß trotz Abstellen der Zündung weitere Explosionen erfolgen. Steigert sich die Temperatur an den Kerzenteilen weiter, so entstehen die Glühzündungen schon wesentlich vor dem Zündzeitpunkt, der Motor klopft und läßt plötzlich in der Leistung nach. Bei weiterer Steigerung der Temperatur der Kerzenteile entzündet sich das Gemisch schon beim Eintritt in den Explosionsraum. Rückschläge in den Vergaser (Gefahr des Vergaserbrandes) sind die Folge.

Die ins Zylinderinnere ragenden Teile der Kerzen dürfen also im Betriebe weder zu heiß noch zu kalt sein. Sie müssen bei langsamer und Talfahrt heiß genug sein, um Niederschläge von Ruß zu verbrennen und bei höchster Beanspruchung kalt genug bleiben, um keine Glühzündung zu geben. Man erreicht dies, indem man Wärmezufuhr und Abfuhr in das richtige Verhältnis zueinander bringt.

Insbesondere gilt dies auch für die feinen Schneiden des Kerzengewindes. Es kommt vor, daß eine Kerze für den Motor durchaus geeignet ist und normalerweise keine Glühzündungen gibt; wenn sie aber mit ihrem Gewinde zu weit in den Verbrennungsraum hineinragt, werden die Gewindeschneiden unter Umständen glühend und verursachen Glühzündungen[2]).

---

2) Glühzündungen entstehen aber nicht nur durch zu heiß gewordene Kerzen; auch an Teilen der Ventile und der Dichtung zwischen Zylinder und Zylinderkopf oder an scharfen Graten, die in den Verbrennungsraum hineinragen, können Wärmestauungen auftreten und zu Glühzündungen führen. Ebenso kann Ölkohle, die sich im Verbrennungsraum abgesetzt hat, leicht ins Glühen kommen, so daß sich daran das angesaugte Frischgas entzündet.

Da die Wärmezufuhr zur Kerze wesentlich durch die Bauart und Drehzahl des Verbrennungsmotors bestimmt ist, leuchtet ein, daß verschiedene Motoren oft verschiedene Zündkerzen erfordern. Eine Einheitskerze gibt es nicht. Je mehr die Motorenindustrie normalisiert, desto weniger Kerzenarten sind notwendig. Doch wird ein hochverdichtender Sportmotor nie mit der Kerze des normal verdichtenden Gebrauchsmotors ausgerüstet werden können.

Zwar werden die Zündkerzen nach den verschiedensten Gesichtspunkten eingeteilt, z. B. in Rennkerzen und Gebrauchswagenkerzen, steinisolierte Kerzen und glimmerisolierte Kerzen, doch geht aus diesen Einteilungen nicht mit unbedingter Sicherheit hervor, in welchem Motor die einzelne Kerze verwendbar ist. Man braucht ein Vergleichsmaß, das die Wärmeeigenschaften der Zündkerzen angibt und ihre Verwendungsmöglichkeit bestimmt. Daher führte die Robert Bosch A.-G. bei ihren Zündkerzen das Maß „Wärmewert" ein.

Der Wärmewert gibt an, nach welcher Zeit bei einer Kerze in einem bestimmten Motor unter bestimmten Bedingungen Glühzündungen auftreten. Prüft man alle Kerzenarten an ein und demselben Motor unter denselben Bedingungen (Drehzahl, Kompressionsverhältnis, Kühlwassertemperatur, Gemischbildung sind konstant zu halten; Luftdruck, Lufttemperatur und Luftfeuchtigkeit sind zu beachten!), so kann man an Hand der ermittelten Wärmewerte die Kerzen vergleichen und mit Hilfe der im praktischen Betrieb auf der Straße gewonnenen Erfahrungen die Eignung irgendeiner Kerzenart für eine bestimmte Motorbauart voraussagen.

Für die Auswahl der passenden Kerzen ergibt sich dann die einfache Regel: „Gibt eine Kerze Glühzündungen, so ist sie durch eine Kerze mit dem nächsthöheren Wärmewert zu ersetzen, verschmutzt sie, durch eine solche mit dem nächstniederen Wärmewert."

Es hat sich zwar heute allgemein eingebürgert, die Wärmeeigenschaften der Zündkerzen durch den Begriff „Wärmewert" zu kennzeichnen. Da jedoch die einzelnen Firmen die Wärmewerte ihrer Kerzen nicht unter genau den gleichen Bedingungen ermitteln, ergeben sich auch keine übereinstimmenden Zahlen. Auch bezeichnen einige Firmen ihre Kerzen umgekehrt wie die übrigen, nämlich so, daß die niederste Zahl für die Kerze gilt, die im Betrieb am kältesten bleibt, die höchste Zahl für diejenige, die am heißesten wird.

Um die Frage des Wärmezustandes zusammenhängend darzustellen, soll hier gleich auf die Mittel zur Abstimmung des Wärmezustandes eingegangen werden. Dabei ist zu unterscheiden der Wärmezustand der Elektroden und der Wärmezustand des Isolators. Während die Verrußungsgefahr in der Hauptsache durch den Wärmezustand des Isolators bestimmt ist, können Glühzündungen sowohl von zu heißen Elektroden wie von zu heißem Isolator herrühren. Deshalb ist es vorteilhaft, die Elektroden etwas weniger warm werden zu lassen als den Isolator. Dann ist der Wärmezustand des Isolators für Glühzündungen einerseits und für Verrußung andererseits bestimmend. Die Betriebstemperatur der Elektroden kann durch Werkstoffwahl und geeignete Ausbildung in den richtigen Grenzen gehalten werden. Hierüber wird bei Besprechung der Konstruktionsteile zu reden sein. Für die Abstimmung des Wärmezustandes des Isolators gibt es folgende Wege:

1. Veränderung der Form des Isolatorfußes,
2. Wahl eines Isolators mit anderer Wärmeleitfähigkeit,
3. Veränderung der Bohrung des Kerzenkörpers,
4. Einlegen eines wärmeableitenden Ringes zwischen Kerzenkörper und Isolatorfuß,
5. bei luftgekühlten Motoren Anbringen von Kühlrippen am Kerzenkörper und unter Umständen an der Mittelelektrode,
6. Verbesserung der Wärmeableitung an der Mittelelektrode durch Stoffe besserer Wärmeleitfähigkeit, z. B. Mittelelektrode aus Kupfer oder mit Kupfermantel.

Bild 194 zeigt eine Zündkerze für einen Motor mit kleinem Verdichtungsverhältnis, Bild 195 eine Zündkerze für einen mittelverdichtenden Motor mittlerer Drehzahl und Bild 196 eine Zündkerze für einen Schnelläufer mit hoher Verdichtung. Die Kerze in Bild 194 wird bei geringer Zylindertemperatur verwendet, also in einem Motor, der zum Verrußen neigt. Ihr Wärmewert muß daher niedriger liegen, d. h. die Wärmeaufnahme der Kerze muß verhältnismäßig groß, die Wärmeabgabe darf nicht zu groß sein, damit die Selbstreinigungstemperatur nicht unterschritten wird. Um dies zu erreichen, ist die Bohrung des Kerzenkörpers groß, der Isolatorfuß lang. Im Gegensatz dazu steht die Kerze Bild 196. Sie ist zweckmäßig für hohe Zylindertemperatur, also bei Glühzündungsgefahr. Die Wärmeaufnahme muß klein, die Wärmeabgabe groß sein, damit die Kerze unter Glühtemperatur bleibt. Man wählt die Bohrung des Kerzenkörpers klein, um der Verbrennungsflamme den Zugang zum Stein zu erschweren, und man verkürzt den Steinfuß, um die von ihm aufgenommene Wärme rasch an den Kerzenkörper abzuleiten. Die Kerze Bild 195 liegt hinsichtlich des Wärmezustandes zwischen den Kerzen Bild 194 und 196. Man beachte den wesentlich größeren Wärmeableitungsweg in Bild 195 gegenüber dem Weg in Bild 196. Setzt man die Kerze Bild 194 in den für die Kerze Bild 196 passenden Motor, so wird sie glühen und unter Umständen zerstört werden, während die Kerze Bild 196 in einem für die Kerze Bild 194 passenden Motor verschmutzt, weil sie die Wärme zu gut ableitet und deshalb zu kalt, unter Selbstreinigungstemperatur, bleibt.

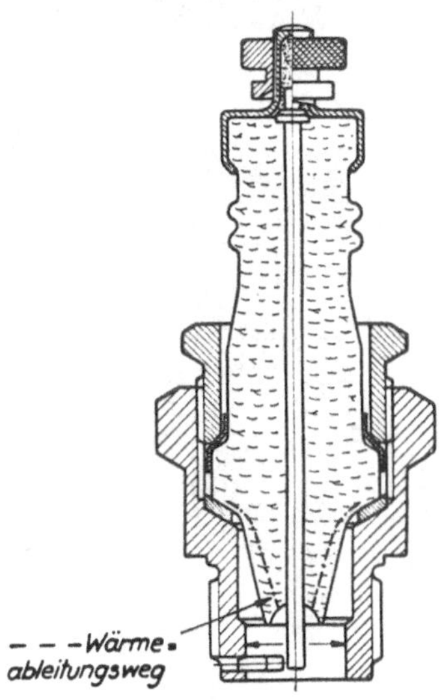

Bild 195.
Kerze für Motoren mit mittleren Zylindertemperaturen

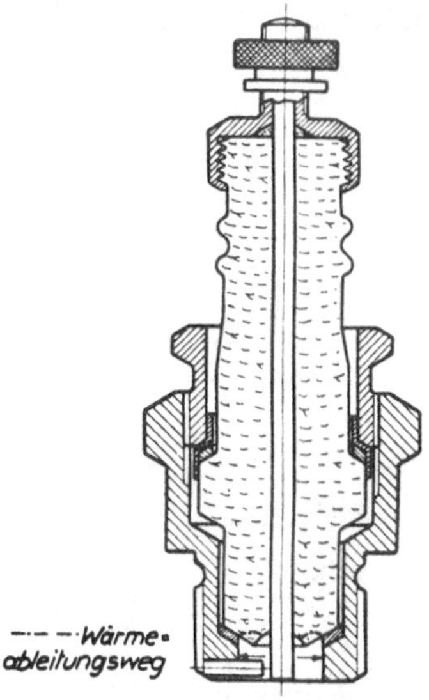

Bild 196.
Kerze für Motoren mit hohen Zylindertemperaturen

Bild 197 zeigt an verschiedenen Kerzen, wie der Wärmewert von der Form des Steines und der Bohrung des Kerzenkörpers abhängt. Die linke Kerze hat einen Wärmewert von 45, die mittlere von 95, die rechte von 175. Die 45wertige Kerze eignet sich für einen niedrig verdichtenden Motor, z. B. für den Buick 1929, die 95wertige z. B. für den Opel, während die 175wertige z. B. für einen Wanderer-

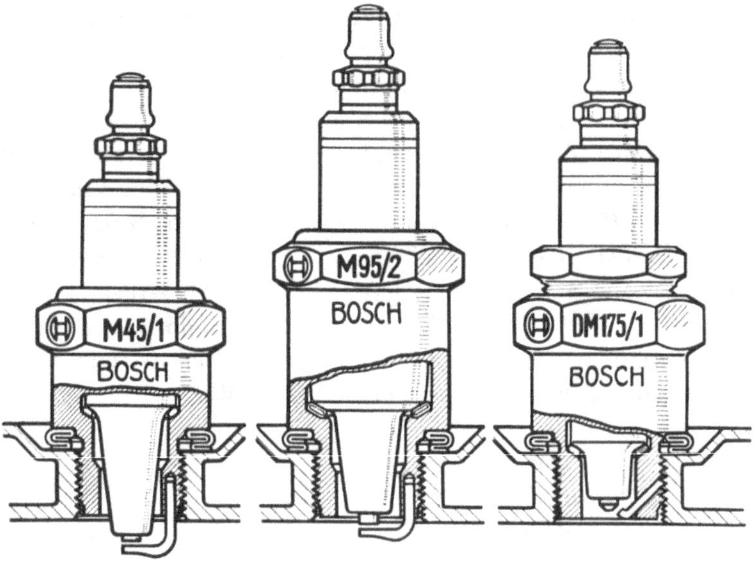

Bild 197. Kerzen verschiedener Wärmewerte

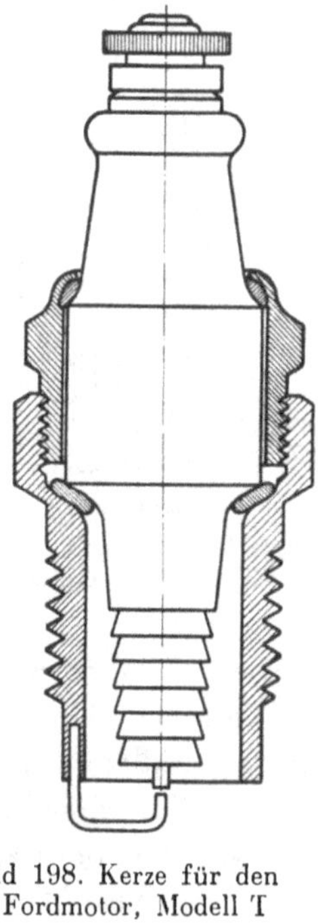

Bild 198. Kerze für den Fordmotor, Modell T

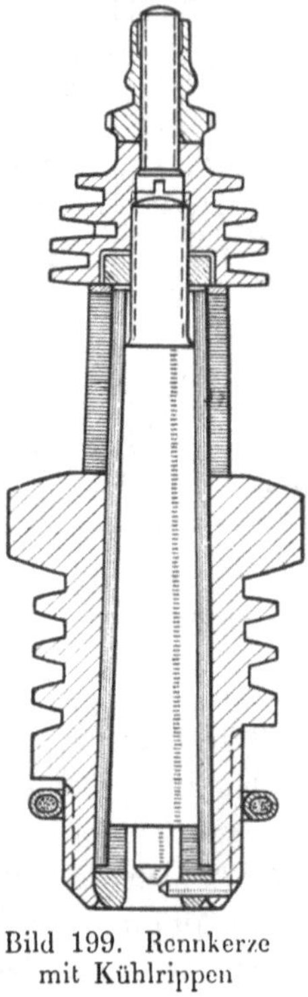

Bild 199. Rennkerze mit Kühlrippen

wagen oder für Motorräder verwendet wird. Die noch größeren Wärmewerte, bis hinauf zu 500, kommen in erster Linie für Spezialmotoren — für Kompressor- und Rennwagen — in Frage.

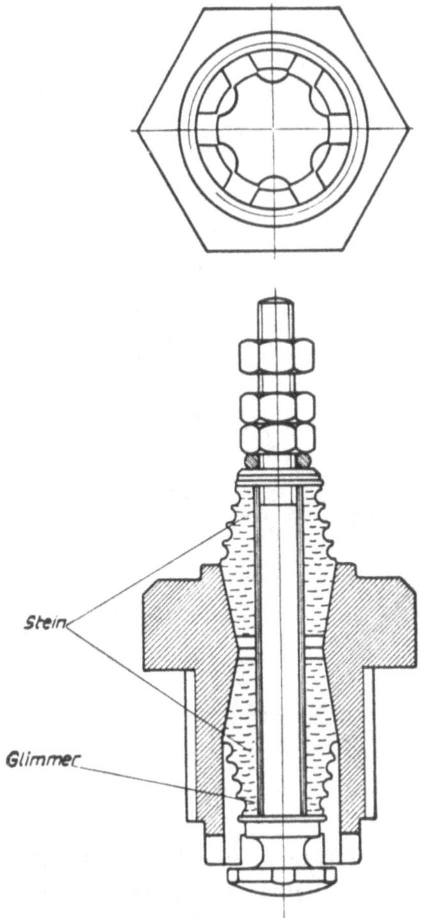

Bild 200. Zündkerze ältester Bauart mit Fräsungen in Körper und Mittelelektrode

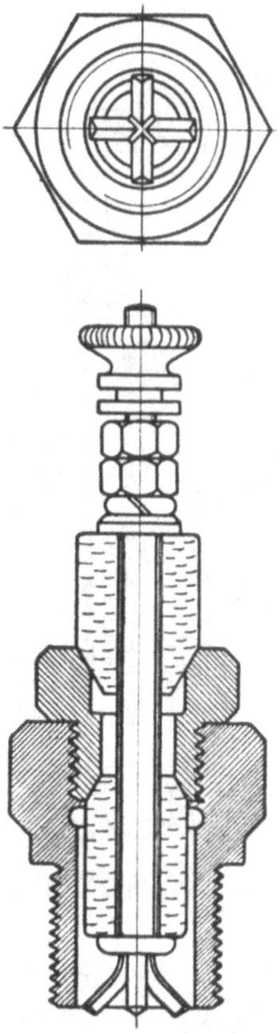

Bild 201. Zerlegbare Kerze mit sternförmiger Mittelelektrode

Bild 198 zeigt noch ein besonderes Mittel, den Wärmewert einer Kerze so nieder wie möglich zu machen. Es handelt sich um eine Kerze, die im niederverdichtenden Fordmotor, Modell T, Verwendung findet und deshalb der Verrußungsgefahr besonders ausgesetzt ist. Der Isolator ist mit scharfkantigen Kerben versehen. Erstens vergrößern diese Kerben den Kriechweg zwischen Mittelelektrode und Körper und zweitens werden die scharfen Kanten besonders rasch heiß und sollen Rußablagerungen verbrennen.

Bei luftgekühlten Motoren und weitgehender Wärmebeanspruchung der Kerze wird der Kerzenkörper und manchmal sogar die Mittelelektrode mit K ü h l r i p p e n versehen. Die Rennkerze in Bild 199 ist ein Beispiel dafür.

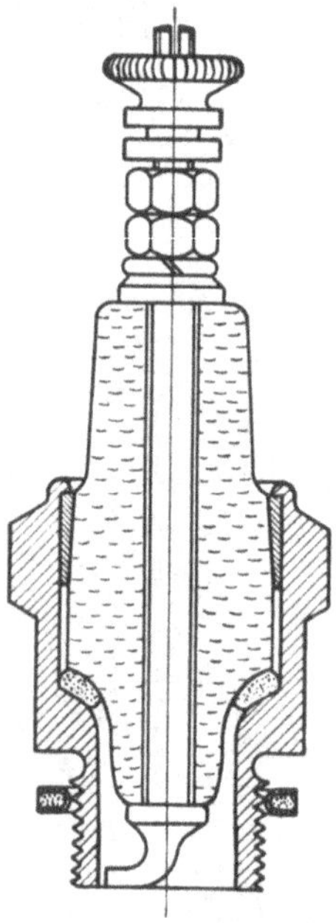

Bild 202. Erste Rennkerze

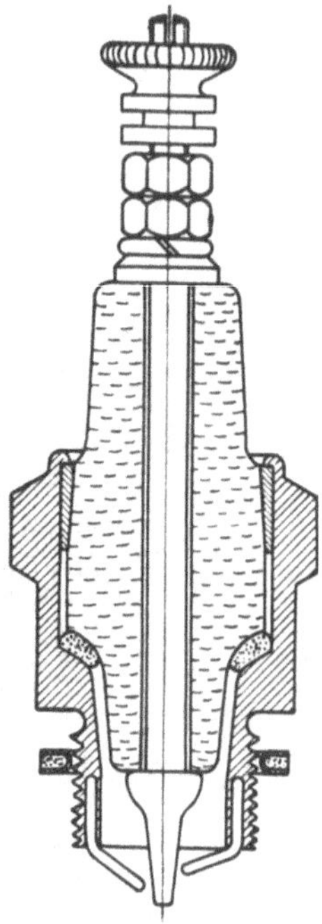

Bild 203. Boschkerze v 1212 c

An die Darstellung der Anforderungen, denen heute eine gute Kerze gewachsen sein muß, möge sich ein kurzer geschichtlicher Rückblick schließen; er zeigt an verschiedenen markanten Bauarten, wie sich die Kerze allmählich den immer höher steigenden Bedürfnissen anpaßte.

In Bild 200 tritt uns die Bauart der ersten Hochspannungskerze der Firma Robert Bosch entgegen, wie sie ungefähr im Jahre 1903 ausgeführt wurde. Beachtenswert ist, daß schon damals versucht wurde, Glimmer und Stein im Isolator zusammen zu verwenden, eine Anordnung, die heute wieder Bedeutung hat. Die Ausbildung der Mittelelektrode zeigt, daß damals die Gefahr der

Glühzündung noch kaum vorhanden war, da man es mit wenig stark verdichtenden und langsam laufenden Motoren zu tun hatte. Man beachte andererseits, wie durch die Sägeschlitze im Kerzenkörper und die Nutung im Stift eine ganze Reihe von Möglichkeiten zum Überschlag geschaffen waren, und wie man durch Verdrehen des Mittelstifts alle möglichen Funkenstrecken bilden konnte. Damals spielte die Gefahr des Ölansatzes an der Funkenstrecke eine große Rolle, der man — wenn auch praktisch ergebnislos — durch die große Zahl der Funkenstrecken zu begegnen suchte. Bild 201 zeigt eine der ersten zerlegbaren Kerzen, die kurz darauf auf den Markt kamen. Man beachte die sternenförmig ausgebildete Mittelelektrode.

Einen wesentlichen Schritt weiter kam man durch Einführung der hakenförmig gebogenen Mittelelektrode in der Kerze Bild 202. Dies war die erste Rennkerze, man hatte sich von der Glühzündungsgefahr frei gemacht, die die große Elektrodenoberfläche mit sich brachte. Der Stein war ähnlich wie bei den neuesten Kerzen in den Kerzenkörper eingebördelt.

Nun kam bald die Einführung der in dem Kerzenkörper befestigten besonderen Masseelektrode. Als Beispiel zeigt Bild 203 die bekannte Boschkerze v 1212 c, die während des Weltkrieges weite Verbreitung fand und sich auch als Flugzeugkerze besonders bewährte. Zu welchen Formen sich die Kerzen in neuester Zeit entwickelt haben, werden wir bei Besprechung der Konstruktionsteile der Kerze im folgenden Abschnitt sehen.

2. Konstruktionsteile der Zündkerze

Die grundlegenden Konstruktionsteile der Kerze sind: die Elektroden, der Isolator und der Kerzenkörper. Die **Elektroden** bestimmen durch ihre Form und ihren Abstand die zum Überschlag an der Kerze bei gegebenen Gemisch-, Druck- und Temperaturverhältnissen erforderliche Spannung. Je spitzer die Elektroden und je k l e i n e r der Abstand, um so geringer ist die Spannung, bei um so kleinerer Magnetzünderdrehzahl springt der Motor an und um so weniger sind alle Isolierteile der Zündvorrichtungen beansprucht. Der Elektrodenabstand kann mit Rücksicht auf die V e r r u ß u n g, überhaupt mit Rücksicht auf die Betriebssicherheit, nicht beliebig klein gewählt werden. Auch muß der Zündfunke eine gewisse, wenn auch kleine Länge aufweisen, um das Gemisch sicher zu zünden. Unter diesen Gesichtspunkten wird der Elektrodenabstand in der Regel auf 0,55...0,65 mm eingestellt. Bei kleinerem Elektrodenabstand und armem Gemisch wird meistens der Leerlauf des Motors schlechter; nur bei sehr hoch verdichtenden Motoren ist hin und wieder auch 0,3...0,4 mm Elektrodenabstand gebräuchlich, während in Ausnahmefällen, bei sehr nieder verdichtenden Motoren bis zu 0,8 mm Elektrodenabstand gewählt wird.

Die Einhaltung des Elektrodenabstandes ist sehr wichtig. Er ist, insbesondere mit Rücksicht auf den Abbrand der Elektroden, hin und wieder nachzumessen und richtigzustellen. Wer dies versäumt, wird nicht nur über schweres Anwerfen und Aussetzen bei hoher und niederer Drehzahl mit und ohne Verrußung zu klagen haben, sondern gefährdet auch die lebenswichtigsten Isolierteile des Zünders und untergräbt damit die Betriebssicherheit.

Die Elektroden sind in der Regel scharfkantig, werden jedoch durch Abbrand allmählich stumpf, so daß die Zündspannung steigt[3]). Während in Abschnitt I die Spitzenspannung in Abhängigkeit von Druck und Temperatur für einen bestimmten Elektrodenabstand gezeigt wurde, interessiert hier mehr der Zusammenhang zwischen Elektrodenform, Elektrodenabstand und Verdichtungsdruck unter der Bedingung einer ganz bestimmten zur Verfügung stehenden Spannung. Bild 204 zeigt den Vorteil spitzer Elektroden und die Möglichkeit, mit dem Verdichtungsdruck bei gegebener Zündspannung um so höher zu gehen, je kleiner der Elektrodenabstand ist. Dabei kann die zur Verfügung stehende Spannung entweder durch die Sicherheitsfunkenstrecke oder durch sonstige Überschlagswege oder Kriechwege des Zünders oder durch die Leistung des Zünders begrenzt sein.

Eine interessante Konstruktion ist die Kerze Bild 205. Über dem Isolator der Kerze sitzt ein Metallhütchen mit einem vielzackigen Loch, durch das die Mittelelektrode hindurchgeführt ist, ohne es zu berühren. Dieses Hütchen dient der Ionisierung der Funkenstrecke, ähnlich wie die Ionisierungsspitze des in Abschnitt I beschriebenen Prüffunkenziehers. Diese ionisierte Kerze hat eine geringere Überschlagsspannung als die normale Kerze gleichen Elektrodenabstandes. Dadurch kann unter Umständen hauptsächlich das Anwerfen erleichtert werden. Das Hütchen gibt jedoch leicht zu Glüh-

---

[3]) Über Zündspannung an Zündkerzen berichtet unter anderen: F. B. Silsbee, National Advisory Comittee for Aeronautics, Report 202, Washington. Die einschlägige Literatur ist dort ausführlich angegeben.

zündungen Anlaß, und außerdem setzt sich auch leicht eine Ölrußschicht zwischen Hütchen und Elektrode, die die Ionisierung unmöglich macht.

Die im Kerzenkörper befestigte Masseelektrode wird in der Regel aus Nickel oder Nickellegierungen hergestellt. Nickel hat den Vorzug, wenig zu zundern und besitzt einen hohen Schmelzpunkt (etwa 1100° C). Ein Zundern der Elektrode ist gefürchtet, da Zunder rasch zum Glühen kommt und deshalb Glühzündungen erzeugt. Bisweilen benutzt man auch Kupfer oder Platin als Spitzen an Stahlelektroden.

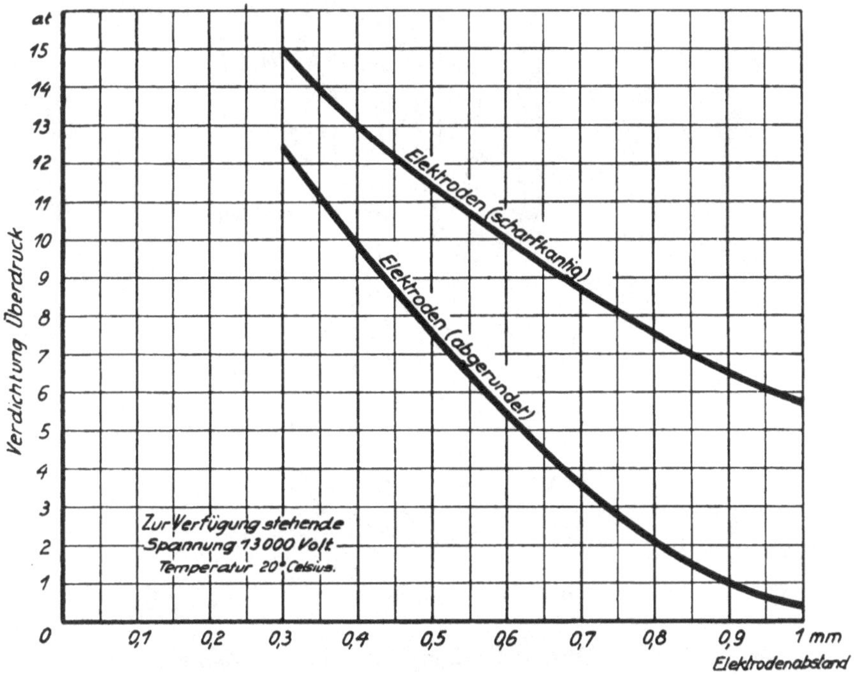

Bild 204. Verdichtungsdruck in Abhängigkeit vom Elektrodenabstand bei gegebener Zündspannung

Während die Masseelektrode die Wärme rasch an den Kerzenkörper abführen kann, ist dies bei der Mittelelektrode nicht der Fall, da sie in dem Isolator sitzt, der geringe Wärmeleitfähigkeit hat. Die Mittelelektrode wird also zumeist heißer als die Masseelektrode. Sie darf mit Rücksicht auf Glühzündungen nicht zu heiß werden, ja sie soll im Betrieb die Temperatur des Isolatorfußes nicht ganz erreichen. Auch für die Mittelelektrode verwendet man häufig Nickel. Manchmal wird auf einem Stahlstift an der der Überschlagstelle zunächst gelegenen Seite der Elektrode ein Nickelstück aufgeschweißt. Zur besseren Wärmeableitung werden auch Kupfermittelelektroden verwendet. Bei der in Bild 199 gezeigten Rennkerze ist, um besonders großes Wärmegefälle zu erzeugen, die Mittelelektrode von einem Kupferzylinder umgeben und trägt einen im Kühlwind sitzenden, mit Kühlrippen versehenen, soge-

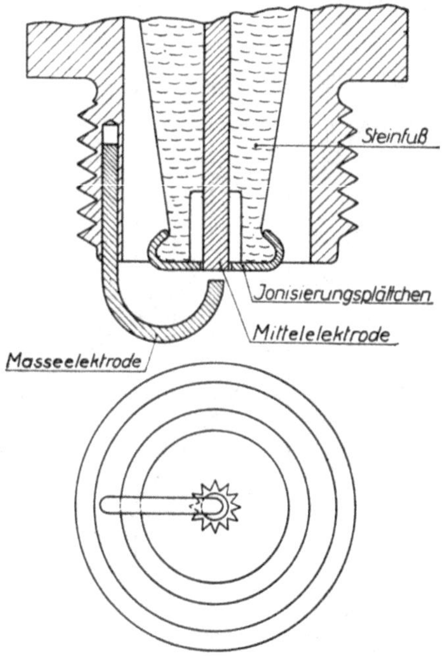

Bild 205. Ionisierte Zündkerze

nannten Kühldom. Durch die Länge des in den Zylinder ragenden Teiles der Mittelelektrode kann die Betriebstemperatur der Elektrode genau abgestimmt werden. Je länger die Elektrode ist, desto mehr ist sie den Verbrennungsgasen ausgesetzt, desto heißer wird sie. Zu kurz darf die Elektrode freilich nicht gemacht werden, da sonst die Überschlagstelle zu weit in die Kerzenbohrung zurücktritt und schlecht vom frischen Gemisch umspült werden kann.

Der Abbrand der Elektroden ist abhängig von Form, Betriebstemperatur und Werkstoff der Elektroden, von der Motordrehzahl, dem Gasgemisch sowie von der Stromrichtung und -stärke des Zündfunkens.

Dünne, spitze und scharfe, sowie heiße Elektroden begünstigen den Abbrand. Auch vom Werkstoff der Elektroden hängt ihr Abbrand ab; jedoch kommt ein hochwertiger und gegen Abbrand widerstandsfähiger Stoff wie Platin seines Preises wegen nur für seltene Sonderfälle in Frage, z. B. für die Elektrodenspitzen entstörter Flug-Glimmerkerzen. Das Gasgemisch beeinflußt den Abbrand in der Weise, daß er bei armem Gemisch größer ist als bei reichem; die heute allgemein bestehende Tendenz, den Vergaser arm einzustellen, fördert also den Abbrand.

Da die Mittelelektrode heißer wird als die Masseelektrode, ist bei ihr der Abbrand besonders stark, hauptsächlich, wenn die Stromrichtung von der Mittelelektrode (+ Pol) zur Masseelektrode (— Pol) geht. Die in Abschnitt III besprochene Stoffwanderung tritt auch an den Kerzenelektroden ein, und zwar wandert der Werkstoff von der positiven Elektrode ab. Bei einem Vierzylindermotor und Magnetzündung sind deshalb an zwei Kerzen die Masseelektroden und an zwei Kerzen die Mittelelektroden besonders der Abnutzung unterworfen. Beim Batteriezünder mit seiner stets gleichen Stromrichtung ist der Abbrand in allen Zylindern gleich. Mit Rücksicht auf den Abbrand muß jede Masseelektrode leicht verstellbar sein. Um den Abbrand nicht an einem einzigen Punkt wirken zu lassen, werden manchmal die Elektroden nicht als spitzige oder abgerundete Stifte ausgebildet, sondern an der Überschlagstelle mit entenfußförmigen Verbreiterungen versehen.

Häufig begnügt man sich nicht mit einer Funkenstrecke in der Kerze, sondern schafft deren mehrere, indem man z w e i, d r e i oder sogar v i e r M a s s e e l e k t r o d e n rings um die Mittelelektrode anordnet. Der Funke springt dann immer an der Funkenstrecke, die jeweils die günstigsten Überschlagsbedingungen aufweist, also den kleinsten Elektrodenabstand oder besonders scharfe Elektrodenkanten hat. Die Zündspannung wird durch die Vergrößerung der Elektrodenzahl nicht beeinflußt, vorausgesetzt, daß Elektrodenform und -abstand in allen Fällen gleich sind. Dagegen verringert sich der Abbrand mit zunehmender Masseelektrodenzahl wesentlich, da er sich bei längerem Betrieb auf die verschiedenen Überschlagstellen verteilt. Dort, wo der Funke einige Zeit gesprungen ist, vergrößert sich durch den Abbrand die Funkenstrecke, und der Funke springt bald an einer anderen, günstigeren Stelle. Die Gefahr einer Überbrückung der Funkenstrecke durch Rußschichten nimmt allerdings mit steigender Elektrodenzahl zu.

Die Form des Isolators ist bei allen Kerzen sehr ähnlich. Man unterscheidet Kopf, Bund und Fuß. Der Kopf ist der außerhalb des Zylinders stehende Teil. Er muß so lang sein, daß ein Überschlag vom Kabelanschluß nach der Masse des Kerzenkörpers nicht möglich ist. Besonders ist hierauf zu achten bei Kerzen für Luftfahrzeugmotoren. Sie arbeiten einerseits in stark verdünnter Außenluft, deren Durchschlagsfestigkeit verhältnismäßig klein ist. Andererseits wählt man beim Luftfahrzeugmotor oft gerade mit Rücksicht auf die Luftverdünnung den Verdichtungsdruck besonders hoch, so daß die Zündspannung für den Überschlag im Innern des Zylinders verhältnismäßig groß ist. Der Fuß ist der gegen das Zylinderinnere gerichtete Teil des Isolators. Er soll glatt sein, damit keine Ecken Anlaß zu Glühzündungen geben, damit der Ruß sich nicht leicht ansetzt und vor allem, damit der Ruß beim Reinigen der Kerze leicht entfernt werden kann (Glasur des keramischen Isolators!). Außerdem soll der Fuß zwischen Mittelelektrode und Körper einen genügenden Kriechweg bilden. Von der Formgebung des Fußes ist oben bei der Besprechung des Wärmezustandes der Kerze die Rede gewesen.

Beim Isolator ist besonders die Werkstoffrage wichtig. Damit er den Erschütterungen und Wärmebeanspruchungen des Betriebs standhält, verlangt man hohe Isolierfähigkeit bei allen Betriebstemperaturen, hohe Festigkeit und Elastizität. Ausdehnungszahl und Wärmeleitfähigkeit sind angesichts der besprochenen Fragen der Dichtung und des Wärmezustandes von besonderer Bedeutung.

Nach dem Werkstoff des Isolators[4]) unterscheidet man Glimmerisolatoren und keramische Isolatoren. Der keramische Isolator wird oft kurz als Stein bezeichnet. Er wird aus kieselsauren und ähnlichen Stoffen hergestellt. Die keramisch-technischen Fragen, die hierbei wesentlich sind, stellen ein umfangreiches Sondergebiet dar, das hier nicht ausführlich behandelt werden kann. Wir weisen auf einen Bericht des National Advisory Commitee for Aeronauties über dieses Gebiet hin[5]), in dem auf die stoffliche Zusammensetzung guter Porzellanisolatoren und ihre Herstellung an Hand ausgedehnter

---

[4]) s. a. E. Seiler: Die Isolatoren der Zündkerzen für hochverdichtete und schnellaufende Motoren in Brennstoff- und Wärmewirtschaft, 1932, Heft 2 u. 3, S. 21 u. 43.

[5]) Report Nr. 53 „Properties and Preparation of Ceramic Insulators for Spark Plugs", Washington.

Zahlenunterlagen eingegangen ist. Wir begnügen uns damit, einen kurzen Überblick zu geben.

Zu Kerzensteinen werden verarbeitet: Ton, Kaolin (Porzellanerde), Speckstein, Feldspat, Sillimanit, Zirkon, Korund und andere Stoffe. Diese Rohstoffe werden in einem bestimmten Verhältnis gemischt und sehr fein gemahlen. Die Masse wird getrocknet, pulverisiert und mit Wasser oder Öl versetzt, bis sie die richtige Formbarkeit hat. Die Form des Steins wird aus einem vorgepreßten Rundkörper auf einer Drehbank herausgearbeitet, vereinzelt auch gepreßt oder gegossen.

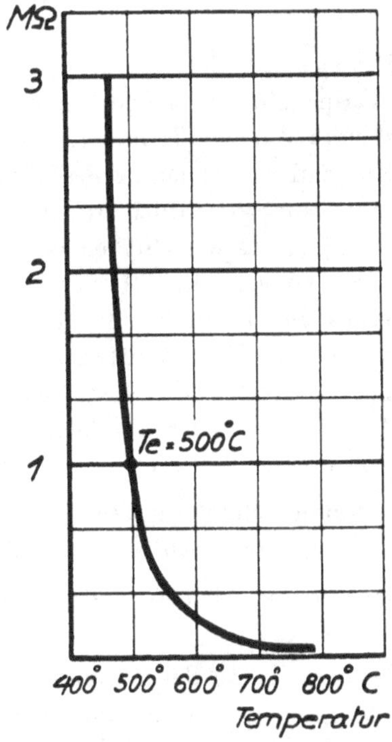

Bild 206. Spezifischer Widerstand in Abhängigkeit von der Temperatur des Isolators

Nach dieser Bearbeitung wird der Stein in einem Spezialofen bei hoher Temperatur gebrannt und erreicht so seine volle Härte und Dichte. Der Stein wird stets an der Außenfläche von Kopf und Fuß glasiert, um die Poren zu verschließen und so einem Eindringen von Öl und einer Ablagerung von Ruß entgegenzuwirken. Man unterscheidet die Weichglasur (Blei- oder Boraxglasur), die aus weniger hochschmelzbarem Werkstoff besteht, erst nach dem Brennen aufgetragen und bei nur ungefähr 800° C eingebrannt wird, und die Scharffeuerglasur, die hochschmelzbar ist. Diese wird auf den nur leicht vorgebrannten Stein aufgetragen und dann beim eigentlichen Brennen des Steins im Scharffeuer (bei etwa 1400° C) mit eingebrannt.

Wird eine Kerze stark überhitzt, so hält unter Umständen die Weichglasur nicht stand und wird blasig; man verwendet sie daher heute fast nur noch bei dem nicht so hoch beanspruchten Steatit. Die Scharffeuerglasur kann aber bei einigen Werkstoffen nicht angewandt werden. Stimmen nämlich die Wärmedehnungszahlen von Glasur und Stein nicht überein, so wird unter Umständen die Glasur rissig.

Die I s o l i e r f ä h i g k e i t der keramischen Isolatoren nimmt mit zunehmender Wärme ab. Die grundsätzliche Abhängigkeit des spezifischen Widerstandes von der Temperatur zeigt z. B. Bild 206 für Steatit. Man sieht, daß die Abnahme des Widerstandes mit zunehmender Temperatur außerordentlich rasch vor sich geht. Als Maßzahl zur Beurteilung der Isolierfähigkeit eines Steines bei hohen Temperaturen wird in dem erwähnten Forschungsbericht die Temperatur in Grad Celsius gebraucht, bei der 1 cm^3 des Werkstoffes noch einen Widerstand von 1 Megohm aufweist. Diese Maßzahl heißt der „effektive Temperaturwert" oder kurz der „T_e-Wert". Nach Angabe des genannten Berichts wurden folgende Werte als Durchschnitt der Messungen an einer Reihe verschiedener Kerzen ermittelt:

Isolatoren an Automobilmotorkerzen	$T_e = 650°$ C
Isolatoren an Flugmotorkerzen	$T_e = 490°$ C

Der beste der untersuchten Werkstoffe hatte einen effektiven Temperaturwert von $T_e = 790°$ C.

Der T_e-Wert ist abhängig von der Zusammensetzung des Steines und von der Brenntemperatur. Ist er und damit der elektrische Widerstand des Steines zu klein, so entstehen alle die Nachteile des Nebenschlusses, die von der Besprechung der Verrußung her bekannt sind.

Die ungewöhnlich schroffen Temperaturwechsel, die der Betrieb den Zündkerzen zumutet, verursachen in den Steinen außerordentliche W ä r m e s p a n n u n g e n. Selbstverständlich muß bei der Formgebung des Steines dieser Gesichtspunkt vor allem berücksichtigt werden. Scharfe Querschnittsübergänge, Punkte, an denen sich die Wärme stauen kann, machen den Stein von vornherein unbrauchbar.

Da die Wärmespannungen hauptsächlich als Zugspannungen an der Steinoberfläche sich auswirken, ist die mechanische Festigkeit des Steins von großer Bedeutung. Dabei ist besonders zu beachten, daß ein leichter Anriß des Steins die Festigkeit völlig ungenügend werden läßt. Die auftretenden Spannungen hängen in starkem Maße von der Wärmedehnungszahl des Steinwerkstoffes ab. Für thermisch hochbeanspruchte Kerzen ist geringe Wärmedehnung des Steinwerkstoffes lebenswichtig. Für die Gasdichtheit der Kerze wäre es andererseits das beste, wenn Stein und Stahlkörper sich in gleichem Maße ausdehnen würden. Steine mit einer dem Stahl ähnlichen Wärmedehnung sind noch verwendbar bei Motoren mit mittlerer Verdichtung, bei denen die Arbeitstemperaturen und damit die Wärmespannungen im Stein nicht zu hoch sind. Überschreiten jedoch diese Temperaturen einen bestimmten Wert, so wächst bei dieser großen Wärmeausdehnung die Spannung im Stein so sehr, daß sie zum Bruch desselben führt. Es muß in diesem Fall ein Werkstoff für den Stein verwendet werden, der eine kleinere Ausdehnungszahl oder so große mechanische Festigkeit hat, daß die auftretenden Spannungen nicht zum Bruch führen. Um trotz des vorhandenen Ausdehnungsunterschiedes die Kerze dicht zu halten, wurde schon versucht, zwischen Stein und Körper Zwischenringe von besonders großer Wärmedehnung einzulegen, die den Unterschied der Dehnung von Stein und Kerzenkörper ausgleichen sollen. Bild 207 zeigt eine Kerze mit einem großen Ausgleichsring aus Messing. Die Kerze ist für einen modernen Motor bestimmt, hat einen Stein von kleiner Ausdehnungszahl und bedarf deshalb eines besonders sorgfältigen Ausgleiches.

Nicht nur die Wärmedehnung des Steins selbst führt zu einer hohen Beanspruchung des Isolators, sondern auch die Wärmedehnung der im Isolator sitzenden Mittelelektrode und des zwischen Isolator und Mittelelektrode sitzenden Kitts. Es kommt vor, daß vor allem durch die starke Ausdehnung des Kitts der Isolator buchstäblich zersprengt wird.

Noch ein Wort über die verschiedenen Werkstoffe selbst:

Steatit oder Speckstein wurde als Isolationswerkstoff früher besonders häufig angewandt, auch zahlreiche Kerzenisolatoren, die unter Phantasienamen auf den Markt gebracht werden, bestehen heute noch aus Steatit. Er ist billig, leicht formbar und kommt in Europa in großen Mengen vor. Die elektrische Leitfähigkeit bleibt bei hohen Temperaturen zulässig klein. Seine mechanische Festigkeit ist sehr gut, seine Empfindlichkeit gegen schroffen Temperaturwechsel allerdings ziemlich groß, so daß er in modernen Motoren kaum noch verwendet werden kann. Für hochverdichtete und schnelllaufende Maschinen verwendet man heute Kerzenisolatoren aus natürlichem oder synthetischem Sillimanit, Korund und ähnlichen Stoffen.

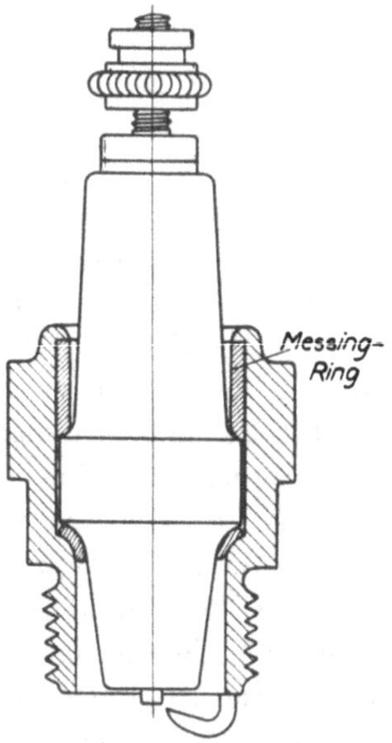

Bild 207. Kerze mit Ausgleichsring

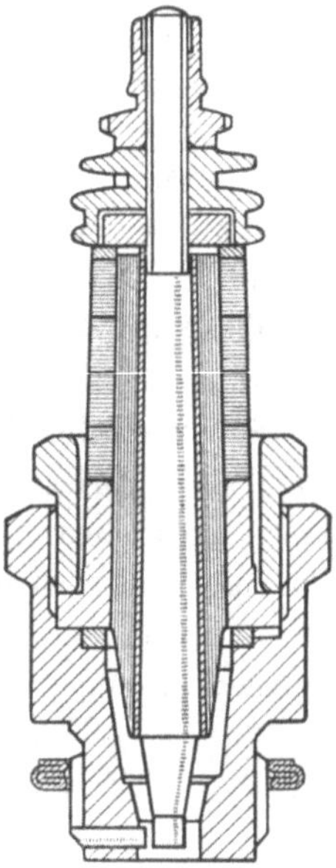

Bild 208. Glimmerkerze

In Amerika wird von manchen Zündkerzenfabriken ein Spezialporzellan verwendet, das als Masse 775 bezeichnet und dessen T_e-Wert mit 640° C angegeben wird; es weist Weichglasur auf. Weit verbreitet ist dort auch der Zirkonstein, der im Scharffeuer glasiert wird. Beide Steine zeichnen sich durch verhältnismäßig kleine Wärmedehnung und gute Wärmeleitfähigkeit aus. Ihre Festigkeit gegen Stöße steht aber hinter der des Steatits zurück.

Der Sillimanitstein, von dem in Amerika viel die Rede ist, liegt hinsichtlich seiner thermischen Eigenschaften zwischen dem Steatitstein und dem Zirkonstein. Er wird hauptsächlich in Nordamerika unmittelbar aus Steinbrüchen gewonnen, kommt aber nicht, wie schon behauptet wurde, ausschließlich in Amerika vor. Sillimanit wird auch synthetisch hergestellt, wobei man es in der Hand hat, innerhalb bestimmter Grenzen dem Isolator die gewünschten Eigenschaften zu geben.

Normales, reines Porzellan eignet sich als Kerzenstein nicht, da es bei 300—400° C elektrisch leitend wird und auch seine mechanische Festigkeit den Ansprüchen nicht genügt. Glas weist denselben Fehler wie reines Porzellan auf. Es ist deshalb für höher beanspruchte Motoren nicht verwendbar.

Die Verwendung von Quarzglas wird vielfach versucht, da es sich vom thermischen Standpunkt aus gut eignet. Seine mechanische Festigkeit ist jedoch hauptsächlich bei höheren Temperaturen sehr schlecht, und es ist außerdem sehr teuer.

Bei Verwendung von Glas und Quarzglas soll man den Vorteil haben, die Verbrennungsvorgänge im Zylinder beobachten zu können. Im Betrieb beschlägt sich aber der Isolator so rasch mit Verbrennungsrückständen, daß er bald undurchsichtig ist und den genannten Vorzug nur ganz kurzzeitig aufweist.

Auch aus Korund-Masse werden neuerdings Kerzen-Isolatoren hergestellt. Korund (Aluminiumoxyd) zeichnet sich durch gute mechanische und thermische Festigkeit, günstige Wärmedehnungszahl und durch höhere Wärmeleitzahl als die vorhergenannten Stoffe aus. Dem steht als Nachteil gegenüber, daß die Herstellung gleichmäßiger Isolatoren ziemlich teuer und nicht einfach ist.

Bei hoch beanspruchten Motoren, bei denen die Betriebssicherheit der Kerze an erster Stelle steht, z. B. bei Flugmotoren, ist man noch immer auf den besonders zuverlässigen Glimmerisolator angewiesen. Besonders auch der Verringerung der Festigkeit des keramischen Isolators durch geringfügige Beschädigungen, die im rauhen Flugzeugbetrieb leicht möglich sind, kommt wesentliche Bedeutung zu. Der Glimmerisolator ist betriebssicherer, insbesondere frei von den Gefahren, die die Wärmespannungen beim Stein mit sich bringen, und hat bei hoher elektrischer Durchschlagfestigkeit gute Isolierfähigkeit bei allen Temperaturen. Bei sehr hohen Temperaturen wird er jedoch spröde, kalziniert und schmilzt, so daß die Lebensdauer der hoch beanspruchten Glimmerkerzen verhältnismäßig klein ist. Dazu kommt, daß es nicht einfach ist, die Glimmerkerze völlig dicht zu gestalten, was ebenfalls zur Verkürzung der Lebensdauer beitragen kann. Ein weiterer Nachteil der Glimmerkerze ist ihr hoher Preis, der durch den Werkstoff an sich und durch die umständlichere Kerzenbauart bedingt ist. Bild 208 zeigt eine mit Glimmer isolierte Kerze. Biegsamer Glimmer wird zu Röhren gewickelt und trennt so Mittelelektrode und Kerzenkörper. Ein Teil des Isolators wird aus aufeinandergeschichteten Glimmerblättchen gebildet, die stramm aufeinandergepreßt sind. Obgleich diese Isolierkörper so glatt wie möglich bearbeitet sind, bieten die Ränder dieser Glimmerscheiben leicht den Verbrennungsrückständen Halt, so daß bei den im Gebrauchsmotor herrschenden verhältnismäßig geringen Zylindertemperaturen die Verschmutzung rasch vor sich geht. Deshalb ist die Anwendung der Glimmerkerze für den Gebrauchsmotor nicht ratsam. Im Hochleistungsmotor fallen diese Bedenken gegen die Glimmerisolation weg. Die Glimmerkerze ist die typische Rennkerze. Um Rußablagerung wegzubrennen, wurde schon versucht, besondere Rillen in dem Glimmerpaket anzubringen.

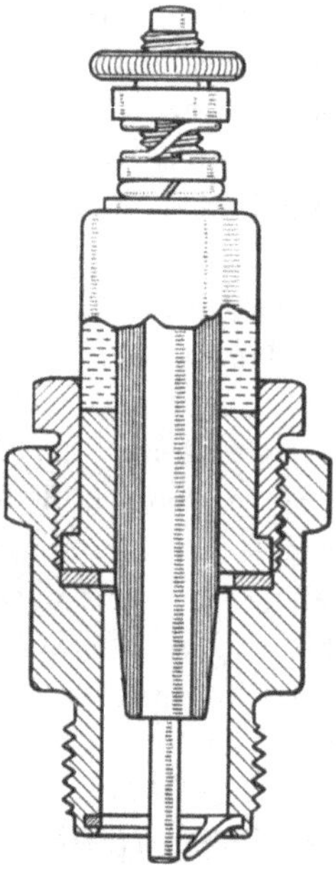

Bild 209. Lodge-Kerze mit Glimmer- und Steinisolation

Die Bilder 199 u. 209 bringen Beispiele der Verbindung von Glimmer und Stein in einem Isolator. Es ist aus Preisrücksichten sehr zweckmäßig, den thermisch weniger beanspruchten Kopf und Schaft des Isolators aus Stein und nur den Fuß aus Glimmer herzustellen. Dazu kommt, daß die Kerze mit Stein und Glimmerisolator den Vorteil besserer Dichtung, den der Stein bietet, mit der höheren Betriebssicherheit des Glimmers verbindet.

Der **Kerzenkörper** besteht aus Stahl und ist mit Sechskant und Gewinde zum Einschrauben der Kerze in den Motor versehen. Er hält den Isolator am Schaft entweder durch Bördelung oder zieht ihn durch eine Überwurfschraube in den Kerzenkörper hinein, wie bereits bei der Frage der Dichtung besprochen wurde. Der Kerzenkörper trägt an seinem in das Zylinderinnere ragenden Ende die Masseelektroden. Die Ausbildung des Kerzenkörpers muß ebenso wie die von Isolator und Elektroden gute Wärmeableitung ermöglichen. Einschnürungen verursachen Stauung der Wärme in bestimmten Teilen mit den besprochenen ungünstigen Wirkungen auf die ganze Zündkerze. Große und gleichmäßige Wandstärke ist erforderlich. Auf die Erhöhung der Wärmeableitung bei Kerzen für luftgekühlte Motoren durch Vergrößerung der Außenfläche des Kerzenkörpers (Kühlrippen!) wurde bereits hingewiesen. Die Außenabmessungen des Kerzenkörpers passen sich den verschiedenen Motorbauarten an, sie werden bei der Frage des Einbaues besprochen.

3. Einbau und Wartung der Zündkerzen

Es ist zweifellos sowohl im Interesse des Herstellers wie des Verbrauchers gelegen, die **Einbaumaße** der Zündkerzen restlos zu vereinheitlichen. Voraussetzung dafür ist freilich, daß beim Entwurf der Motoren stets rechtzeitig ein zweckmäßiger Platz für die Kerze vorgesehen wird, so daß ohne Nachteile Sonderausführungen vermieden werden können. Beim Gewinde wenigstens ist eine gewisse Einheitlichkeit erreicht worden. Am ältesten und vor allem in Europa weit verbreitet ist das metrische S. I.-Gewinde mit 18 mm Durchmesser und 1,5 mm Steigung; in Amerika wird das SAE-Zündkerzen-Gewinde von $^7/_8$″ Durchmesser und $^1/_{18}$″ Steigung verwendet, während Ford im Modell T ein kegeliges SAE-Röhrengewinde von $^1/_2$″ Durchmesser und $^1/_{14}$″ Steigung benutzte. Bei den neueren Fordwagen wird im Modell A ein $^7/_8$″-Gewinde und im 1-Liter-Motor das metrische $18 \times 1,5$-Gewinde verwendet. Eine Zeitlang wurde nach dem Kriege — besonders in Deutschland — das kleine metrische $12 \times 1,25$-Gewinde benutzt, vor allem für Hilfsmotoren; man kommt jedoch immer mehr davon ab. In jüngster Zeit gewinnt das in Amerika aufgekommene metrische $14 \times 1,25$-Gewinde an Bedeutung, obgleich es von einigen europäischen Ländern scharf abgelehnt wird. Es eignet sich vor allem für Motoren mit kleinem Zylinderdurchmesser, sowie für Rennmotoren, bei denen der Kompressionsraum kugelförmig ausgebildet ist und die Kerze in die Mitte des Kopfes gesetzt werden soll. In diesem Falle muß das Kerzengewinde einen möglichst kleinen Durchmesser haben, um

Raum für die Ventile zu lassen. In allerjüngster Zeit werden sogar Zündkerzen mit einem 10×1-mm-Gewinde vorgeschlagen. Diese Kerzen sind über das Versuchsstadium noch nicht hinausgekommen; zweifellos wird aber von seiten der Motorenbauer der Ruf nach einer solchen kleinen Kerze nicht verstummen, wenn auch ihre Schwäche vor allem in ihrer geringen mechanischen Festigkeit liegt. Jedenfalls kann man sich des Eindrucks nicht erwehren, daß das Zündkerzen-Einheitsgewinde nur ein Wunsch ist.

Untereinander verschieden sind die *Schaftlänge* und die *Gewindelänge*. Bild 210 zeigt eine Reihe von Kerzenformen, ohne jedoch alle vorkommenden Formen zu erschöpfen. Kerze a

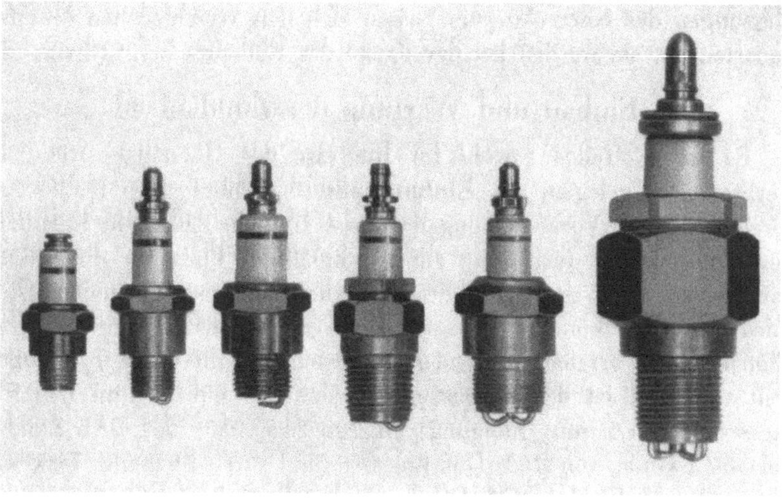

a *b* *c* *d* *e* *f*

Bild 210. Verschiedene Kerzenkörper

ist die oben erwähnte Kerze mit $12 \times 1{,}25$-mm-Gewinde, die heute noch z. B. im Hirth- und Argus-Motor sowie im englischen Gipsy-Motor verwendet wird. Kerze b hat das $14 \times 1{,}25$-mm-Gewinde und wird für eine Reihe amerikanischer Wagen benutzt. c ist eine normale weitverbreitete Wagenkerze mit $18 \times 1{,}5$ mm, während d ein kegeliges $^1/_2$"-Röhrengewinde von besonders großer Gewindelänge hat. Kerze e hat das bei amerikanischen Wagen weitverbreitete $^7/_8$"-SAE-Gewinde, und f zeigt eine $^3/_4$"-Großkerze. Auch die Schlüsselweiten der abgebildeten Kerzen sind verschieden groß: a hat 19 mm, b 20,5 mm, c 26 mm, d 23,8 mm, e 28,57 mm und f 41 mm; aber auch noch andere Schlüsselweiten kommen vor.

Nun zur Lage der Kerze im Zylinder! Um die Wärmeverluste an Zylinderwände und Kühlwasser während der Verbrennung auf ein Mindestmaß zu beschränken, ist es nötig, daß die Umwandlung der chemischen Energie in Wärmeenergie möglichst rasch vonstatten geht. Neben anderen Umständen hat die Lage der Zündkerze im Verbrennungsraum einen Einfluß auf diesen Vorgang.

Es ist kaum möglich, eine Regel aufzustellen, die genau angibt, an welcher Stelle die Kerze zu sitzen hat. Der Versuch muß hier die Entscheidung bringen. Um den günstigsten Sitz der Kerze zu finden, ist es gut, am Versuchsmodell von Neuausführungen an verschiedenen Stellen das Anbringen von Zündkerzen zu Versuchszwecken zu ermöglichen. Die bessere Leistung des Motors lohnt später diese Mühe reichlich.

Die Lage der Kerze hat aber nicht nur Einfluß auf die Verbrennung, sondern auch auf die Anlaßverhältnisse und den Wärmezustand der Kerze selbst. Die sich daran knüpfenden Forderungen stehen, wie schon aus Abschnitt I ersichtlich, oft im Gegensatz zueinander. Gute Verbrennung erfordert rasches und gleichmäßiges Vordringen der Explosionswelle in alle Teile des Verbrennungsraumes. Deshalb soll die Kerze möglichst symmetrisch zu ihm liegen. Andererseits kann dies bei kaltem Motor wieder zu Anlaßschwierigkeiten führen, wenn die Kerze in der symmetrischen Lage zu weit vom Einlaßventil entfernt sitzt. Das hier eintretende Gemisch hat sich, ehe es zur Zündstelle gelangen kann, an den kalten Zylinderwänden abgekühlt und der Brennstoff sich niedergeschlagen: es kommt zu keiner Zündung. Außerdem löst sich im Kurbelgehäuse das Schmieröl des Motors im kondensierten Brennstoff, so daß es in seiner Schmierfähigkeit beeinträchtigt wird.

Sitzt die Kerze nahe am Auslaßventil, so kann sie zu heiß werden und zu Glühzündungen Anlaß geben. Übrigens kann — wie bereits mehrfach erwähnt — nicht nur das Auslaßventil und die Kerze Anlaß zu den geschilderten verfrühten Selbstzündungen geben, sondern jegliche heiße Zone im Verbrennungsraum, die entsteht, wenn dieser Einschneidungen, Taschen, kurz eine zerrissene Form aufweist.

Man sieht, daß die richtige Lage der Kerze theoretisch kaum zu bestimmen ist, daß vielmehr der Versuch entscheiden muß. Auch in diesem Zusammenhang muß auf das im Abschnitt I genannte Ricardosche Werk hingewiesen werden.

Bild 211 zeigt Beispiele richtigen und falschen Kerzensitzes. Die Elektroden dürfen weder zu tief in der Bohrung sitzen, noch zu weit in den Verbrennungsraum hineinragen. Im ersten Fall bleiben Verbrennungsgase auch nach dem Auspuff in der Bohrung zurück und verzögern die Zündung des frisch angesaugten Gemisches, während im zweiten Fall eine schädliche übermäßige Erhitzung

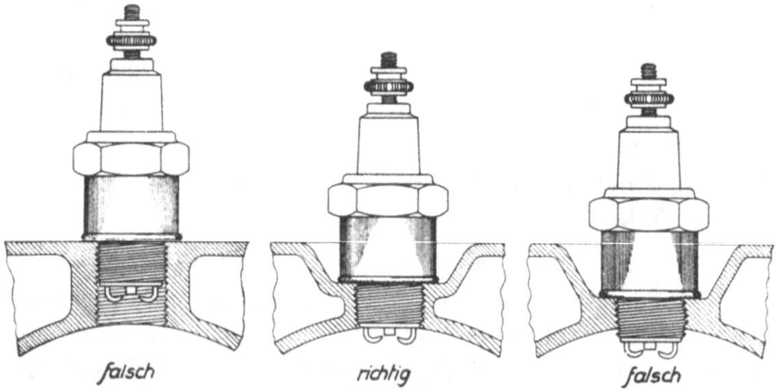

Bild 211. Richtiger und falscher Kerzensitz

stattfindet. Das Ende des Kerzenkörpers erhält eine hohe Temperatur, so daß das Wärmegefälle von den Elektroden zum Körper klein ist, die Elektroden zu heiß werden, ins Glühen kommen und Glühzündungen verursachen.

Über die Wahl der Kerze ist bei Behandlung der Wärmeeigenschaft schon gesprochen worden. Zu beachten ist hierbei, wie und in welchem Maße der Kerzenkörper gekühlt wird. Daß bei luftgekühltem Motor andere Gesichtspunkte maßgebend sind als bei Wasserkühlung, ist bekannt, aber auch bei Wasserkühlung sind die Verhältnisse je nach dem Sitz der Kerze verschieden. Sitzt eine Kerze unmittelbar im wassergekühlten Zylindermantel oder -kopf eines Motors (Bild 212 links), so wird sich ihr Körper weniger erhitzen, als wenn sie z. B. in den Ventildeckel eingebaut ist (Bild 212 Mitte), da in jenem Fall der Wärmeaustausch des Kerzenkörpers mit dem Kühlwasser nur durch eine dünne Gußwand vor sich geht. Besonders nachteilig sind die Erwärmungsverhältnisse bei dem viel verwendeten Ventildeckel, nach Bild 212 rechts, bei dem sich die wärmeaufnehmende Oberfläche zum wärmeableitenden Querschnitt besonders ungünstig verhält, hauptsächlich, wenn der Deckel nicht aus gut wärmeableitendem Werkstoff besteht. Je heißer der Körper wird, desto geringer ist das Wärmegefälle zum Stein und damit die Wärmeableitung von diesem. Bei Auswahl einer Kerze muß hierauf Rücksicht genommen werden. Ist die Kerze gut gekühlt, so muß eine Kerze mit verhältnismäßig niederem Wärmewert verwendet werden, bei schlecht gekühltem Kerzensitz eine Kerze mit hohem Wärmewert. Wird dies nicht berücksichtigt, so hat man mit Verrußung oder Glühzündungen zu kämpfen.

Beim Einbau der Kerze darf die Dichtung zwischen Kerzenkörper und Zylinder nicht vernachlässigt werden. Die Dichtung erfolgt durch einen Kupferasbestring, der vor Einschrauben der Kerze in den Motor über das Gewinde gestreift wird. Eine brauchbare Abdichtung ist nur dann erreichbar, wenn die Auflageflächen des Dichtungsringes an Kerze und Motor vollständig eben und genau rechtwinklig zum Gewinde sind. Ist dies nicht der Fall, ist das Einlegen des Dichtungsringes vergessen oder die Kerze nicht festgezogen worden, so „bläst" die Zündkerze und wird durch die Stichflammen, welche durch die undichte Stelle dringen, zerstört.

Zum Anschließen der Zündkabel an die Kerze ist in der Regel am Ende der Mittelelektrode eine Anschlußmutter (Bild 191) angebracht, mit der der Kabelschuh des Kabels gegen einen Bund der Mittelelektrode festgezogen wird. Oft sind auch Kabelschuh und Mittelelektrode so ausgebildet, daß der Kabelschuh federnd auf die Elektrode aufgedrückt werden kann. (Siehe hierüber auch Abschnitt V.)

Es muß darauf hingewiesen werden, daß der Einbau der Zündkerzen nicht unnötig erschwert werden sollte. Immer wieder findet man Motoren, bei denen die Einbaustelle der Zündkerze schwer zugänglich, häufig nur mit langen Sonderschlüsseln erreichbar ist, oder so in einem Sack des Gehäuses sitzt,

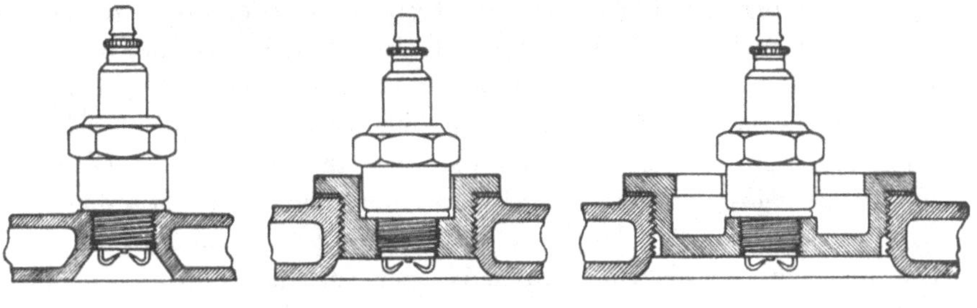

Bild 212. Gute und schlechte Kühlung der Kerze

daß sich rings um die Kerze Öl und Schmutz ansammeln. Diese Ablagerungen müssen dann beim Herausschrauben der Kerze zuerst entfernt werden. Häufig ist der Raum so eng, daß es unmöglich ist, die Zündkabel ordentlich anzubringen. Alle diese Fehler tragen nicht zur Erhöhung der Betriebssicherheit des Motors bei und sind für den Fahrer lästig, weil das Auswechseln oder Nachsehen der Kerze hin und wieder eben doch nicht zu vermeiden ist.

Zum Schluß **ein Wort zur Wartung der Zündkerze!** Man kann heutzutage feststellen, daß im allgemeinen der Fahrer seinem Wagen mehr Verständnis entgegenbringt als früher. Er stellt die Ventile nach, reinigt seinen Vergaser und versucht kaum mehr, ohne Öl im Getriebe auszukommen. Aber an eine Kerze denken die wenigsten Fahrer, und doch braucht sie etwas Pflege, verschwindend genug im Verhältnis zur gesamten Wagenpflege. Vor allen Dingen ist es notwendig, von Zeit zu Zeit den Elektrodenabstand nachzuprüfen. Die Zündkerzenfabriken liefern kleine Lehren dazu (Bild 213). Der Zünder wird geschont und der Motor springt

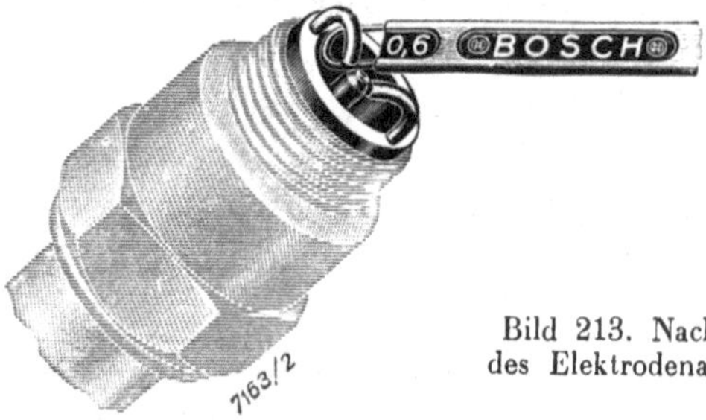

Bild 213. Nachprüfen des Elektrodenabstandes

leichter an, wenn die abgebrannten Elektroden auf den vorgeschriebenen Abstand zurechtgebogen sind. Ebenso ist es nötig, die Kerze gelegentlich zu reinigen. Hat sich zwischen den Elektroden eine Rußbrücke gebildet, so ist diese zu entfernen, im übrigen aber ist eine Reinigung der Elektroden von Ruß völlig zwecklos. Nur die Rußschicht auf dem Stein gefährdet den Betrieb. Ist die Kerze zerlegbar, so nehme man den Stein heraus und säubere ihn, achte aber wohl darauf, daß keiner der in die Kerze eingelegten Dichtungsringe verloren geht. Beim Zusammensetzen müssen die Dichtungsringe wieder richtig eingelegt werden und es ist besonders darauf zu achten, daß der Stein nicht durch das Zusammenschrauben beschädigt wird. Die Mutter ist gut anzuziehen. Auch nicht zerlegbare Kerzen können aber einfach mit Hilfe eines Kerzenreinigers genügend gereinigt werden, vorausgesetzt, daß man die Reinigung nicht zu selten vornimmt. Ist der Kohleansatz erst einmal auf dem Isolator festgebrannt, so ist er nur durch Erhitzen oder Sandstrahlen wieder zu beseitigen. Dabei besteht allerdings die Gefahr, daß Sandkörner in der Kerze bleiben, so daß unter Umständen ein Anfressen des Kolbens eintreten kann. Außerdem wird die Oberfläche des Isolators durch das Sandstrahlen aufgerauht, das Ansetzen von Ruß und Öl also erleichtert.

Über die Störungen an den Zündkerzen und ihre Beseitigung wurde schon in Abschnitt V im Zusammenhang mit den Zünderstörungen gesprochen. Ob eine Kerze Glühzündungen gibt oder wegen Verrußung nicht zündet, zeigt sich in der Regel daran, daß sie kälter ist als die anderen. Eine Kerze, die richtig arbeitet, muß an den Elektroden eine kleine weiße Brandstelle aufweisen; ihr Stein soll eine bräunliche Färbung haben. Ein weißer Steinfuß ist das Zeichen dafür, daß die Kerze zu heiß wird, ein schwarzer Steinfuß, daß sie zu kalt bleibt. Es sind auch sogenannte Zündkerzenprüfer auf dem Markt. Dies sind mit einem Neon-Helium-Gemisch gefüllte Glasröhren, die aufleuchten, wenn sie in die Nähe einer Zündkerze gebracht werden, an der eine bestimmte Mindestspannung liegt.

Treten dauernd Schwierigkeiten mit den Kerzen auf, so ist entweder der Kerzentyp falsch gewählt, der Vergaser falsch eingestellt oder die Ölzufuhr zum Verbrennungsraum zu reichlich, je nach Art der Störung.

Dringt zuviel Schmieröl in den Verbrennungsraum, so kann der Fehler an der Konstruktion des Motors, an zu stark abgelaufenen oder zerbrochenen Kolbenringen oder an zu reichlich eingestellter Schmierölmenge liegen. Auch ein nicht mehr dichtes Ventil kann durch den damit verbundenen Druck- und Temperaturrückgang zum Verschmutzen der Kerze oder infolge Durchblasens der heißen Verbrennungsgase zu Glühzündungen mithelfen. Es sind sogar schon Fälle bekanntgeworden, bei denen ein schlecht schließendes Auspuffventil Anlaß zur Vermischung des frischen Gemisches mit Auspuffgasen und zu raschem, reichlichem Niederschlag von Ruß an der Kerze geführt haben. All das sind Fehler, die ein Versagen der Kerze herbeiführen können, ohne daß diese selbst es verursacht hat.

Namen- und Sachverzeichnis

(Bei mehreren Seitenzahlen steht die grundlegende Behandlung des Stichworts an erster Stelle)

Wie bereits in der 1. Auflage hervorgehoben, unterstützte eine Anzahl Firmen das Werk, indem sie Unterlagen über ihr Arbeitsgebiet zur Verfügung stellten; diese Firmen sind am Schluß der 1. Auflage genannt. Die Firmen, die die Neubearbeitung der 2. Auflage förderten, sind nachstehend aufgeführt:

Ateliers de Construction Lavalette, St.-Ouen (Seine),
Robert Bosch A.-G., Stuttgart,
C A V - Bosch Ltd., London,
Delco-Remy Corp., Anderson, Ind.,
Lodge Plugs Ltd., Rugby, Engl.,
Jos. Lucas Ltd., Birmingham,
Fabbrica Italiana Magneti Marelli, Mailand,
M L C and Repetition Ltd., Birmingham,
„Noris"-Zündlicht A.-G., Nürnberg,
Aktiebolaget Ruda Motorer, Stockholm,
Scintilla A.-G., Solothurn,
Siemens & Halske A.-G., Berlin-Siemensstadt,
Simms Motor Units Ltd., London,
S E V (Société Anonyme pour l'Equipement Electrique des Véhicules), Issy (Seine),
Société des Magnétos R. B., Paris,
United American Bosch Corp., Springfield, Mass.

Druck von Siegfried Scholem, Berlin-Schöneberg

MIX
Papier | Fördert gute Waldnutzung
FSC® C083411

Kolibri 360 GmbH
Ferdinand-Jühlke-Straße 7
99095 Erfurt, Deutschland
produktsicherheit@kolibri360.de